高等院校网络空间安全系列规划教材

U0309719

安 全 协 议

（第 2 版）

曹天杰　　张凤荣　　汪楚娇　编著

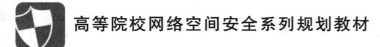北京邮电大学出版社
www.buptpress.com

内 容 简 介

本书全面、系统地讲述了安全协议的基本理论、安全协议的主要类型以及安全协议的设计与分析方法。围绕机密性、完整性、认证性、非否认性、匿名性、公平性等实际需求,较全面地介绍了满足各种应用需要的安全协议。本书反映了安全协议领域的新成果,介绍了移动互联网中广泛使用的图形口令和扫码登录、比特币中的区块链技术、云计算中的云存储协议和外包计算协议、物联网中的 RFID 协议、量子计算中的量子密钥分发协议等。

本书主要内容包括:安全协议概述、安全协议的密码学基础、基本的安全协议、认证与密钥建立协议、零知识证明、选择性泄露协议、数字签名变种、非否认协议、公平交换协议、安全协议的应用、安全多方计算、安全协议的形式化分析。

本书内容全面、选材适当、实例丰富、概念准确、逻辑性强。本书不仅可以作为网络空间安全专业本科生和研究生的教材,也可以作为网络空间安全领域科研人员的参考书。

图书在版编目(CIP)数据

安全协议 / 曹天杰,张凤荣,汪楚娇编著. -- 2 版. -- 北京 : 北京邮电大学出版社,2020.9
ISBN 978-7-5635-6203-9

Ⅰ. ①安…　Ⅱ. ①曹…②张…③汪…　Ⅲ. ①计算机网络—安全技术—通信协议　Ⅳ. ①TP393.08

中国版本图书馆 CIP 数据核字(2020)第 171754 号

策划编辑:马晓仟　**责任编辑:**刘春棠　**封面设计:**七星博纳

出版发行:北京邮电大学出版社
社　　址:北京市海淀区西土城路 10 号
邮政编码:100876
发 行 部:电话:010-62282185　传真:010-62283578
E-mail:publish@bupt.edu.cn
经　　销:各地新华书店
印　　刷:保定市中画美凯印刷有限公司
开　　本:787 mm×1 092 mm　1/16
印　　张:14.5
字　　数:378 千字
版　　次:2009 年 8 月第 1 版　2020 年 9 月第 2 版
印　　次:2020 年 9 月第 1 次印刷

ISBN 978-7-5635-6203-9　　　　　　　　　　　　　　　　　定价:38.00 元

Foreword 前言

Foreword

密码学的用途是解决现实世界中的种种难题。当我们考虑具体应用时,常常遇到以下安全需求:机密性、完整性、认证性、非否认性、匿名性、公平性等,密码学解决的各种难题围绕这些安全需求。安全协议是使用密码学完成某项特定的任务并满足安全需求的协议,又称密码协议,它在网络和分布式系统中有着大量的应用。

安全协议使用伪随机生成器、分组密码算法、消息认证码、哈希算法、公钥加密与签名算法等密码原语构造,这些密码原语好比是砖块,安全协议就是利用砖块建筑的具有不同功能的大楼,比如写字楼、游泳馆、住宅等。我们知道即使砖块是结实的,如果设计不好,大楼也是容易倒塌的。本书讲解如何利用密码原语这些砖块构建一座座既要提供各种不同功能,又要安全牢固的大楼。

"安全协议"课程是"密码学"的后续课程,网络空间安全专业大多设置了该课程。《安全协议》第1版于2009年出版,近年来,移动互联网、区块链、云计算、物联网、量子计算等得到了飞速发展,安全协议也在这些领域得到了深入应用,因此,对《安全协议》进行改版很有必要。

本版教材的修改原则是保持第1版的基本面貌与知识结构,在此基础上修改、补充,使内容更为全面、选材更加新颖、基本理论与实例结合更为紧密。

本版教材补充的主要内容包括:时间戳协议、密钥托管、扫码登录、开放授权OAuth、图形口令概述、基于识别的图形口令、基于回忆的图形口令、混合型图形口令、验证码概述、验证码分类、Pinkas-Sander协议、聚合签名、比特币概述、比特币原理、比特币的安全性、云存储数据的持有性证明、云存储数据的可搜索加密、基于属性加密的云数据共享、基于代理重加密的云数据共享、云计算环境下的外包计算、量子密码基础、BB84协议,反映了安全协议领域的最新进展。此外,每章适当增加了新的例题与习题。

本版教材保持第1版的特色不变,内容有所增加。本版教材特色如下。

(1)内容全面。本版教材系统地讲述了安全协议的基本理论,在明确安全需求的基础上,由浅入深地介绍了各类安全协议,包括经典协议(即使有缺陷)、标准化的协议、广泛应用的协议。针对应用中可能面临的各类攻击,介绍了经典的安全协议设计与分析方法,最后一章介绍了安全协议的形式化分析方法。

（2）选材适当、实例丰富。作者长期从事安全协议方面的研究，把安全协议领域的新成果引入本版教材，如移动互联网中广泛使用的图形口令和扫码登录、比特币中的区块链技术、云计算中的云存储协议和外包计算协议、量子计算中的量子密钥分发协议等。当一类安全协议提出后，根据不同的应用环境、面临的不同安全威胁，人们会提出各种相对应的协议。作为教材，不可能面面俱到地把每种协议都介绍给读者，因此，根据难度、应用的广泛性选取有代表性的协议非常重要。本版教材选材主要是经典场景下的典型协议，读者通过对典型协议的学习，能够融会贯通，在将来的学术研究及实际应用中设计出面向新问题的协议。书中实例主要来自学术论文，实例具有典型性，难度适当。

（3）概念准确、逻辑性强。本版教材从应用场景对应的安全需求、安全威胁及协议设计目标出发，提出相应的协议概念，进而设计协议并给出安全性分析。在介绍早期协议存在的缺陷基础上，再介绍改进后的协议，能够让学生理解设计协议的整个思路。在章节安排上，注意由浅入深、前后连贯。例如，时间戳协议中的链接协议是区块链的雏形，承诺方案在认证协议和签名协议中用到，具有特殊性质的签名协议在电子现金和电子拍卖协议中得到应用。

本版教材共分为12章，第1章是安全协议概述，第2章介绍安全协议的密码学基础。从第3章开始，阐述安全协议中的一些基本理论和关键技术：基本的安全协议、认证与密钥建立协议、零知识证明、选择性泄露协议、数字签名变种、非否认协议、公平交换协议、安全协议的应用、安全多方计算、安全协议的形式化分析。我们希望，通过学习本教材，读者可以对安全协议有一个全面深入的了解。

《安全协议》第1版被列入江苏省高等学校精品教材建设立项项目，本版教材所涉及的研究内容也得到国家自然科学基金（项目编号61972400）的资助。

本版教材可以作为网络空间安全专业本科生及研究生的教材，也可以供网络空间安全领域的科研人员参考。

由于作者水平有限，书中疏漏与错误之处在所难免，恳请广大同行和读者批评指正。作者联系方式为：tjcao@cumt.edu.cn，欢迎随时联系索取课程资料。

作　者

于中国矿业大学计算机科学与技术学院

2020 年 8 月

目录

Contents

第 1 章

安全协议概述

安全协议是为了解决网络中的现实问题而设计的协议。本章阐述了安全协议的概念,分析了安全协议设计与分析所面临的问题,介绍了安全协议的理论分析方法。

1.1 安全协议的概念

安全协议(Security Protocol)又称密码协议(Cryptographic Protocol),是以密码学为基础的消息交换协议,其目的是在网络环境中提供各种安全服务。

1.1.1 协议、算法与安全协议

在理解安全协议这一概念之前,首先要了解什么是协议。所谓协议,就是两个或两个以上的参与者采取一系列步骤以完成某项特定的任务,如 Internet 中的 IP 协议、TCP 协议、FTP 协议,现实生活中的购房协议、棋牌游戏规则等。这个定义有以下三层含义:

(1) 协议需要两个或两个以上的参与者。一个人可以通过执行一系列的步骤来完成一项任务,但不构成协议。

(2) 在参与者之间呈现为消息处理和消息交换交替进行的一系列步骤。

(3) 通过执行协议必须能够完成某项任务或达成某项共识。

另外,协议还有以下特点:

(1) 协议中的每个参与者都必须了解协议,并且预先知道所要完成的所有步骤。

(2) 协议中的每个参与者都必须同意并遵循它。

(3) 协议必须是清楚的,每一步必须明确定义,并且不会引起误解。

(4) 协议必须是完整的,对每种情况必须规定具体的动作。

协议与算法不同。算法应用于协议中消息处理的环节,不同的消息处理方式则要求不同的算法。

密码学的用途是解决各种难题。当我们考虑现实世界中的应用时,常常遇到以下安全需求:机密性、完整性、认证性、非否认性、匿名性、公平性等,密码学解决的各种难题都围绕这些安全需求。安全协议是使用密码学完成某项特定的任务并满足安全需求的协议,又称密码协议。在安全协议中,经常使用对称密码、公开密钥密码、单向函数、伪随机数生成器等密码算法,可以说,安全协议就是在消息处理环节采用了若干密码算法的协议。具体而言,密码算法为传递的消息提供高强度的加解密操作和其他辅助操作(如 Hash 运算),而安全协议是在这些密码算法的基础上提供满足各种安全性要求的方案。安全协议中使用密码算法的目的是防

止、发现窃听和欺骗。

安全协议的目的是在网络环境中为用户提供各种安全服务。安全协议运行在计算机网络或分布式系统中，为各方提供一系列步骤，借助于密码算法来实现密钥分配、身份认证以及安全地完成电子交易。

依据安全协议产生的应用需求以及运行的环境，安全协议设计应遵循以下原则：

(1) 安全协议应满足应用需求，如选举协议应能够完成选举，拍卖协议应能够完成拍卖。

(2) 安全协议应满足安全需求，如选举协议中，不能泄露选票内容，选票不能被攻击者修改等。

(3) 密码协议的运行应尽量简单高效，如较小的计算量、存储量、通信带宽，较少的交互次数。在保证达成应用需求目标和安全需求目标的情况下，协议应务求简单高效、可读性好。

1.1.2 协议运行环境中的角色

1. 参与者

协议执行过程中的双方或多方也就是我们常说的发送方和接收方。协议的参与者可能是完全信任的人，也可能是攻击者和完全不信任的人，如认证协议中的发起者和响应者，零知识证明中的证明人和验证者，电子商务中的商家、银行和客户等。通常使用 Alice 作为协议中的第一个参与者，Bob 作为协议中的第二个参与者，Carol 作为三、四方协议中的参与者。

2. 攻击者

攻击者（敌手）就是协议过程中企图破坏协议安全性和正确性的人。我们把不影响协议执行的攻击者称为被动攻击者，他们仅仅观察协议并试图获取信息。还有一类攻击者叫作主动攻击者，他们改变协议，在协议中引入新消息、修改消息或者删除消息等，达到欺骗、获取敏感信息、破坏协议等目的。通常使用 Eve 作为窃听者，Mallory 作为恶意的主动攻击者。

攻击者可能是协议的合法参与者、外部实体或两者的组合体，可能是单个实体，也可能是合谋的多个实体。协议参与者在协议期间撒谎，或者根本不遵守协议，这类攻击者叫作骗子，由于是系统的合法用户，因此也称为内部攻击者。攻击者也可能是外部的实体，他可能仅仅窃听以获取可用信息，也可能引入假冒的消息，这类攻击者称为外部攻击者。

3. 可信第三方

可信第三方（Trusted Third Party，TTP）是指在完成协议的过程中值得信任的第三方，能帮助互不信任的双方完成协议。仲裁者是一类特殊的可信第三方，用于解决协议执行中出现的纠纷。有时使用 Trent 表示仲裁者。仲裁者是在完成协议的过程中值得信任的公正的第三方，"公正"意味着仲裁者在协议中没有既得利益，对参与协议的任何人也没有特别的利害关系。"值得信任"表示协议中的所有人都接受仲裁的结果，即仲裁者说的都是真实的，他做的仲裁是正确的，并且他将完成协议中涉及他的部分。其他可信第三方如密钥分发中心、认证中心等。

1.2 常用的安全协议

最常用、最基本的安全协议主要有以下四类。

1. 密钥建立协议

在网络通信中,通常使用对称密码算法用单独的密钥对每一次单独的会话加密,这个密钥称为会话密钥。密钥建立协议的目的是在两个或者多个实体之间建立共享的会话密钥。可以采用对称密码体制或非对称密码体制建立会话密钥。可以借助于一个可信的服务器为用户分发密钥,这样的密钥建立协议称为密钥分发协议;也可以通过两个用户协商,共同建立会话密钥,这样的密钥建立协议称为密钥协商协议。

2. 认证协议

认证是对数据、实体标识的保证。数据起源认证意味着能够提供数据完整性,因为非授权地改变数据意味着数据来源的改变。实体认证是确认某个实体是它所声称的实体的过程,可能涉及证实用户的身份。认证协议主要防止假冒攻击。将认证和密钥建立协议结合在一起,是网络通信中最普遍应用的安全协议。

3. 电子商务协议

电子商务就是利用电子信息技术进行各种商务活动。电子商务协议中的主体往往代表交易的双方,其利益目标不一致。因此,电子商务协议最关注公平性,即协议应保证交易双方都不能通过损害对方利益而得到不应该得到的利益。常见的电子商务协议有电子现金协议、电子选举协议、拍卖协议等。

4. 安全多方计算协议

安全多方计算协议的目的是保证分布式环境中各参与方以安全的方式来共同执行分布式的计算任务。考虑到分布式计算的环境,在安全多方计算协议中,总假定协议在执行过程中会受到一个外部的实体,甚至是来自内部的一组参与方的攻击。这种假设很好地反映了网络环境下的安全需求。安全多方计算协议的两个最基本的安全要求是保证协议的正确性和各参与方私有输入的秘密性,即协议执行完后每个参与方都应该得到正确的输出,并且除此之外不能获知其他任何信息。安全多方计算协议包括:抛币协议、广播协议、选举协议、电子投标和拍卖协议、电子现金协议、合同签署协议、匿名交易协议、保密信息检索协议、保密数据库访问协议、联合签名协议、联合解密协议等。

根据是否有可信第三方的存在,协议又分为仲裁协议和自执行协议。

有可信第三方参与的协议,称为仲裁协议,但并不是在任何场景下都能找到可信的第三方。由于雇用仲裁者代价高昂,仲裁协议有时候可以分成两个低级的子协议,一个是非仲裁子协议,这个子协议是想要完成协议的各方每次都必须执行的;另一个是仲裁子协议,仅在例外的情况下执行,即有争议的时候才执行,这种特殊的仲裁者叫作裁决人,这样的协议称为裁决协议。

无可信第三方参与的协议称为自执行协议。由协议自身保证协议的公平性。协议的一方能够检测到另一方是否进行了欺骗,当检测到欺骗时,参与者可以终止协议的执行。由于协议设计的困难性,并不是任何情况下都能够设计出安全的自执行协议。

1.3 安全协议的安全性质

安全协议的目标就是保证某些安全性质在协议执行完毕时能够得以实现,换言之,评估一个安全协议是否是安全的就是检查其所要达到的安全性质是否受到攻击者的破坏。安全性质主要有机密性、完整性、认证性、非否认性和公平性等。系统利用密码算法提供的安全性质也称为安全服务。

1. 机密性

机密性是指确保信息不暴露给未授权的实体或进程，即信息不会被未授权的第三方所知。非授权读是对机密性的破坏。

机密性的目的是保护协议消息不被泄露给非授权拥有此消息的人，即使是攻击者观察到了消息的格式，也无法从中得到消息的内容或提炼出有用的消息。保证协议消息机密性最直接的方法是对消息进行加密。加密使得消息由明文变为密文，并且任何人在不拥有密钥的情况下是不能解密消息的。

2. 完整性

完整性是指信息不被偶然或蓄意地删除、修改、伪造、乱序、重放、插入等破坏的特性。非授权写是对完整性的破坏。

完整性的目的是保护协议消息不被非法改变、删除和替代。最常用的方法是封装和签名，即用签名或者 Hash 产生一个消息的摘要附在传送的消息上，作为验证消息完整性的依据，称为完整性校验值。一个关键性的问题是，通信双方必须事先达成有关算法的选择等款项的共识。

3. 认证性

认证可以对抗假冒攻击，用来确保身份，以便核查责任。在协议中，当某一成员（声称者）提交一个主体身份并声称它是那个主体时，需要运用认证以确认其身份是否如其声称所言，或者声称者需要拿出证明其真实身份的证据，这个过程称为认证的过程。在协议的实体认证中可以是单向的（认证一方），也可以是双向的（双方相互认证）。

4. 非否认性

非否认性是指收、发双方均不可否认（抵赖）已经发生的事实。一是源发证明，它提供给信息接收者以证据，这将使发送者谎称未发送过这些信息或者否认它的内容的企图不能得逞；二是交付证明，它提供给信息发送者以证据，这将使接收者谎称未接收过这些信息或者否认它的内容的企图不能得逞。

非否认性的目的是通过主体提供对方参与协议交换的证据以保证其合法利益不受侵害，即协议主体必须对自己的合法行为负责，而不能也无法事后否认。非否认协议的主体收集证据，以便事后能够向仲裁证明对方主体的确发送了或接收了消息。证据一般是以消息签名的形式出现的。

5. 公平性

公平性是电子支付协议的一个重要性质。其目的是保证参与协议的各方在协议执行的任何阶段都处于同等地位，当协议执行后，或者各方得到各自所需的，或者什么也得不到。

安全协议其他的安全性质还包括匿名与隐私属性、可验证性。在设计安全协议时，有时还要考虑各参与方的计算量、通信带宽、交互次数、存储量、强健性（鲁棒性）等。不同的系统有着不同的安全需求，如加密货币系统强调用户的匿名性，办公系统强调公文的机密性和完整性。对于有着不同角色使用的系统，各个角色的安全需求也是不同的，甚至是矛盾的，例如网络论坛，发帖人希望论坛提供匿名性，公安机关则要求论坛提供可追踪性。因此在设计具体系统的时候，要充分了解用户的安全需求，最终设计出既满足应用需求又满足安全需求的系统。

1.4　对安全协议的攻击

1983 年,Dolev 和 Yao(姚期智)发表了安全协议发展史上的一篇重要论文。该论文的主要贡献有两点。其一是将安全协议本身与安全协议采用的密码系统分开,在假定密码系统是"完善"的基础上讨论安全协议本身的正确性、安全性、冗余性等。从此,学者们可以专心研究安全协议的内在安全性质了。即问题很清楚地被划分为两个不同的层次:首先研究安全协议本身的安全性质,然后讨论实现层次的具体细节,包括所采用的具体密码算法等。

其二是 Dolev 和 Yao 建立了攻击者模型。他们认为,攻击者的知识和能力不能够低估,攻击者可以控制整个通信网络。Dolev 和 Yao 认为攻击者具有如下能力:

(1) 可以窃听所有经过网络的消息。

(2) 可以阻止和截获所有经过网络的消息。

(3) 可以存储所获得或自身创造的消息。

(4) 可以根据存储的消息伪造消息,并发送该消息。

(5) 可以作为合法的主体参与协议的运行。在此模型下,攻击者对网络有完全的控制权,可以在协议执行中的任何环节采取任何形式的攻击。

Dolev 和 Yao 的工作具有深远的影响。迄今为止,大部分有关安全协议的研究工作都遵循 Dolev 和 Yao 的基本思想。

对协议的攻击方法是多种多样的。对不同类型的安全协议,存在着不同的攻击,从而使协议达不到预定的安全目标,并且新的攻击方法也在不断产生。另外,对安全协议施加各种可能的攻击来测试其安全性也是常用手段之一。表 1.1 列出一些典型攻击并作了定义。

表 1.1　协议攻击类型

窃听	攻击者获取协议运行中所传输的消息
篡改	攻击者更改协议运行中所传输的消息的内容
重放	攻击者记录已经获取的消息并在随后的协议运行中发送给相同的或不同的接收者
预重放	攻击者在合法用户运行协议之前参与一次协议的运行
反射	攻击者将消息发回给消息的发送者
拒绝服务	攻击者阻止合法用户完成协议
类型攻击	攻击者将协议运行中某一类消息域替换成其他的消息域
密码分析	攻击者利用在协议运行中所获取的消息进行分析以获取有用的信息
证书操纵	攻击者选择或更改证书信息来攻击协议的运行
协议交互	攻击者选择新的协议和已知协议交互产生新的漏洞

1. 窃听

窃听是最基本的攻击方式,几乎所有的协议都通过加密解决窃听问题。窃听通常被看作被动攻击,因为攻击者并不影响合法用户的通信。除此之外的其他攻击方式都看作主动攻击。例如,明文传输认证信息的协议 POP3/SMTP、FTP、Telnet 都存在窃听的威胁。通常使用加密来保护敏感信息。

2. 篡改

如果协议的消息域没有冗余，则篡改是一种潜在的威胁。篡改的类型包括删除、修改、伪造、乱序、重放、插入。篡改属于主动攻击，破坏完整性，有时仅仅加密并不能提供数据完整性。例如，许多攻击根本不更改任何已知的消息域，却从不同的消息中分割和重组域。这就意味着完整性方法必须考虑到使消息的所有部分保持在一起，仅仅对某些域进行加密是不够的。

3. 重放

在重放中，攻击者介入协议运行，通过复制再重放的方式实现攻击。攻击者把之前运行协议中的消息或部分消息插入当前运行的协议中去。重放的消息可能是过去协议运行的一部分，也可能来自正在运行的协议。

4. 预重放

预重放可以看成是重放的一种扩展。一个例子是 Burmester 的三角攻击，首先敌手 C 窃听 A 与 B 的通信，然后 C 用真实身份分别与 A 和 B 通信，由于 C 是以真实身份与 A 和 B 执行协议，A、B 相信 C 应该知道某些秘密，因此 C 可以诱使 A、B 透露这些秘密，C 利用这些秘密计算出 A 与 B 通信的密钥。

5. 反射

反射（镜像）是重放的一种重要特例，典型的情形是两个成员参与一个共享密钥协议，且其中一个简单地返回自身的挑战。这种攻击可能仅在相同协议的并行运行时发生，也称为并行会话攻击。协议并行运行是个很现实的假设，例如，一个实体是 Internet 主机，它可用相同的标识与多个实体会话。

假设攻击者可以同时发起在任意用户之间执行的任意多的并行协议。相同参与者在不同协议运行中担任相同或不同的角色。

假设 A 和 B 已经共享一个密钥 K，并且分别选择随机数 N_A 和 N_B。协议的两个实体通过表明知道 K 来达到相互认证的目的。协议过程如下：

1. $A \to B: \{N_A\}_K$
2. $B \to A: \{N_B\}_K, N_A$
3. $A \to B: N_B$

A 收到消息 2 就推断此消息来源于 B，因为只有 B 知道 K。但是，如果 A 要参与并行协议运行，就有另外一种可能，就是消息 2 由 A 产生。攻击者 C 可以成功地完成两次协议的执行，攻击过程如下：

1. $A \to C: \{N_A\}_K$
1′. $C \to A: \{N_A\}_K$
2′. $A \to C: \{N_A'\}_K, N_A$
2. $C \to A: \{N_A'\}_K, N_A$
3. $A \to C: N_A'$
3′. $C \to A: N_A'$

C 收到第 1 条消息之后，立即发起另一个与 A 的协议，接着就把从 A 收到的消息反射给 A。反射可使 C 能够应答第 1 条消息，之后则可以成功地完成两个协议运行。实际上所有的加密处理都由 A 进行，但是 A 却相信是和 C 成功地完成了两次协议运行。这种类型的攻击常常被称为"信使攻击"，因为 A 作为 C 的信使提供所需的密文。

6. 拒绝服务

在拒绝服务(Denial of Service, DoS)攻击中,攻击者阻止合法用户完成协议。例如,在基于口令的认证协议中,客户更新口令时,攻击者发起攻击,造成客户与服务器的口令不同步,使得客户在下次登录服务器时,服务器拒绝该客户。在实际中,拒绝服务攻击一般针对与许多客户交互的服务器,如耗光服务器的计算资源(资源耗尽攻击),用光服务器允许连接的客户数(连接耗尽攻击)。

7. 类型攻击

当用户接收到的信息都是二进制串时,用户无法判断该二进制串是否经过加密等处理。类型攻击就是利用这一点使得用户将一个消息错误地解释成其他的消息(不同类型的)。例如,本来为实体的标识符可能被解释成一个密钥。

例如,在 Otway 和 Rees 的著名协议中,A 和 B 分别与 S 共享一个长期密钥 K_{AS} 和 K_{BS}。S 生成新的会话密钥 K_{AB} 并传递给 A 和 B。M 和 N_A 是 A 选择的随机数,N_B 是 B 选择的随机数。

1. A→ B:$M, A, B, \{N_A, M, A, B\}K_{AS}$
2. B→ S:$M, A, B, \{N_A, M, A, B\}K_{AS}, \{N_B, M, A, B\}K_{BS}$
3. S→ B:$M, \{N_A, K_{AB}\}K_{AS}, \{N_B, K_{AB}\}K_{BS}$
4. B→ A:$M, \{N_A, K_{AB}\}K_{AS}$

类型攻击能进行是由于第一条和最后一条消息的格式相似。要使这样的攻击成功,需要作一些额外的假设,攻击取决于组合域 M、A、B 的长度要和 K_{AB} 的长度一样。这也是一个合理的假设,例如,M 长 64 位,A 和 B 是 32 位,K_{AB} 就是 128 位,是现在对称密钥常用的位数。有了这些假设后,攻击者 C 可以执行下面的攻击。这里 C_B 表示攻击者 C 假冒成实体 B。

1. A→ C_B:$M, A, B, \{N_A, M, A, B\}K_{AS}$
4. C_B→ A:$M, \{N_A, M, A, B\}K_{AS}$

C 假冒成 B 并截获从 A 发出的消息。C 之后把这个消息的加密部分返回给 A, A 就认为是协议中的消息 4。由以上的假设,A 将把组合域 M、A、B 当作共享密钥 K_{AB}。显然 C 从消息 1 可知 M、A、B 的值,因此可以在会话期间继续假冒成 B。

抵抗类型攻击的方法有很多,比如,每次改变消息元素的顺序,如消息 4 中的 $\{N_A, K_{AB}\}K_{AS}$ 改成 $\{K_{AB}, N_A\}K_{AS}$,或者在消息中添加消息域的类型信息。

8. 密码分析

协议中使用的密码算法被认为是抽象的并且对密码分析免疫。一般来讲,在进行协议分析的时候我们不考虑算法本身的问题,但实际中还需要注意一些问题,例如产生弱密钥的可能性。尤其是在一些基于口令的协议当中,为了便于记忆,口令一般不够长,从而使得猜测或者遍历成为可能。所设计的协议应能够隐藏猜测弱密钥所需的证据。

9. 证书操纵

在公钥协议中,数字证书可离线担保实体确实是公钥的所有者。但是当可信组织没有证明相应的私钥真实地被这个声明拥有密钥对的实体所拥有时,就存在潜在的攻击。攻击者可以获得合法的公钥证书,即使它不知道该公钥相对应的私钥。

例如,实体 A 和 B 分别拥有公钥 g^a 和 g^b,相应的私钥为 a 和 b。这里 g 是群的生成元,在这个群里离散对数问题是困难的。A 和 B 分别拥有证书 Cert(A) 和 Cert(B),证书中有公钥的复制。协议的目标是密钥协商,x 和 y 分别表示 A 和 B 所选择的随机数。

1. $A \rightarrow B: g^x, \text{Cert}(A)$

2. $B \rightarrow A: g^y, \text{Cert}(B)$

双方计算的共享密钥是 $K_{AB} = g^{ay+bx}$。A 计算 $(g^y)^a(g^b)^x$ 得到，B 计算 $(g^a)^y(g^x)^b$ 得到。攻击者 C 选择一个随机值 c，声明 g^{ac} 是他的公钥，并获得这个公钥的证书（注意，攻击者 C 不能获得相应的密钥 ac）。之后 C 假冒 B，并完成协议的两次运行，一次和 A，另一次和 B，攻击过程如下：

1. $A \rightarrow C_B: g^x, \text{Cert}(A)$

1'. $C \rightarrow B: g^x, \text{Cert}(C)$

2'. $B \rightarrow C: g^y, \text{Cert}(B)$

2. $C_B \rightarrow A: g^{yc}, \text{Cert}(B)$

当攻击运行完成后，A 将计算密钥 $K_{AB} = (g^{yc})^a(g^b)^x = g^{acy+bx}$，B 将计算密钥 $K_{CB} = (g^{ac})^y(g^x)^b = g^{acy+bx}$。因此 A 和 B 的密钥相同，但 A 相信仅 A 和 B 知道这个密钥，而 B 相信仅 C 和 B 知道这个密钥。这个误解就会给以后会话密钥的应用带来问题。

这种类型的攻击可以通过在给公钥发放证书之前要求每个实体表明他知道私钥来避免。一般的，用户可以使用零知识证明向可信组织证明自己掌握相应的私钥，或者用户用私钥签署一个特殊的消息或者挑战证明证书的可靠性。

10. 协议交互

大多数长期密钥都用在单个的协议中，但是也可能出现密钥用于多个协议的情况。这归因于粗心的设计，但也可能是故意的，如存储能力很小的设备有多个应用的情形（如智能卡）。在此情况下，独立设计的协议之间的交互可能出现问题。例如，一个利用解密来证明持有认证密钥的协议可能会被攻击者用来解密另外一个协议中的消息。攻击者也可以自己构造新的协议使其和要攻击的协议交互运行来达到自己的攻击目的（选择协议攻击）。

通过以上分析可以看出，设计一个安全的密码协议是困难的。主要原因如下：

（1）安全目标模糊。安全需求不清晰，安全目标之间相互关联，当为某个安全目标设计协议时，又不得不考虑其他安全目标。

（2）协议运行环境复杂。攻击者可以在任何环节发起攻击，密码协议的设计必须对其运行环境进行形式化描述。

（3）攻击者模型复杂。设计过程中必须对攻击者模型进行形式化描述，对其可能的攻击行为进行分类和分析。

（4）密码协议并发执行。密码协议本身的并发性增加了密码协议设计与分析的难度。

1.5 安全协议的三大理论分析方法

安全协议的安全性分析包括理论分析、设计分析、检测分析和经验分析等多个方面，目前安全协议的理论分析方法研究是一个热点，主要包括安全多方计算、形式化分析方法和可证明安全性理论三大理论体系。

1.5.1 安全多方计算

安全多方计算是由姚期智于 1982 年提出的一个概念，Goldreich、Micali 和 Wigderson 给出了一般的描述。目前,这一领域的研究已经取得了丰硕的成果,这些研究工作刻画了在不同环境下,攻击者所具备的各种能力,分别在计算假设和信息论意义下建立了相应的安全模型,并且从理论上对一般的安全多方计算进行了研究。

安全多方计算理论有助于:

(1) 澄清分布式计算中一些最基本的安全性问题;

(2) 说明在既定的安全模型下哪些计算功能是可以安全实现的,哪些是不可行的;

(3) 给出设计分布式安全协议的一般技术和方法;

(4) 设计可应用于实际系统中的某些具体的方案和模块。

已有研究结果表明,理论上任何安全多方计算问题都可以通过电路计算协议来解决,但如何设计有效的安全多方计算协议,降低协议的交互通信轮数、通信的复杂性以及计算复杂性,一直是人们关注的焦点。就目前来看,按照这一方法所设计的协议的效率与实用性之间的差距可能是无法令人满意的。正如 Goldreich 所指出的那样,把这个一般的解决方法用于设计特殊的安全多方计算协议,是非常不实用的。对特定的问题必须寻求特殊的解决方案。所以,对于特定问题,需要考虑其具体的安全环境,建立新的安全模型,重新定义可以接受的确切安全性,设计实用的安全多方计算协议。

1.5.2　形式化分析方法

安全协议的形式化分析技术可使协议设计者通过系统分析将注意力集中于接口、系统环境的假设、系统在不同条件下的状态、条件不满足时系统出现的情况以及系统不变的属性,并通过系统验证,提供协议必要的安全保证。通俗地讲,安全协议的形式化分析是采用一种正规的、标准的方法对协议进行分析,以检查协议是否满足其安全目标。因此,安全协议的形式化分析有助于:

(1) 界定安全协议的边界,即协议系统与其运行环境的界面;

(2) 更准确地描述安全协议的行为;

(3) 更准确地定义安全协议的特性;

(4) 证明安全协议满足其说明,以及证明安全协议在什么条件下不能满足其说明。

安全协议形式化分析理论与方法的研究过程可归纳为以下四个阶段。

1. 早期阶段

这一阶段的研究主要集中于对具体协议的检测、分析。最早提出对安全协议进行形式化分析思想的是 Needham 和 Schroeder,他们为进行共享和公钥认证服务器系统的实现建立了安全协议。1981 年 Denning 和 Sacco 指出了 NS 共享密钥协议的一个错误,使得人们开始关注安全协议分析。

2. 初期阶段

这一阶段以 Dolev-Yao 的工作为标志。BAN 类逻辑及 CKT5 等基于知识逻辑的有效应用标志着研究进入了以信念逻辑为主体的时期。

3. 转折阶段

以 G. Lowe 发表著名的论文《关于 Needham-Schroeder 公钥协议的一个攻击》为标志,各种一般用途的模型检测方法被用于协议分析的研究。

4. 理论证明阶段

以 1999 年 Fabrega、Herzog 和 Guttman 的串空间(Strand Space)理论及 Paulson 的归纳

方法为代表,开始了协议分析理论的发展时期。

1.5.3 可证明安全性理论

目前多数安全协议的设计现状是:提出一种安全协议后,基于某种假想给出其安全性论断,如果该协议在很长时间(如 10 年)仍不能被攻破,大家就接受其安全性论断;一段时间后发现某些安全漏洞,于是对协议再作必要的(或大或小)改动,继续使用,这一过程周而复始。这样的设计方法存在以下问题:

(1) 新的分析技术的提出时间是不确定的,在任何时候都有可能提出新的分析技术。

(2) 这种做法使我们很难确信协议的安全性,反反复复的修补更增加了人们对安全性的担心,也增大了实现代价或成本。

可证明安全性理论就是为解决上述问题而提出的一种解决方案(当然并非是唯一解决方案)。

可证明安全性是指,安全方案或协议的安全性可以被"证明",但用"证明"一词并不十分恰当,甚至有些误导。一般而言,可证明安全性是指这样一种"归纳"方法:首先确定安全方案或协议的安全目标,例如在加密方案中,其安全目标是确保信息的机密性;然后构造一个形式攻击者模型,并且定义它对安全方案或协议的安全性"意味"着什么,对某个基于"极微本原"(指安全方案或协议的最基本组成构件或模块,如基础 DES 密码算法、某数学难题等)的特定方案或协议,基于以上形式化模型去分析它,"归纳"论断是基本工具;最后指出(如果能成功),挫败方案或协议的唯一方法就是攻破或解决"极微本原"。

综上所述,可证明安全性理论本质上是一种公理化研究方法,其最基础的假设或"公理"是"好"的极微本原存在。安全协议设计难题一般分为两类:一类极微本原不可靠造成协议不安全;另一类是即使极微本原可靠,安全协议本身也不安全。后一种情况更为普遍,是可证明安全性理论的主要研究范围。

20 世纪 80 年代初,Goldwasser、Micali 和 Rivest 等人首先比较系统地阐述了可证明安全性这一思想,并给出了具有可证明安全性的加密和签名方案。但不幸的是,以上方案的可证明安全性是以严重牺牲效率为代价的,因此以上方案虽然在理论上具有重要意义,却完全不实用,这种情况严重制约了这一领域的发展。直到 20 世纪 90 年代中期出现了"面向实际的可证明安全性(Practice-Oriented Provable-Security)"概念,特别是 Bellare 和 Rogaway 提出了著名的随机预言(Random Oracle,RO)模型方法论,才使得情况大为改观:过去仅作为纯粹理论研究的可证明安全性理论迅速在实际应用领域取得重大进展,一大批快捷有效的安全方案相继提出;同时还产生了另一个重要概念:"具体安全性(Concrete Security or Exact Security)",其意义在于,我们不再仅仅满足于知道安全性的渐进度量,而是可以确切了解准确的安全度量。面向实际的可证明安全性理论取得了巨大的成功,已为国际学术界和产业界广为接受;Canetti 和 Goldreich 对此持有异议,并坚持仍在标准模型(Standard Model)中考虑安全性。可以肯定的是,迄今为止,RO 模型方法论是可证明安全性理论最成功的实际应用,其现状是:几乎所有国际安全标准体系都要求提供至少在 RO 模型中可证明的安全性设计,而当前可证明安全性的方案也大都基于 RO 模型。

习 题 1

1. 什么是安全协议？协议、算法和安全协议的区别是什么？

2. 常用的安全协议有哪些？

3. 安全协议有哪些安全性质？

4. 安全协议的攻击类型有哪些？

5. 安全协议存在哪些安全缺陷？

6. 设计安全协议需遵循哪些基本原则？

7. 安全协议的理论分析方法有哪些？

8. 什么是中间人攻击？对称密码学中会发生这样的攻击吗？

9. 主动攻击者和被动攻击者的区别是什么？

10. 目前的电子邮件系统有哪些安全问题？如果要你设计一个安全的电子邮件系统，该系统应该满足哪些安全需求？

第 2 章

安全协议的密码学基础

安全协议使用密码原语设计,但并不是单纯使用密码算法对消息加密或解密的过程,安全协议是在密码算法基础上提供安全服务,密码算法是实现安全服务的方法。本章概述主要的密码算法。

2.1 密码学的基本概念

一个加密方案包括三个集合:密钥集 K、消息(明文)集 M 和密文集 C,还有三个算法:

(1) 密钥产生算法,该算法输出一个有效的加密密钥 $k \in K$ 和一个有效的解密密钥 $k^{-1} \in K$;

(2) 加密算法,以一个明文 $m \in M$ 和一个加密密钥 $k \in K$ 作为输入,输出密文 $c \in C$,使得 $c = E_k\{m\}$,加密算法不一定是确定性的算法,即可能由同一个明文产生不同的密文;

(3) 解密算法,以一个密文 $c \in C$ 和解密密钥 k^{-1} 作为输入,输出明文 $m \in M$,使得 $m = D_{k^{-1}}\{c\}$,要求 $D_{k^{-1}}\{E_k\{m\}\} = m$。

当 $k = k^{-1}$ 时,加密方案是对称算法。相反,在非对称(公钥)加密算法中,k 和 k^{-1} 是不同的,并且由公钥 k 获得私钥 k^{-1} 计算上是困难的。

如果在给定密文的情况下能够有效计算得到的信息在未知密文的情况下也能够有效地计算得到,则称该加密方案提供了语义安全性(Semantic Security);如果在未知明文的情况下,攻击者由一个已知密文构造其他有效的密文在计算上是不可行的,则称该加密方案具有不可延展性(Non-malleability)。不可延展性要严格强于语义安全性。事实上,若攻击者可以得到他所选择的密文相对应的明文,则不可延展性等价于不可区分性。具有不可延展性的加密算法可以抵抗选择密文攻击。

一个密码系统的设计原则是:对合法的通信双方来说,加密和解密变换是容易的;对密码分析员来说,由密文推导出明文是困难的。

理论上不可攻破的密码系统是一次一密系统(One-Time System)。然而,在实际应用中,一次一密系统却受到很大的限制。首先,分发和存储这样大的随机密钥序列(它和明文信息等长),确保密钥安全是很困难的。其次,如何生成真正的随机序列也是一个现实问题。因此,在实际应用中更注重所谓"实际上不可攻破的密码系统"。这种密码系统在理论上虽然是可以攻破的,但真正要攻破它们,所需要的计算资源(所需要的计算时间和空间等)超过了实际上的可能。

根据密钥的特点,将密码体制分为对称和非对称密码体制。对称密码体制又称秘密密钥密码体制,非对称密码体制又称公开密钥密码体制。在对称密码体制中,加密密钥和解密密钥是一样的或彼此之间容易相互确定的。按加密方式又可将对称密码体制分为序列密码（流密码）和分组密码两种。在序列密码中，将明文消息逐位地加密。在分组密码中，将明文消息分组，逐组地进行加密。在非对称密码体制中，加密密钥和解密密钥不同，从一个难以推出另一个，可将加密和解密能力分开。

2.2　数论中的一些难题

大多数的公钥系统都是基于数论中的一些问题，这些问题通常伴随着相应的假设，也就是假设这些问题是难解的。

1．离散对数问题

离散对数问题是指给定有限循环群 G、G 的生成元 g、元素 $a \in G$，求 $\log_g a$（求 x 满足 $a = g^x$）。

2．表示问题

给定阶为 m 的有限循环群 G，G 的不同生成元组是 $g_1, \cdots, g_n \in G$，如果 $(x_1, \cdots, x_n)$ 满足 $a = g_1^{x_1} g_2^{x_2} \cdots g_n^{x_n}$，称元组 $(x_1, \cdots, x_n)$ 为元素 $a \in G$ 对应于 $(g_1, \cdots, g_n)$ 的一个表示。表示问题是指给定阶为 m 的有限循环群 G，G 的不同生成元组是 $g_1, \cdots, g_n \in G$，求元素 $a \in G$ 对应于 $(g_1, \cdots, g_n)$ 的一个表示。

3．Diffie-Hellman 问题

计算 Diffie-Hellman（CDH）问题是指给定有限循环群 G，G 的生成元 g，元素 g^u、$g^v \in G$，求 $g^{uv} \in G$。

判定 Diffie-Hellman（DDH）问题是指给定有限循环群 G，G 的生成元 g，元素 g^u、g^v、$g^w \in G$，判定 $g^w = g^{uv}$ 是否成立。

4．强 Diffie-Hellman 问题

G 为阶 p 的有限循环群，$g \in G$ 是 G 的生成元，给定 $g, g^x, g^{(x^2)}, \cdots, g^{(x^q)} \in G$，求元组 $(c, g^{1/(x+c)})$。

5．大整数因子分解问题

大整数因子分解问题是指给定正整数 n，找出它的因子分解。即求出素数 $p_1, \cdots, p_k$ 和整数 $e_1, \cdots, e_k$ 使得 $n = p_1^{e_1} \cdots p_k^{e_k}$。

6．RSA 问题

给定群 Z_n^*，n 是两个大素数的乘积 $n = pq$，$\gcd(e, \phi(n)) = 1$，$a \in Z_n^*$，求 $b \in Z_n^*$ 满足 $b^e = a \pmod{n}$。

7．强 RSA 问题

给定群 Z_n^*，n 是两个大素数的乘积 $n = pq$，$a \in Z_n^*$，求 $b, e \in Z_n^*$ 满足 $b^e = a \pmod{n}$。

2.3　随　机　数

随机数是较短的随机位序列，在密码学中也是非常重要的。随机数分为真随机数和伪随机数。随机序列主要应用于序列密码。序列密码的强度完全依赖于序列的随机性与不可预测性。随机序列分为真随机序列与伪随机序列。真随机序列从真实世界的自然随机性源产生，办法是找出似乎是随机的事件然后从中提取随机性，如自然界中的抛币。伪随机序列用确定的算法产生，不是真正的随机序列。伪随机序列发生器指使用短的真随机序列（称为种子）x 扩展成较长的伪随机序列 y。在密码学中伪随机序列的使用大大减少了真随机序列的使用，但不能完全取代真随机序列的使用（如种子）。ZUC 祖冲之序列密码算法是我国自主研制的流密码算法。

密码学意义上安全的伪随机序列要求满足以下特性。

1. 不可预测性

敌对者获得伪随机序列 y 部分位的信息不应能预测到 y 其他位的信息与种子 x 的信息。古典的伪随机序列发生器不适合加密应用，如线性反馈移位寄存器、线性同余随机数发生器、代数的二进制展开等。第一个可证明的安全伪随机序列发生器是 Shamir 基于 RSA 函数求逆的困难性提出的可证明的安全伪随机数（而非位）序列发生器。

2. 随机性

序列 $\{k_i\}$ 的伪随机性是指周期为 p 的序列满足随机性统计检验。

常用的统计检验包括：若 p 为偶数，则"0"和"1"的出现次数相同，均为 $p/2$；若 p 为奇数，则"0"出现次数为 $(p \pm 1)/2$。游程为 1 的串占 1/2，即长度为 1 的串应占一半，长度为 2 的串应占 1/4，长度为 3 的串应占 1/8 等。长度为 3 的串形如 0 串…10001…，1 串…01110…。

2.4 分组密码

在分组密码中，将明文分成 m 个明文块 $x = (x_1, x_2, \cdots, x_m)$。每一组明文在密钥 $k = (k_1, k_2, \cdots, k_t)$ 的控制下变换成 n 个密文块 $y = (y_1, y_2, \cdots, y_m)$，每组明文用同一个密钥 k 加密。

常用的分组密码算法有数据加密标准（Data Encryption Standard，DES）、高级加密标准（Advanced Encryption Standard，AES）和 IDEA 密码体制。DES 用 56 位密钥将 64 位的明文转换为 64 位的密文，其中密钥总长为 64 位，另外 8 位是奇偶校验位。AES 算法是一个迭代型分组密码，其分组长度和密钥长度都可变，各自可以为 128 比特、192 比特、256 比特。我国分组密码算法标准是 SM1、SM4、SM7，分组长度和密钥长度都是 128 比特。

一个分组密码的工作模式就是以该分组密码为基础构造的各种密码系统。分组密码有五种常用的工作模式：电子密码本模式（ECB）、密码分组连接模式（CBC）、输出反馈模式（OFB）、密码反馈模式（CFB）和记数模式（CTR）。这五种分组密码模式适用于所有的分组密码，包括 DES、AES 和 IDEA 等。

2.5 公开密钥密码

1976 年，美国学者 Diffie 和 Hellman 发表了著名文章《密码学的新方向》（*New Directions in Cryptography*），奠定了公开密钥密码的基础。

2.5.1　公开密钥密码的基本概念

建立一个公开密钥密码系统,有两个最基本的条件。第一,加密和解密变换必须是计算上容易的;第二,密码分析必须是计算上困难的。

Diffie 和 Hellman 建立了陷门单向函数的概念,指出了解决这个问题的一种方法。陷门单向函数是一个函数族 $y=f(x,k)$,其中 k 是参数。对于每个 k,$f(x,k)$ 和 x 一一对应。给定 x 和 k,求 $f(x,k)$ 是计算上容易的问题。反之,若给定 y 和 k,求 x 是计算上困难的问题。所以 $y=f(x,k)$ 是单向函数,即正方向容易计算反方向不容易计算的函数。此外,还存在一个"陷门信息"$d(k)$ 及函数 $g(y,k')$,使得当 $y=f(x,k)$ 时,$x=g(y,d(k))$;且给定 y 和 k' 时,求 $g(y,k')$ 是计算上容易的问题,即陷门信息 $d(k)$ 使计算函数 $f(x,k)$ 的逆变得"容易"起来。仅仅具备单向性的单向函数可以用来存储口令文件等,陷门单向函数则适合于建立公开密钥密码系统。

一个密码系统的保密性依赖于它所依赖的问题的计算复杂性,但是以计算上困难的问题为基础,却不一定得到一个保密性很强的密码系统。计算复杂性理论是公开密钥密码系统的基础,但是在公开密钥密码学中应用计算复杂性理论要十分当心,因为计算复杂性理论的分析与公开密钥密码学的要求不完全相同。

(1) 计算复杂性理论通常分析问题的一个孤立的事例,但在密码分析时往往需要解决许多统计上相关的问题,例如,破译由同一个加密密钥生成的几段密文。

(2) 计算复杂性理论通常做的是最坏情形的度量,一个多项式时间内不可解的困难问题完全有可能对其中大多数事例是多项式时间可解的。然而,一个对大多数事例是信息容易破解的密码系统却是毫无用处的。

(3) 计算复杂性理论对问题的难易分类时,通常只考虑是否存在确定的多项式时间算法。但是,一个可以通过某个概率多项式时间算法以很高的概率攻破的公开密钥密码系统,即使不存在确定的多项式时间算法去攻破它,也同样是没有用途的。

数字证书是由权威机构,又称证书授权(Certificate Authority,CA)中心发行的。证书一方面可以用来向系统中的其他实体证明自己的身份,另一方面由于每份证书都携带着证书持有者的公钥,所以证书也可以向接收者证实某人或某个机构对公开密钥的拥有,起着公钥分发的作用。在公开密钥密码系统中,每个用户都公开他的加密算法和加密密钥——公开密钥,把它们放在一个公开文件中,用户将相应的解密密钥保密。

2.5.2　RSA 体制

1977 年,美国麻省理工学院的三名密码学者 R. Rivest、A. Shamir 和 L. Adleman 提出了一种用数论构造的、基于大合数因子分解困难性的公开密钥密码,它也是迄今为止理论上最为成熟完善的公钥密码体制,简称为 RSA 体制。由于 RSA 既可用于加密,又可用于数字签名,而且安全易懂,因此已成为目前应用最广泛的公开密钥密码算法。许多国家标准化组织都已接受 RSA 作为标准。我国商用密码体系中使用 SM2 替换 RSA 算法。

建立 RSA 公开密钥密码系统时,用户选取一对不同的大素数 p 和 q,令 $n=pq$。用户公布 n,但将 q 和 p 保密。然后,选取正整数 d,使其满足 $\gcd(d,\Phi(n))=1$,此处,$\Phi(n)$ 是欧拉函数,且 $\Phi(n)=(p-1)(q-1)$。最后,根据公式 $ed\equiv1\pmod{\Phi(n)}$ 计算出 e。用户公布 e 但将 d 保密。

RSA 体制是一种分组密码系统。加密时，首先将明文表示成 $0 \sim n-1$ 之间的整数。如果明文太长，可将其变为 n 进制形式，即令 $M=M_0+M_1n+\cdots+M_{s-1}n^{s-1}+M_sn^s$，然后分别加密 $(M_0,M_1,\cdots,M_s)$，得出密文 $(C_0,C_1,\cdots,C_s)$。加密公式是

$$C=E(M)=M^e \pmod n$$

如果已知密钥 d，解密是很容易的，只需计算

$$D(C)=C^d \pmod n$$

即可恢复明文 M。

应用 RSA 方法时必须注意一些细节，如避免弱密钥、不在不同用户之间共享模 n 等。另外，为了抵抗"$p-1$ 分解算法"式的攻击，要求在构造 RSA 模 $n=pq$ 时选择 p 和 q 应使 $p-1$ 和 $q-1$ 含有大的素因子。一般的方法是选择两个大素数 p_1 和 q_1，使得 $p=2p_1+1$ 和 $q=2q_1+1$ 也是素数。

2.5.3 Rabin 体制

1979 年，Rabin 在论文《与分解因子同样困难的数字签名和公开密钥函数》中提出了一种新颖的密码体制。Rabin 体制有两个特点：第一，从密文恢复明文时结果是不确定的，有 4 种不同选择的可能性；第二，Rabin 体制的保密性能是确定的，可以证明，破译 Rabin 体制的计算复杂性与分解因子的问题相同。

Rabin 体制的建立也是基于分解因子问题是计算上困难问题的假定。在建立 Rabin 体制时，用户选取一对不同的大素数 p 和 q，并计算 $n=pq$。用户公布 n（公开密钥），但将 p 和 q（秘密密钥）保密。加密时，任何用户都可以用公开密钥 n，对明文 $M\in Z_n^*$ 通过变换公式

$$C=E(M)=M^2 \pmod n$$

进行加密，得到密文 C。解密密文 C 时，知道秘密密钥 p 和 q 的用户可以分别求出 $C \bmod p$ 的两个平方根和 $C \bmod q$ 的两个平方根，再利用中国剩余定理求出 $C \bmod n$ 的 4 个平方根。最后剩下的问题是如何判断这 4 个根中哪一个是明文 M。其中一种方法是可以在加密前附加 20 个随机位在明文信息 M 的末尾。然后将加密结果连同这 20 位一起发送出去。注意，当明文 M 足够长时，这样做无损于整个 Rabin 密码系统的保密性。因为，假如给出 x 的最后 20 位以后，存在着一个可以由 $x^2 \bmod n$ 计算出 x 的多项式时间算法 A，即使不给出这最后的 20 位，也可以计算出 x，其运算时间仅为算法 A 的运行时间的 2^{20} 倍。

当 $p\equiv3 \pmod 4$ 时，如果 $a\in Z_n^*$ 且 a 是模 p 的二次剩余，则存在着一个可以求出满足下式：

$$x^2\equiv a \bmod n$$

的 x 的简单的有效算法，即

$$x\equiv\pm a^{\frac{p+1}{4}} \bmod p$$

类似的结论对 q 也成立。

由 Rabin 方法的构造可知，Rabin 加密变换是 RSA 加密变换当 $e=2$ 时的特殊情形。但是，Rabin 方法和 RSA 方法的解密过程却大不相同。破译 Rabin 密码的问题等价于"不分解 n 的因子计算模 n 的平方根"问题，其计算复杂性与分解因子的问题相同。有如下的 Rabin 基本定理：设 n 是一对不同的奇素数的乘积，ε 是满足 $0<\varepsilon\leqslant1$ 的正数。如果有一个多项式时间算法 SQRT(a,n)，对于二次剩余 $a \bmod n$ 的 ε 部分，能够输出 $a \bmod n$ 的一个平方根，则必定存在一个可以分解 n 的因子的概率算法 FAC(n)，其期望运行时间是 $\log n$ 和 $1/\varepsilon$ 的多项式。

这个定理的重要性在于,它保证了只要分解因子的问题是困难的,攻破 Rabin 体制就不可能是容易的问题,这一重要特点是 RSA 体制所没有的。

2.6　哈 希 函 数

哈希(Hash)函数 H 也称散列函数或杂凑函数等,是典型的多到一的函数,其输入为一可变长 x(可以足够长),输出一固定长的串 h(一般为 128 位、160 位、224 位、256 位、384 位、512位,比输入的串短),该串 h 被称为输入 x 的 Hash 值(或称消息摘要(Message Digest)、数字指纹、密码校验、消息完整性校验),记作 $h = H(x)$。为防止传输和存储的消息被有意或无意地篡改,采用散列函数对消息进行运算生成消息摘要,附在消息之后发出或与信息一起存储,如果改动了消息,散列值就会相应地改变,接收者即能检测到这种改动,它在报文防伪中具有重要应用。

Hash 函数 H 一般满足以下几个基本要求:

(1) 输入 x 可以为任意长度;输出数据串长度固定。

(2) 正向计算容易,即给定任何 x,容易算出 $H(x)$;反向计算困难,即给出一个 Hash 值 h,很难找出一特定输入 x,使 $h = H(x)$。

(3) 抗冲突性(抗碰撞性),包括两个含义:一是给出一消息 x,找出一消息 y 使 $H(x) = H(y)$是计算上不可行的(弱抗冲突);二是找出任意两条消息 x、y,使 $H(x) = H(y)$ 也是计算上不可行的(强抗冲突)。

对 Hash 函数有两种穷举攻击:一是给定消息的 Hash 值 $H(x)$,破译者逐个生成其他消息 y,以使 $H(x) = H(y)$;二是攻击者寻找两个随机的消息 x 和 y,并使 $H(x) = H(y)$。这就是所谓的冲突攻击。穷举攻击方法没有利用 Hash 函数的结构和任何代数弱性质,它只依赖于 Hash 值的长度。

安全 Hash 算法(Secure Hash Algorithm,SHA)是美国国家标准技术研究所(NIST)公布的安全 Hash 标准(Secure Hash Standard,SHS)中的 Hash 算法。我国 Hash 函数算法标准是 SM3。常见的散列算法有 MD5、SHA-1、SHA-2、SHA-3、SM3 等。

散列函数的应用范围很广,如消息签名、消息完整性检测、消息非否认性检测等。在安全协议的设计、分析和应用中,也经常用到散列函数。

2.7　消 息 认 证

消息认证就是认证消息的完整性,当接收方收到发送方的消息时,接收方能够验证收到的消息是真实的和未被篡改的。它包含两层含义:一是验证信息的发送者是真正的而不是冒充的,即数据起源认证;二是验证信息在传送过程中未被篡改、重放或延迟等。

消息认证的内容应包括:证实消息的信源和信宿,消息内容是否遭到偶然或有意地篡改,消息的序号是否正确,消息的到达时间是否在指定的期限内。总之,消息认证使接收方能识别消息的源、内容的真伪、时间有效性等。这种认证只在相互通信的双方之间进行,而不允许第三者进行上述认证。

一个消息认证方案是一个三元组 (K,T,V)。

（1）密钥生成算法 $K:K$ 是一个生成密钥 k 的随机函数。

（2）标签算法 T：由密钥 k 及消息 M 生成标签 $\delta=T_k(M)$。

（3）验证算法 V：由密钥 k、消息 M、标签 δ 验证是否保持了数据完整性，输出 1 位 d，$d=V_k(M,\delta)$。我们要求对于明文空间中的所有消息 M 满足：当 $\delta=T_k(M)$ 时，$V_k(M,\delta)=1$，否则 $V_k(M,\delta)=0$。

消息认证码（Message Authentication Code，MAC）采用共享密钥，是一种广泛使用的消息认证技术。发送方 A 要发送消息 M 时，使用一个双方共享的密钥 k 产生一个短小的定长数据块，即消息认证码 $MAC=T_k(M)$，发送给接收方 B 时，将它附加在消息中。这个过程可以表示为 $A{\rightarrow}B:M\parallel T_k(M)$。接收方对收到的消息使用相同的密钥 k 执行相同的计算，得到新的 MAC。接收方将收到的 MAC 与计算得到的 MAC 进行比较，如果相匹配，那么可以保证消息的传输过程中保持了完整性。

（1）接收方确信消息未被更改过。攻击者如果修改了消息，而不修改 MAC，接收方重新计算得到的 MAC 将不同于接收到的 MAC。由于 MAC 的生成使用了双方共享的秘密密钥，攻击者无法更改 MAC 以对应修改过的消息。

（2）接收方确信消息来自真实的发送方。因为没有其他人知道密钥，所以没有人能够伪造出消息及其对应的 MAC。

常用的构造 MAC 的方法包括：利用已有的分组密码构造，如利用 DES 构造的 CBC-MAC；利用已有的 Hash 函数构造，因为 Hash 函数并不依赖一个密钥，所以不能直接用于 MAC，已有许多将一个密钥与一个现有的 Hash 函数结合起来的提议，HMAC 就是获得众多支持的一种。HMAC 见 RFC2194，并被许多 Internet 协议使用。

2.8　数字签名

2.8.1　数字签名的基本概念

数字签名主要用于对消息进行签名，以防消息的伪造或篡改，主要具有以下特征：

（1）任何人都可以利用签名者的公钥验证签名的有效性。

（2）签名是无法被伪造的。除了合法的签名者之外，任何人伪造签名是困难的。由于只有签名者知道自己的私钥，只有签名者能用自己的私钥生成签名，因此签名具有不可否认性，签名者事后不能否认自己的签名。

一个签名方案是一个满足下列条件的五元组 (P,A,K,S,V)：

（1）P 是所有可能的消息组成的有限集。

（2）A 是所有可能的签名组成的有限集。

（3）K 是所有可能的密钥组成的有限集。

（4）对每一个 $k\in K$，有一个签名算法 $S_k\in S$ 和一个相应的验证算法 $V_k\in V$。对每一个消息 $x\in P$ 和每一个签名 $y\in A$，每一个签名算法 $S_k:P{\rightarrow}A$ 和验证算法 $V_k:P\times A{\rightarrow}\{0,1\}$ 都满足：当 $y=S_k(x)$ 时，$V_k(x,y)=1$，否则 $V_k(x,y)=0$。

2.8.2　RSA 签名

设 M 为明文，$K_{eA} = <e, n>$ 是 A 的公开密钥。$K_{dA} = <d, p, q, \phi(n)>$ 是 A 的保密的私钥。则 A 对 M 的签名 $S_A = (M^d) \bmod n$，S_A 便是 A 对 M 的签名。验证签名的过程是：如果 $(S_A)^e \bmod n = M$，则 S_A 是 M 的签名。

RSA 的数字签名很简单，但存在如下问题。

1. 一般攻击

由于 RSA 密码的加密运算和解密运算具有相同的形式，都是模幂运算。设 e 和 n 是用户 A 的公开密钥，所以任何人都可以获得并使用 e 和 n。攻击者首先随意选择一个数据 Y，并用 A 的公开密钥计算 $X = (Y)^e \bmod n$，于是便可以用 Y 伪造 A 的签名。因为 Y 是 A 对 X 的一个有效签名。这种攻击实际上的成功率是不高的。因为对于随意选择的 Y，通过加密运算后得到的 X 具有正确语义的概率是很小的。可以通过认真设计数据格式或采用 Hash 函数与数字签名相结合的方法阻止这种攻击。

2. 利用已有的签名进行攻击

假设攻击者想要伪造 A 对 M_3 的签名，他很容易找到另外两个数据 M_1 和 M_2，使得

$$M_3 = M_1 M_2 \bmod n$$

他设法让 A 分别对 M_1 和 M_2 进行签名：

$$S_1 = (M_1)^d \bmod n$$
$$S_2 = (M_2)^d \bmod n$$

于是攻击者就可以用 S_1 和 S_2 计算出 A 对 M_3 的签名 S_3：

$$(S_1 S_2) \bmod n = ((M_1)^d (M_2)^d) \bmod n = (M_3)^d \bmod n = S_3$$

对付这种攻击的方法是用户不要轻易地对其他人提供的随机数据进行签名。更有效的方法是不直接对数据签名，而是对数据的 Hash 值签名。

3. 利用签名进行攻击获得明文

设攻击者截获了密文 C，$C = M^e \bmod n$，他想求出明文 M。于是，他选择一个小的随机数 r，并计算

$$x = r^e \bmod n$$
$$y = xC \bmod n$$
$$t = r^{-1} \bmod n$$

因为 $x = r^e \bmod n$，所以 $x^d = (r^e)^d \bmod n$，$r = x^d \bmod n$。然后攻击者设法让发送者对 y 签名，于是攻击者又获得

$$S = y^d \bmod n$$

攻击者计算

$$t S \bmod n = r^{-1} y^d \bmod n = r^{-1} x^d C^d \bmod n = C^d \bmod n = M$$

于是攻击者获得了明文 M。

对付这种攻击的方法也是用户不要轻易地对其他人提供的随机数据进行签名。最好是不直接对数据签名，而是对数据的 Hash 值签名。

4. 对先加密后签名方案的攻击

假设用户 A 采用先加密后签名的方案把 M 发送给用户 B，则他先用 B 的公开密钥 e_B 对 M 加密，然后用自己的私钥 d_A 签名。再设 A 的模为 n_A，B 的模为 n_B。于是 A 发送如下的数

据给 B：

$$((M)^{e_B} \bmod n_B)^{d_A} \bmod n_A$$

如果 B 是不诚实的，则他可以用 M_1 抵赖 M，而 A 无法争辩。因为 n_B 是 B 的模，所以 B 知道 n_B 的因子分解，于是他就能计算模 n_B 的离散对数，即他就能找出满足 $(M_1)^x = M \bmod n_B$ 的 x，然后公布他的新公开密钥为 xe_B。这时他就可以宣布他收到的是 M_1 而不是 M。

A 无法争辩的原因在于下式成立：

$$((M_1)^{xe_B} \bmod n_B)^{d_A} \bmod n_A = ((M)^{e_B} \bmod n_B)^{d_A} \bmod n_A$$

为了对付这种攻击，发送者应当在发送的数据中加入时间戳，从而可证明是用 e_B 对 M 加密而不是用新公开密钥 xe_B 对 M_1 加密。另一种对付这种攻击的方法是经过 Hash 处理后再签名。

2.8.3　数字签名标准

1994 年美国政府颁布了数字签名标准（Digital Signature Standard，DSS），这标志着数字签名已得到政府的支持。和当年推出 DES 时一样，DSS 一提出便引起了一场激烈的争论。反对派的代表人物是 MIT 的 Rivest 和 Standford 的 Hellman。反对的意见主要认为，DSS 的密钥太短，效率不如 RSA 高，不能实现数据加密，并怀疑 NIST 在 DSS 中留有"后门"。尽管争论十分激烈，最终美国政府还是颁布了 DSS。针对 DSS 密钥太短的批评，美国政府将 DSS 的密钥从原来的 512 位提高到 512～1 024 位，从而使 DSS 的安全性大大增强。SM2 是我国的数字签名算法标准。

数字签名算法 DSA 描述如下。

1. 算法参数

DSS 的签名算法称为 DSA，DSA 使用以下参数：p 为素数，要求 $2^{L-1} < p < 2^L$，其中 $L = 512 + 64j (j = 0, 1, 2, \cdots, 8)$；$q$ 是 $(p-1)$ 的素因子，$2^{159} < q < 2^{160}$；$g = h^{(p-1)/q} \bmod p$，其中 $1 < h < p-1$，且满足使 $g = h^{(p-1)/q} \bmod p > 1$；$x$ 为一随机数，$0 < x < q$；$y = g^x \bmod p$；k 为一随机数，$0 < k < g$。

这里参数 p、q、g 可以公开，且可为一组用户公用。x 和 y 分别为一个用户的私钥和公开钥。所有这些参数可在一定时间内固定。参数 x 和 k 用于产生签名，必须保密。参数 k 必须对每一签名都重新产生，且每一签名使用不同的 k。

2. 签名的产生

对数据 M 的签名为 r 和 s，它们分别如下计算产生：

$$r = (g^k \bmod p) \bmod q$$
$$s = (k^{-1}(SHA(M)) + xr) \bmod q$$

其中，k^{-1} 为 k 的乘法逆元，即 $k^{-1}k = 1 \bmod q$，且 $0 < k^{-1} < q$。SHA 是安全的 Hash 函数，它从数据 M 抽出其摘要 $SHA(M)$，$SHA(M)$ 为一个 160 位的二进制数字串。

应该检验计算所得的 r 和 s 是否为零，若 $r = 0$ 或 $s = 0$，则重新产生 k，并重新计算产生签名 r 和 s。

最后，把签名 r 和 s 附在数据 M 后面发给接收者：(M, r, s)。

3. 验证签名

为了验证签名，要使用参数 p、q、g，用户的公开密钥 y 及其标识符。

令 MP、rP、sP 分别为接收到的 M、r 和 s。首先检验是否有 $0 < rP < q$，$0 < sP < q$，若其中

之一不成立,则签名为假。计算:

$$w = (sP^{-1}) \bmod q$$
$$u_1 = (\text{SHA}(MP)\ w) \bmod q$$
$$u_2 = ((rP)\ w) \bmod q$$
$$v = (((g)^{u_1}\ (y)^{u_2}) \bmod p) \bmod q$$

若 $v = rP$,则签名为真,否则签名为假或数据被篡改。

2.8.4　ElGamal 数字签名

ElGamal 密码算法既可以用于加密又可以实现数字签名。

选 p 是一个大素数,$p-1$ 含有大素数因子。α 是一个模 p 的本原元,将 p 和 α 公开。用户随机地选择一个整数 x 作为自己的秘密密钥,$1 \leqslant x \leqslant p-1$,计算 $y \equiv \alpha^x \bmod p$,取 y 为自己的公开密钥。公开参数 p 和 α 可以由一组用户共用。

1. 产生签名

设用户 A 要对明文消息 M 签名,$0 \leqslant m \leqslant p-1$,其签名过程如下:

- 用户 A 随机地选择一个整数 k,$1 < k \leqslant p-1$,且 $(k, p-1) = 1$;
- 计算 $r = \alpha^k \bmod p$;
- 计算 $s = (m - x_A r)k^{-1} \bmod (p-1)$;
- 取 (r, s) 作为 M 的签名,并以 $<m, r, s>$ 的形式发给用户 B。

2. 验证签名

用户 B 验证 $\alpha^m = y_A^r r^s$,是否成立,若成立则签名为真,否则签名为假。签名的可验证性证明如下:

因为 $s = (m - x_A r)\ k^{-1} \bmod (p-1)$,所以 $m = x_A r + ks \bmod (p-1)$,故 $\alpha^m = \alpha^{x_A r + ks} = y_A^r r^s \bmod p$,签名可验证。

对于上述 E1Gamal 数字签名,为了安全,随机数 k 应当是一次性的。否则,可用过去的签名冒充现在的签名。由于取 (r, s) 作为 M 的签名,所以 ElGamal 数字签名的数据长度是明文的两倍,即数据扩展一倍。

2.8.5　Schnorr 签名体制

1. 体制参数

- p、q:大素数,$q \mid p-1$。q 是大于等于 160 位的整数,p 是大于等于 512 位的整数,保证 Z_p 中求解离散对数困难;
- g:Z_p^* 中元素,且 $g^q \equiv 1 \bmod p$;
- x:用户私钥 $1 < x < q$;
- y:用户公钥 $y \equiv g^x \bmod p$。

空间 $M = Z_p^*$,签名空间 $S = Z_p^* \times Z_q$;密钥空间 $K = \{(p, q, g, x, y): y \equiv g^x \bmod p\}$。

2. 签名过程

令待签消息为 M,对给定的 M 做下述运算:

发送者任选一秘密随机数 $k \in Z_q$;计算

$$r \equiv g^k \bmod p$$
$$s \equiv k - xe \bmod p$$

式中，$e = H(r \| M)$。

签名为 $S = \text{Sig}_k(M) = (e, s)$。

3. 验证过程

验证者收到消息 M 及签字 $S = (e, s)$ 后，计算 $r' \equiv g^s y^e \bmod p$ 而后计算 $H(r' \| M)$；验证 $\text{Ver}(M, r, s) \Leftrightarrow H(r' \| M) = e$。

因为，若 $(e \| s)$ 是 M 的合法签字，则有 $g^s y^e \equiv g^{k-xe} g^{xe} \equiv g^k \equiv r \bmod p$。

2.8.6 基于椭圆曲线的数字签名算法

椭圆曲线密码技术是密码学界的研究热点之一。椭圆曲线数字签名算法（Elliptic Curve Digital Signature Algorithm，ECDSA）和 RSA 与 DSA 的功能相同，并且数字签名的产生与验证速度要比 RSA 和 DSA 快。

设待签的消息为 m；全局参数 $D = (p, a, b, G, n, h)$，还有签名者的公钥私钥对 (Q, d)。

1. 签名的算法步骤

(1) 选择一个随机数 k，$k \in [1, n-1]$；

(2) 计算 $kG = (x_1, y_1)$；

(3) 计算 $r = x_1 \bmod n$，如果 $r = 0$，则回到步骤(1)；

(4) 计算 $k^{-1} \bmod n$；

(5) 计算 $e = \text{SHA}_1(m)$；

(6) 计算 $s = k^{-1}(e + dr) \bmod n$，如果 $s = 0$，则回到步骤(1)；

(7) 对消息的签名为 (r, s)。

最后签名者就可以把消息 m 和签名 (r, s) 发送给接收者。

当接收者收到消息 m 和签名 (r, s) 之后，验证消息签名的有效性，需要取得如下参数：全局参数 $D = (p, a, b, G, n, h)$、发送者的公钥 Q。

2. 验证算法

(1) 检验 r、s，要求 r、$s \in [1, n-1]$；

(2) 计算 $e = \text{SHA}_1(m)$；

(3) 计算 $w = s^{-1} \bmod n$；

(4) 计算 $u_1 = ew \bmod n$；$u_2 = rw \bmod n$；

(5) 计算 $X = u_1 G + u_2 Q$；

(6) 如果 $X = 0$，表示签名无效；否则，$X = (x_1, y_1)$，计算 $v = x_1 \bmod n$；

(7) 如果 $v = r$，表示签名有效；否则表示签名无效。

下面证明 ECDSA 算法成立。

如果签名 (r, s) 是消息 m 的合法签名，有

$$s = k^{-1}(e + dr) \bmod n$$
$$\Rightarrow k = s^{-1}(e + dr) \bmod n$$
$$= (s^{-1} e + s^{-1} d r) \bmod n$$
$$= (we + wrd) \bmod n$$
$$= (u_1 + u_2 d) \bmod n$$

再有 $u_1 G + u_2 Q = (u_1 + u_2 d) G = kG$，其中的 kG 横坐标 $x_1 = r$；$u_1 G + u_2 Q$ 的横坐标为 v；即有 $v = r$。

2.9　基于身份的公钥密码学

1984 年 Shamir 提出了基于身份(ID)的加密、签名、认证设想,其中身份可以是姓名、地址、电子邮件地址等。之后,许多相关方案陆续被提出来。

基于身份的密码系统的主要好处是减少证书管理开销。现在的公钥密码系统每个用户有一对公钥和私钥,在加密和签名验证时都要使用对方的公钥。公钥一般放在服务器中,需要时从服务器中取回。为了保证所取公钥的合法性、正确性,通常把公钥放在由 CA 颁发的证书中,证书含 CA 签名,这样可以保证证书的正确、完整。使用证书和证书服务器是目前解决公钥存储的主要手段,它是公开密钥设施(PKI)的一个基本组成部分。但使用证书带来了存储和管理开销的问题,而使用基于身份的密码系统,则不需要保存每个用户的公钥证书。系统中每个用户都有一个身份,用户的公钥可以由任何人根据其身份计算出来,或者说身份即公钥,而私钥则是由可信中心统一生成的。利用椭圆曲线上的 Tate Pairing 与 Weil Pairing 对的双线性性质,几个基于身份的密码系统被构造出来,包括基于身份的加密方案、基于身份的签名方案等。SM9 是我国的基于身份的密码算法。

2.9.1　基于身份的加密方案

设 q 是大素数,存在两个 q 阶群 G_1 和 G_2,G_1 和 G_2 之间的一个双线性映射 $\hat{e}:G_1 \times G_1 \to G_2$,必须具有下列属性。

- 双线性:$\hat{e}(aP,bQ)=\hat{e}(P,Q)^{ab}$,其中 P、$Q \in G_1$,a、$b \in Z^*$。
- 非退化性:$\hat{e}$ 并不将 $G_1 \times G_1$ 中的所有对映射到 G_2 中的单位元。注意到 G_1、G_2 都是素数阶群,这意味着如果 P 是 G_1 的生成元,则 $\hat{e}(P,P)$ 是 G_2 的生成元。
- 可计算性:对于任意的 P、$Q \in G_1$,$\hat{e}$ 可有效地计算出来。

满足上述三条属性的双线性映射称为可接受的双线性映射。

下面给出一个群 G_1、G_2 和它们之间的双线性映射 $\hat{e}$ 的具体实例。G_1 是椭圆曲线 E/F_p 上点的加法群的一个子群,G_2 是有限域 F_p^2 上乘法群的一个子群,则 Weil Pairing 和 Tate Pairing 可以被用来构建这两个群之间可接受的双线性映射。

双线性 Diffie-Hellman 假设:上述的双线性对引出了下面的所谓"双线性 Diffie-Hellman(BDH)"问题的计算问题,给出 $(G,q,\hat{e},P,aP,bP,cP)$,其中 a、b、c 是从 Z_q^* 中随机挑选的三个数,计算 $\hat{e}(P,P)^{abc}$ 的值。

BDH 假设意味着上述问题是计算上难以操作的。目前许多基于身份的密码学方案,其安全性依赖于 BDH 假设(或其变体)。

Boneh 和 Franklin 利用基于椭圆曲线上的双线性映射,给出了第一个有效的基于身份的加密方案。

(1) 设置:给定安全参数 $k \in Z^+$,由输入的 k 值生成一个素数 q,两个 q 阶群 G_1 和 G_2,一个可接受的双线性映射 $\hat{e}:G_1 \times G_1 \to G_2$。随机选择生成元 $P \in G_1$。选取随机数 $s \in Z_q^*$ 为主密钥,令 $P_{pub}=sP$。选择 4 个 Hash 函数 $H_1:\{0,1\}^* \to G_1^*$,$H_2:G_2 \to \{0,1\}^n$,$H_3:\{0,1\}^n \times \{0,1\}^n \to Z_q^*$,$H_4:\{0,1\}^n \to \{0,1\}^n$。消息空间 $M=\{0,1\}^n$,密文空间 $C=G_1^* \times \{0,1\}^n$,系统参数 params$=<q,G_1,G_2,\hat{e},n,P,P_{pub},H_1,H_2,H_3,H_4>$。

（2）析出：给定串 $ID \in \{0,1\}^*$，PKG 计算 $Q_{ID} = H_1(ID)$，计算私钥 d_{ID} 为 $d_{ID} = sQ_{ID}$，这里 s 为主密钥。

（3）加密：计算 $Q_{ID} = H_1(ID) \in G_1^*$，随机选取 $\sigma \in \{0,1\}^n$。计算 $r = H_3(\sigma, M)$，输出密文 $C = <rP, \sigma \oplus H_2(g_{ID}^r), M \oplus H_4(\sigma)>$，其中，$g_{ID} = \hat{e}(Q_{ID}, P_{pub}) \in G_2^*$。

（4）解密：若解密 $C = <U, V, W>$，需要计算 $\sigma = V \oplus H_2(\hat{e}(d_{ID}, U))$，$M = W \oplus H_4(\sigma)$。令 $r = H_3(\sigma, M)$，验证 $U = rP$，若不成立，拒绝 C。输出 M。

2.9.2 基于身份的签名方案

基于身份的数字签名方案的基本思想是：希望获得密钥的用户先递交自己的 E-mail 地址、身份证号或电话号码等能代表其身份的有意义的信息，私钥产生中心（Private Key Generator，PKG）通过某种渠道认证其身份后，利用 PKG 私钥（系统主密钥）和用户提供的身份信息共同作用产生用户私钥并经秘密信道传送至该用户。

在基于身份的签名方案中，签名者的公钥是由与其相关的、能代表其身份的一串有意义的字符组成的，以一种不证自明的形式出现；签名者的私钥是由可信的私钥产生中心（Trusted PKG，TPKG）根据公钥产生并分发的。这样能大大减弱密钥认证系统的复杂度，对目前低带宽的网络有很大的吸引力；同时在密钥生成过程中由于用户的主动参与避免了因用私钥生成公钥所导致的公钥随机化问题。

Cha 和 Cheon 提出了一个基于身份的签名方案，该方案包括 4 个阶段：设置、析出、签名和验证。

（1）设置：给定安全参数 $k \in Z^+$，由输入的 k 值生成一个素数 q，两个 q 阶群 G_1 和 G_2，一个可接受的双线性映射 $\hat{e}: G_1 \times G_1 \rightarrow G_2$。随机选择生成元 $P \in G_1$。取随机数 $s \in Z_q^*$ 为主密钥，令 $P_{pub} = sP$。选择两个密码学 Hash 函数 $H_1: \{0,1\}^* \rightarrow G_1^*$ 和 $H_2: \{0,1\}^* \times G_1^* \rightarrow Z_q^*$。系统参数为 $params = <q, G_1, G_2, \hat{e}, P, P_{pub}, H_1, H_2>$，主密钥为 $s \in Z_q^*$。

（2）析出：给定串 $ID \in \{0,1\}^*$，PKG 计算 $Q_{ID} = H_1(ID)$，计算私钥 d_{ID} 为 $d_{ID} = sQ_{ID}$，这里 s 为主密钥。

（3）签名：给定私钥 d_{ID} 和消息 m，选取随机数 $r \in Z_q^*$，计算 $U = rQ_{ID}$，$h = H_2(m, U)$，$V = (r+h)d_{ID}$，输出签名 $\sigma = (U, V)$。

（4）验证：对给定的身份 ID，消息 m 的签名 $\sigma = (U, V)$，验证 $\hat{e}(P, V) = \hat{e}(P_{pub}, U + hQ_{ID})$ 是否成立，这里 $h = H_2(m, U)$。

习 题 2

1. 为了提高 DES 算法的安全性，目前常采用所谓"3-DES"算法，即将 DES 算法在多密钥下多重应用的方法。其中，二重 DES 是多重应用 DES 时最简单的形式：假设明文为 m，两个加密算法分别为 E_1 和 E_2，两个解密算法分别为 D_1 和 D_2，两个加密密钥分别为 E_1 和 K_2，则密文 $C = E_{K_2}(E_{K_1}(m))$。反之，解密时有 $m = D_{K_1}(D_{K_2}(C))$。试问，在上述情形下有无可能存在一个密钥 K，使得 $E_{K_2}(E_{K_1}(m)) = E_K(m)$？

2. 在 RSA 体制中，设 $p = 47, q = 59, d = 157$。令两个字母为一块，一次加密一块，切编码如下：令空白 $= 00, A = 01, B = 02, \cdots, Z = 26$。明文 its all greek to me 的密文是什么？

3. Rabin 加密变换是 RSA 的加密变换当 $e=2$ 时的特殊情形。但是,Rabin 方法和 RSA 方法的解密过程完全不同。试分析两种方法的本质区别。

4. 为什么说数字签名标准(DSS)是 ElGamal 数字签名方案的一种变形？这种变形能够带来哪些好处？

5. 试证明如果一个签名的产生是正确的,那么它的验证也是正确的。

6. 常见的数字证书有哪些？它们有何不同？

7. Alice 有模数 $m=77$,公共的指数 $e=7$,私有的指数 $d=43$。下面哪个(消息,签名)对是由 Alice 产生的:

(1) $(3,38)$;

(2) $(15,4)$;

(3) $(60,4)$?

并给出你的解释。

8. 以下是一种基于离散对数的签名方法。公开大素数 q 和 q 的本原根 $a,a<q$。私钥为 $x,x<q$。公钥是 $y=a^x \bmod q$。对消息 m 签名时,先计算该消息的 Hash 值 $h=H(m)$,这里要求 $\gcd(h,q-1)=1$,若 $\gcd(h,q-1)$ 不为 1,则将该 Hash 值附于消息后再计算 h,继续该过程直到产生的 h 与 $q-1$ 互素;然后计算满足 $zh=x \bmod (q-1)$ 的 z,并将 a^z 作为对该消息的签名。验证签名即是验证 $y=(a^z)^h \bmod q$。

(1) 证明该体制能正确运行。

(2) 给出一种对给定的消息伪造用户签名的方法,以证明这种体制是不安全的。

9. 先签名再加密问题。Alice 将消息 $M=$"I love you"先签名,然后对签名使用 Bob 的公钥加密,把结果 $E_B(S_A(M))$ 发送给 Bob。如果 Bob 对收到的消息解密,然后使用 Charlie 的公钥加密,把结果 $E_C(S_A(M))$ 发送给 Charlie。Charlie 是否会误解密文？若产生误解,如何做避免误解？

10. 先加密再签名问题。Alice 将消息 $M=$"My theory, which is mine …"用 Bob 的公钥加密,然后对密文使用自己的私钥签名,在 Alice 把结果 $S_A(E_B(M))$ 发送给 Bob 的过程中,Charlie 拦截该消息。Charlie 对消息中的密文使用自己的私钥签名,把结果 $S_C(E_B(M))$ 发送给 Bob。Bob 是否会误解密文？若产生误解,如何做避免误解？

11. Alice 发送一条消息 m 给 Bob,以下哪条消息不具有机密性也不具有完整性？哪条消息具有机密性但不具有完整性？哪条消息具有完整性但不具有机密性？哪条消息既具有机密性又具有完整性？

(1) Alice 发送 m;

(2) Alice 发送与 Bob 共享的密钥 k 加密的消息 $E(k,m)$;

(3) Alice 发送消息 m 和 $H(m)$,其中 $H()$ 为 Hash 函数;

(4) Alice 发送消息 m 和 $\text{MAC}(k,m)$,其中 $\text{MAC}()$ 为消息验证码;

(5) Alice 发送与 Bob 共享的密钥 k 加密的消息 $E(k,m)$ 和 $H(m)$。

12. 数字信封是公钥密码体制在实际中的一个应用,是用加密技术来保证只有规定的特定收信人才能阅读通信的内容。在数字信封中,信息发送方采用对称密钥来加密信息内容,然后将此对称密钥用接收方的公开密钥来加密之后,将它和加密后的信息一起发送给接收方。图示数字信封的生成与解开过程,说明使用数字信封的优点。

第 3 章

基本的安全协议

本章将对一些基本的安全协议进行介绍,包括秘密分割、秘密共享、阈下信道、时间戳协议、比特承诺、公平的硬币抛掷、智力扑克、密钥托管、不经意传输等内容,这些基本的协议将用于构造更加复杂的安全协议。

3.1 秘 密 分 割

秘密分割就是指把一个消息分成 n 块,单独的每一块看起来没有意义,但所有的块集合起来能恢复出原消息。举个例子,一个商店的保险柜可能要求同时用经理的钥匙和运钞车司机的钥匙才能够打开。这样既可避免不诚实的经理或运钞车司机偷窃钱财,也可防止歹徒威胁手无寸铁的经理打开保险柜。

在两个人之间分割一个消息是最简单的共享问题。下面是 Trent 把一个消息分割给 Alice 和 Bob 的一个协议:

(1) Trent 产生一随机比特串 R,和消息 M 一样长。

(2) Trent 用 R 异或 M 得到 S:$M \oplus R = S$。

(3) Trent 把 R 给 Alice,把 S 给 Bob。

为了重构此消息,Alice 和 Bob 只需一起完成下面这一步:

(4) Alice 和 Bob 将他们的消息异或就可得到此消息:$R \oplus S = M$。

实质上,Trent 是用一次一密乱码本加密消息,并将密文给一人,乱码本给另一人。一次一密乱码本具有完善的保密性。两方秘密分割方案可以容易地扩展到多人系统。

秘密分割协议存在一个问题:如果任何一部分丢失了,并且 Trent 又不在,就等于将消息丢掉了。

3.2 秘 密 共 享

秘密共享是将秘密分割成若干秘密份额,从秘密份额本身得不到任何关于秘密的信息,但是将一定数量即达到门限值的秘密份额放在一起就可以恢复秘密,而少于门限值的秘密份额联合起来无法恢复秘密。秘密共享是一种将秘密分割存储的密码技术,目的是阻止秘密过于集中,以达到分散风险和容忍入侵的目的,是信息安全和数据保密中的重要手段。

在秘密共享方案中,最常见的就是门限方案。门限方案是实现门限访问结构的秘密共享方案,在一个 (m,n) 门限方案中,m 为门限值,秘密 SK 被拆分为 n 个份额的共享秘密,利用任意 $m(2 \leqslant m \leqslant n)$ 个或更多个共享份额就可以恢复秘密 SK,而用任何 $m-1$ 个或更少的共享份额是不能得到关于秘密 SK 的任何有用信息的。由于重构密钥需要 m 个共享份额,故暴露一个份额或多到 $m-1$ 个份额都不会危及密钥,且少于 $m-1$ 个用户不可能共谋得到密钥,同时若一个份额被丢失或损坏,还可恢复密钥(只要至少有 m 个有效的共享份额)。门限秘密共享可以避免单个用户腐败带来的安全隐患,使得密码系统既能保证足够的安全性,又能增强系统的稳健性。图 3.1 是 $(3,5)$ 门限秘密共享方案。

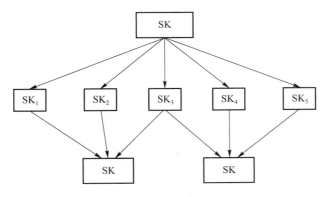

图 3.1　$(3,5)$ 门限秘密共享方案

1979 年 Shamir 提出一个称为 (m,n) 门限方案的构造方法。此方案是把一个信息(秘密的秘方、发射代码等)分成 n 部分,每个份额叫作它的"影子"或共享,它们中的任何 m 部分都能够用来重构消息,这就叫作 (m,n) 门限方案。

拉格朗日插值多项式方案是一种易于理解的秘密共享 (m,n) 门限方案。假定在 n 个人中共享密钥 k,使得他们中任意 m 个人可以相互协作获取密钥。首先生成比 k 大的随机素数 p。然后生成 $m-1$ 个随机整数 $R_1,R_2,\cdots,R_{m-1}$,每一个都比 p 小。使用下列式子将 $F(x)$ 定义成有限域上的多项式:

$$F(x) = (R_{m-1}x^{m-1} + R_{m-2}x^{m-2} + \cdots + R_1 x + k) \bmod p$$

通过定义 $k_i = F(x_i)$ 生成 F 的 n 个"影子",这里每个 x_i 都不同(如使用连续整数值 $[1,2,3,\cdots,n]$)。

将 $[p, x_i, k_i]$ 交给 n 个秘密共享者的每一位,i 对应每个共享者的号码。销毁 $R_1,R_2,\cdots,R_{m-1}$ 和 k。

m 个秘密共享者可以重构秘密。秘密共享者写出如下的线性方程。例如,号码为 1 的共享者可以构造方程:

$$k_1 = (C_{m-1}x_1^{m-1} + C_{m-2}x_1^{m-2} + \cdots + C_1 x_1 + k) \bmod p$$

这些线性方程有 m 个未知数 $C_1,\cdots,C_{m-1}$ 和 k,因此 m 个秘密共享者可以构造 m 个具有相同未知数的方程来求解(如使用消元法)。由于 F 的系数是随机选择的,所以少于 m 个秘密共享者的协作也不能解出 k。

秘密共享解决了两个问题:一是若密钥偶然或有意地被暴露,整个系统就易受攻击;二是若密钥丢失或损坏,系统中的所有信息就不能用了。

n 个参与者中的任意 m 个参与者出示他们的子秘密,从而得到 m 个点对:(x_1, k_1),$(x_2,$

$k_2),\cdots,(x_m,k_m)$，这样就可以重构多项式 $F(x)$ 和共享的秘密 k 值如下：

$$F(x)=\sum_{i=1}^{m}k_i\prod_{j=1,j\neq i}^{m}\frac{x-x_j}{x_i-x_j}$$

$$k=\sum_{i=1}^{m}k_i\prod_{j=1,j\neq i}^{m}\frac{x_j}{x_j-x_i}$$

设秘密消息为 $M=11$，我们构造（3,5）门限方案。随机选取正整数 7 和 8，选取多项式 $F(x)=(7x^2+8x+11)\bmod 13$。计算 5 个影子分别为：$k_1=F(1)=7+8+11\equiv0\pmod{13}$，$k_2=F(2)=28+16+11\equiv3\pmod{13}$，$k_3=F(3)=63+24+11\equiv7\pmod{13}$，$k_4=F(4)=112+32+11\equiv12\pmod{13}$，$k_5=F(5)=175+40+11\equiv5\pmod{13}$。若已知 k_2、k_3 和 k_5，需要解线性方程：

$$\begin{cases}a\cdot2^2+b\cdot2+M\equiv3\pmod{13}\\a\cdot3^2+b\cdot3+M\equiv7\pmod{13}\\a\cdot5^2+b\cdot5+M\equiv5\pmod{13}\end{cases}$$

解是 $a=7,b=8,M=11$。恢复出了秘密 M。

在门限共享方案中，每个人拥有的影子份数也可以不同，拥有的份数越多，意味着权限越大。例如，某军事办公室由 1 名将军、2 名上校和 5 名参谋组成。他们控制着一枚威力强大的导弹。他们不想发射导弹，除非将军决定发射，或者 2 个上校决定发射，或者 5 个参谋决定发射，或者 1 个上校和 3 个参谋决定发射。那么如何使用秘密共享方案实现此策略？设参谋持有的份额是 x，则将军是 $5x$，上校是 $2.5x$。取整数 $x=2$。总共份额至少是 $5x\cdot1+2.5x\cdot2+x\cdot5=15x=30$，故可以采用（10,30）门限秘密共享方案，将军拥有影子的份额是 10 份，上校每人 5 份，参谋每人 2 份。

可验证秘密共享是在通常的秘密共享方案中添加一个验证算法，这样份额持有者就能验证自己的份额与分发者分发的份额是否一致。Feldman 将 Shamir 的方案改进为一个非交互的可验证秘密共享方案，在方案中，参与者之间不需要交互，且不需要存在可信第三方。方案如下。p 是大素数，q 是 $p-1$ 的大素数因子，$g\in Z_p^*$ 且为 q 阶元。其中，参数 (p,q,g) 公开，3 为门限值，n 为参与者的个数，s 为要共享的秘密。分发者从有限域 $GF(p)$ 中随机选取 2 个元素 a_1 和 a_2，构造二次多项式 $f(x)=s+a_1x+a_2x^2\bmod q$ 共享秘密，计算子份额 $y_i=f(i)$，并将子份额 y_i 秘密地发送给参与者 P_i，广播验证信息 $g^{a_1}\bmod p$ 和 $g^{a_2}\bmod p$，参与者 P_i 持有份额 $f(i)$，验证 $g^{f(i)}=g^s(g^{a_1})^i(g^{a_2})^{i^2}$ 确定持有的份额是否正确。

3.3 阈 下 信 道

3.3.1 阈下信道的概念

我们首先举一个"囚犯问题"的例子。假设 Alice 和 Bob 被捕入狱。Bob 将去男牢房，而 Alice 则将去女牢房。看守 Walter 愿意让 Alice 和 Bob 交换消息，但他不允许他们加密。Walter 认为他们可能会商讨一个逃跑计划，因此，他想能够阅读他们说的每个细节。

Walter 也希望欺骗 Alice 和 Bob，他想让他们中的一个将一份欺诈的消息当作来自另一个的真实消息。Alice 和 Bob 愿意冒这种欺骗的危险，否则他们根本无法联络，而他们必须商讨他们的计划。为了完成这件事，他们不得不欺骗看守，并找出一个秘密通信的方法。他们不得不建立一个阈下信道,即完全在 Walter 视野内的他们之间的一个秘密通信信道,即使消息本身并不包含秘密信息。通过交换完全无害的签名的消息,他们可以来回传送秘密信息,并骗过 Walter,即使 Walter 正在监视所有的通信。

一个简易的阈下信道可以是句子中单词的数目。句子中奇数个单词对应"1",而偶数个单词对应"0"。因此,当读这种仿佛无关的段落时,已将消息"101"送给了在现场的我方的人。这种技术的问题在于它没有密钥,安全性依赖于算法的保密性。

Gustavus Simmons 提出了传统数字签名算法中阈下信道的概念。由于阈下消息隐藏在看似正常数字签名的文本中,这是一种迷惑人的形式。Walter 看到来回传递的签名的无害消息,但他完全看不到通过阈下信道传递的信息。事实上,阈下信道签名算法与通常的签名算法不能区别,至少对 Walter 是这样。Walter 不仅不能读阈下信道消息,而且他也不知道阈下信道消息已经出现。常用的一些术语如下。

- 阈下信道:在公开信道中所建立的一种实现隐蔽通信的信道,是一种隐蔽信道。
- 宿主系统:在其中可以构造阈下信道的密码系统。
- 阈下发方:阈下信息的发送者。
- 阈下收方:阈下信息的接收者,阈下收方与公开收方不必一致。
- 看守:检测阈下信道并阻止阈下通信的人。
- 阈下消息:通过阈下信道传送的秘密消息。
- 密码数据:宿主系统输出的密码数据,如果系统没有阈下信息嵌入,则为原始密码数据。
- 无害消息:看守允许传送的消息。

我们假定阈下消息的收发双方为 Alice 和 Bob,使用阈下信道的基本过程如下(模型如图3.2 所示):

(1) Alice 随机产生一个无害消息 M;

(2) Alice 对这个无害消息签名,她在签名中隐藏她的阈下消息 u(该阈下消息用与 Bob 共享的秘密密钥 K 保护);

(3) Alice 通过 Walter 发送签名消息给 Bob;

(4) Walter 读这份无害的消息并检查签名,没发现什么问题,他将这份签了名的消息传递给 Bob;

(5) Bob 检查这份无害消息的签名,确认消息来自 Alice;

(6) Bob 忽略无害的消息,而用他与 Alice 共享的秘密密钥,提取阈下消息。

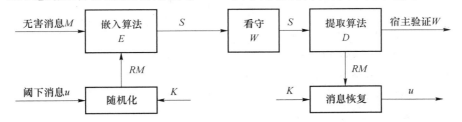

图 3.2　阈下信道的一般模型

Walter 不相信任何人,别的人也不相信他。他是可以阻止通信,但他没法构造虚假信息。由于他没法产生任何有效的签名,伪造的话 Bob 将在第(5)步中检测出。由于他不知道共享密钥,他没法阅读阈下消息。更重要的是,他不知道阈下消息在哪里。用数字签名算法签名后的消息与在签名中嵌入签名中的阈下消息看上去没有不同。阈下信道存在的必要条件是密码数据的冗余，即同一个无害消息可以对应几个不同的密码数据。

一般的隐蔽信道在嵌入秘密信息时，是把秘密信息直接隐藏在宿主信息之中，然后对宿主信息本身做一定程度的变化，而阈下信道在隐藏信息时，不对宿主信息做任何改动，而是把秘密信息隐藏在数字签名中。

3.3.2 基于 ElGamal 数字签名的阈下信道方案

这个阈下信道方案采用了 ElGamal 数字签名算法。

- 公钥：p 是素数，$g < p$（p、g 可由一组用户共享），$y = g^x \pmod{p}$。
- 私钥：$x < p$。
- 签名：搜索选择适当的 k 与 $p-1$ 互素，使得 $a = g^k \bmod p$ 中的某些位为阈下信息。计算 b 满足 $M = (xa + kb) \bmod (p-1)$。
- 验证：Bob 能验证签名。如果 $y^a a^b \pmod{p} = g^M \pmod{p}$，则签名有效。从 a 中恢复阈下信息。

3.3.3 基于 RSA 数字签名的阈下信道方案

许多数字签名方案中都使用随机数。在这些数字签名中，签名者选择一个随机数，并通过单向函数生成一个新的随机数用于数字签名中。那么在不使用随机数的数字签名方案中是否存在阈下信道呢？答案是肯定的，比如武传坤提出了基于 RSA 数字签名的阈下信道方案。过程如下。

- 参数设置：签名者随机取两个大素数 p 和 q（保密），计算公开的模数 $r = pq$（公开），计算秘密的欧拉函数 $\varphi(r) = (p-1)(q-1)$（保密）。随机选取整数 e，满足 $\gcd(e, \varphi(r)) = 1$（公开 e，验证密钥）。计算 d，满足 $de \equiv 1 \pmod{\varphi(r)}$（签名密钥）。
- 签名：待签名消息为 x，计算 $y = H(x)^d \pmod{r}$，把 $x \parallel y$ 发送给验证者。
- 验证：检查 $y^d = H(x) \pmod{r}$ 是否成立，从 $H(x)$ 中恢复阈下信息。

选择 x 的不同表达方式，可以使得 $H(x)$ 中的某些位为阈下信息。从下面的例子可以看出，这种方法是可行的。这是一个很短的明文，它可以有 2^{16} 种变换方式：

$$
\begin{Bmatrix} \text{I'd} \\ \text{I would} \end{Bmatrix} \text{like to} \begin{Bmatrix} \text{know} \\ \text{be} \quad \text{informed} \quad \text{about} \end{Bmatrix} \text{the}
$$

$$
\begin{Bmatrix} \text{progress} \\ \text{status} \end{Bmatrix} \text{of our} \begin{Bmatrix} \text{research} \\ \text{founding} \end{Bmatrix} \text{proposal.}
$$

$$
\begin{Bmatrix} \text{Just to remind you} \\ \text{Please be reminded} \end{Bmatrix} \text{that the} \begin{Bmatrix} \text{deadline} \\ \text{due date} \end{Bmatrix} \text{for}
$$

$$
\begin{Bmatrix} \text{submission} \\ \text{lodgement} \end{Bmatrix} \text{is} \begin{Bmatrix} \text{very close} \\ \text{coming soon} \end{Bmatrix}.
$$

$$
\begin{Bmatrix} \text{I'll be} \\ \text{I am} \end{Bmatrix} \begin{Bmatrix} \text{available} \\ \text{in my office} \end{Bmatrix} \begin{Bmatrix} \text{in} \\ \text{for} \end{Bmatrix} \text{the next} \begin{Bmatrix} \text{two} \\ \text{a couple of} \end{Bmatrix} \text{weeks.}
$$

$$
\begin{Bmatrix} \text{If} \\ \text{Should} \end{Bmatrix} \text{you need my} \begin{Bmatrix} \text{help} \\ \text{assistance} \end{Bmatrix}, \text{please} \begin{Bmatrix} \text{don't} \\ \text{do not} \end{Bmatrix}
$$

$$
\text{hesitate to} \begin{Bmatrix} \text{ask} \\ \text{contact me} \end{Bmatrix}.
$$

阈下信道最常见的应用是在间谍网中。如果每人都收发签名消息,间谍在签名文件中发送阈下信息就不会被注意到。当然,敌方的间谍也可以做同样的事。

使用阈下信道,Alice 可以在受到威胁时安全地对文件签名。她可以在签名文件时嵌入阈下消息,说"我被胁迫"。别的应用则更为微妙,公司可以签名文件,嵌入阈下信息,允许它们在整个文档有效期内被跟踪。政府可以"标记"数字货币。恶意的签名程序可能泄露其签名中的秘密信息。

3.4　时间戳协议

在互联网上,经常出现某歌曲、某小说、某油画等数字作品涉嫌抄袭,这就需要证明数字作品的起源时间。时间戳协议是解决版权侵权行为的有效手段。

1. 仲裁解决方法

这个协议需要可信第三方 Trent:

(1) Alice 将文件传送给 Trent;

(2) Trent 记录收到文件的日期和时间,并妥善保存文件。

当有人对 Alice 所声明的文件产生的时间有怀疑时,Trent 为用户提供时间戳查询服务。这个协议存在的问题是很难找到完全可信的第三方。Alice 的文件对 Trent 来说,不具有机密性,Trent 可能将文件泄露给其他人。当有人查询时,Trent 也可能提供错误的时间戳。

2. 保护文件机密性的仲裁解决方法

Alice 不直接把文件发送给 Trent,而是发送文件的 Hash 值,这种改进的方案保护了用户文件的机密性,改进方案如下:

(1) Alice 生成文件的 Hash 值并将该 Hash 值发送给 Trent;

(2) Trent 将日期和时间附在 Hash 值后,并对结果进行数字签名;

(3) Trent 将签名和时间戳发送给 Alice。

Trent 收到的是文件的 Hash 值,文件的机密性得到了保证。当有人查询时,改进方案仍然无法避免 Trent 与 Alice 合谋,提供错误的时间戳。

3. 链接协议

解决 Trent 与 Alice 合谋攻击的一种方法是将 Alice 的时间戳同以前由 Trent 产生的时间戳链接起来。

用 A 表示 Alice 的标识,n 表示请求的序号,H_n 表示文件的 Hash 值,t_n 是当前时间,T_{n-1} 表示前一个时间戳,I_{n-1} 是前一个发起者的标识,L_{n-1} 是前一个 Hash 链接信息。链接协议如下:

(1) Alice 将 H_n 和 A 发送给 Trent。

(2) Trent 将如下消息送回给 Alice。

$$T_n = S_k(n, A, H_n, t_n; I_{n-1}, H_{n-1}, T_{n-1}, L_n)$$

这里,S_k 表示信息是用 Trent 的私钥签名的。L_n 是由下面的 Hash 链接信息组成的:

$$L_n = H(I_{n-1}, H_{n-1}, T_{n-1}, L_{n-1})$$

(3) 在 Trent 对下一个文件生成时间戳后,他将下一个文件的发起者的标识符 I_{n+1} 发送给 Alice。

如果有人对 Alice 的文件产生时间 t_n 有疑问，只需要联系前后文件的发起者 I_{n-1} 和 I_{n+1}。I_{n-1} 和 I_{n+1} 能够证明 Alice 的文件产生在 t_{n-1} 和 t_{n+1} 之间。如果找不到 I_{n-1} 和 I_{n+1}（如人去世了），链接协议就不能工作。一种缓解办法是在 Hash 链接信息 L_n 中嵌入前面 10 个发起者的信息。Alice 的文件产生时间由前面 10 个人及后面 10 个人来证明。

4. 分布式协议

该协议不需要可信第三方。

（1）用 H_n 作为输入，Alice 用安全伪随机数发生器产生一串随机值：$V_1, V_2, V_3, \cdots, V_k$。Alice 将这些值映射为用户身份标识。她将 H_n 发送给这 k 个用户。

（2）这 k 个用户将日期和时间附到 Hash 值后，对结果签名，并将它送回给 Alice。

（3）Alice 收集并存储所有的签名作为时间戳。

该协议利用 k 个随机用户的数字签名为 Alice 的文件产生时间作证据。使用伪随机数发生器避免了 Alice 故意选取不可靠的人作为证人。

3.5　比　特　承　诺

自从 Blum 于 1982 年提出首个比特承诺方案以来，已经有很多的承诺方案被提出来。

比特承诺的基本思想是这样的：承诺者 Alice 向接收者 Bob 承诺一个消息，承诺过程要求，Alice 向 Bob 承诺时，Bob 不可能获得关于被承诺消息的任何信息；经过一段时间后，Alice 能够向 Bob 证实她所承诺的消息，但是 Alice 无法欺骗 Bob。举一个例子：Alice 把消息 m 放在一个箱子里并锁住（只有 Alice 有钥匙可以打开箱子）送给 Bob；当 Alice 决定向 Bob 证实消息时，Alice 会把消息 m 及钥匙给 Bob；Bob 能够打开箱子并验证箱子里的消息与 Alice 出示的消息相同，并且 Bob 确信箱子里的消息在他的保管期间没有被篡改。

比特承诺方案具有两个重要性质：一是隐蔽性，即接收者不能通过接收的箱子来确定承诺值 m；二是约束性，发送者不能改变箱子中的承诺值 m。

3.5.1　使用对称密码算法的比特承诺

这个比特承诺协议使用对称密码。

（1）Bob 产生一个随机比特串 R，并把它发送给 Alice。

（2）Alice 生成一个由她想承诺的比特 b 组成的消息（b 实际上可能是几个比特），以及 Bob 的随机串。她用某个随机密钥 K 对它加密，并将结果 $E_K(R, b)$ 送回给 Bob。

这是这个协议的承诺部分，Bob 不能解密消息，因而不知道比特是什么。当 Alice 揭示她的比特的时候，协议继续。

（3）Alice 发送密钥给 Bob。

（4）Bob 解密消息以揭示比特。他检测他的随机串以证实比特的有效性。

如果消息不包含 Bob 的随机串，Alice 能够秘密地用一系列密钥解密她交给 Bob 的消息，直到找到一个她想要的比特，而不是她承诺的比特。由于比特只有两种可能的值，她只需试几次肯定可以找到一个。Bob 的随机串避免了这种攻击，她必须能找到一个新的消息，这个消息不仅使她的比特反转，而且使 Bob 的随机串准确地重新产生。如果加密算法好，她发现这种消息的机会是极小的。Alice 不能在她承诺后改变她的比特。

3.5.2　使用单向函数的比特承诺

本协议利用单向函数。

（1）Alice 产生两个随机比特串：R_1 和 R_2。

（2）Alice 产生消息(R_1, R_2, b)，该消息由她的随机串和她希望承诺的比特（实际上可能是几比特）组成。

（3）Alice 计算消息的单向函数值 $H(R_1, R_2, b)$，将结果以及其中一个随机串（比如 R_1）发送给 Bob。

这个来自 Alice 的传送就是承诺证据。Alice 在第（3）步使用单向函数阻止 Bob 对函数求逆并确定这个比特。

当 Alice 要出示她的比特的时候，协议继续。

（4）Alice 将原消息(R_1, R_2, b)发给 Bob。

（5）Bob 计算消息的单向函数值，并将该值及 R_1 与第（3）步收到的值及随机串比较。如匹配，则比特有效。

这个协议较前面一个的优点在于 Bob 不必发送任何消息。Alice 发送给 Bob 一个对比特承诺的消息以及另一揭示该比特的消息。

这里不需要 Bob 的随机串，因为 Alice 承诺的结果是对消息进行单向函数变换得到的。Alice 不可能欺骗，并找到另一个消息(R_1, R_2', b')，满足

$$H(R_1, R_2', b') = H(R_1, R_2, b)$$

通过把 R_1 发给 Bob，Alice 对 b 的值作了承诺。如果 Alice 不保持 R_2 是秘密的，那么 Bob 能够计算 $H(R_1, R_2, b')$ 和 $H(R_1, R_2, b)$，并比较哪一个等于他从 Alice 那里接收的。

3.5.3　使用伪随机序列发生器的比特承诺

这个协议显得更容易。

（1）Bob 产生随机比特串 R_B，并送给 Alice。

（2）Alice 为伪随机比特发生器生成一个随机种子。然后，对 Bob 随机比特串中的每一比特，她回送 Bob 下面两个中的一个：①如果 Bob 的比特为 0，发生器的输出；②如果 Bob 的比特为 1，发生器输出与她的比特的异或。

当到了 Alice 出示她的比特的时候，协议继续。

（3）Alice 将随机种子发送给 Bob。

（4）Bob 确认 Alice 的行动是合理的。

如果 Bob 的随机比特串足够长，伪随机比特发生器不可预测，这时 Alice 就无有效的方法进行欺诈。

3.6　公平的硬币抛掷

硬币抛掷游戏试图使彼此互不信任的双方对一个随机位达成共识。我们希望能达到这样的目标：如果双方玩家都诚实地遵守规定的协议，那么他们的输出结果必然是相同的，且结果随机；如果有任意一方违反协议的要求，妄想进行欺骗，那么我们希望诚实一方的输出结果仍

然是随机的,以确保该协议的安全性。

Alice 和 Bob 执行下面的协议:

(1) Bob 产生一个随机位串 R,把它发送给 Alice。

(2) Alice 抛币产生一个结果 b,她用某个密钥 K 对它们加密,并把结果 $E_K(R,b)$ 送回给 Bob。

(3) Bob 猜测 Alice 的抛币结果。

(4) Alice 发送密钥给 Bob。

(5) Bob 解密消息来看结果,他检查他的随机串以证实该消息的有效性。

如果消息不包含 Bob 的随机串,那么 Alice 能够秘密地用一系列密钥解密她交给 Bob 的消息,直到找到一个她想要的结果,而不是她的真实抛币结果。Bob 的随机串避免了这个攻击,Alice 必须找到一个新消息,这个消息不仅使她的位反向,而且还要使 Bob 的随机串准确地重新生成。如果加密算法好,她发现这种消息的机会是极小的。因此这个协议得到了两个人的一致赞同。

一般来说,此问题需要一个具有如下性质的协议:

(1) Alice 必须在 Bob 猜测前抛币;

(2) 得到 Bob 的猜测结果后,Alice 不能再抛币;

(3) Bob 在猜测前不知道硬币的抛掷结果。

以下方法可以用来实现具有这些性质的协议。

3.6.1 单向函数抛币协议

这个协议需要一个为 Alice 和 Bob 达成共识的单向函数 f,f 对双方都是公开的。协议过程如下:

(1) Alice 选择一个随机数 x,她计算 $y=f(x)$,这里 $f(x)$ 是单向函数。

(2) Alice 将 y 送给 Bob。

(3) Bob 猜测 x 是偶数或奇数,并将猜测结果发给 Alice。

(4) 如果 Bob 的猜测正确,抛币结果为正面;如果 Bob 的猜测错误,则抛币的结果为反面。Alice 公布此次抛币的结果,并将 x 发送给 Bob。

(5) Bob 确信 $y=f(x)$。

这个协议的安全性取决于单向函数。如果 Alice 能找到 x 和 x',满足 x 为偶数,而 x' 为奇数,且 $y=f(x)=f(x')$,那么她每次都能欺骗 Bob。$f(x)$ 的没有意义的位也必须与 x 不相关。否则,Bob 至少某些时候能够欺骗 Alice。例如,如果 x 是偶数,$f(x)$ 产生偶数的次数占 75%,Bob 就可以利用这个特点来进行猜测。

3.6.2 公开密钥密码抛币协议

这个协议既可与公开密钥密码又可与对称密码一起工作,其唯一要求是算法满足交换律,即

$$D_{k_1}(E_{k_2}(E_{k_1}(M)))=E_{k_2}(M)$$

一般地,对称算法中这个特性并不满足,但对某些公开密钥算法是正确的(例如,有相同模数的 RSA 算法)。协议如下:

(1) Alice 和 Bob 都产生一个公钥/私钥密钥对。

（2）Alice 产生两个消息，一个指示正面，另一个指示反面。这些消息中包含某个唯一的随机串，以便以后能够验证其在协议中的真实性。Alice 用她的公开密钥将两个消息加密，并以随机的顺序把它们发给 Bob，即

$$E_A(M_1),\quad E_A(M_2)$$

（3）Bob 由于不能理解其中任意一消息，他随机地选择一个。他用他的公开密钥加密并回送给 Alice，即

$$E_B(E_A(M))(M \text{ 是 } M_1 \text{ 或 } M_2)$$

（4）Alice 由于不能理解送回给她的消息，就用她的私钥解密并回送给 Bob，即如果 $M=M_1$，

$$D_A(E_B(E_A(M)))=E_B(M_1)$$

或如果 $M=M_2$，

$$D_A(E_B(E_A(M)))=E_B(M_2)$$

（5）Bob 用他的私钥解密消息，得到抛币结果。他将解密后的消息送给 Alice。

$$D_B(E_B(M_1))=M_1$$

或

$$D_B(E_B(M_2))=M_2$$

（6）Alice 读抛币结果，并验证随机串的正确性。

（7）Alice 和 Bob 出示他们的密钥对以便双方能验证对方没有欺诈。

这个协议不需要可信的第三方介入，任意一方都能即时检测对方的欺诈。

3.7　智力扑克

1979 年，A. Shamir、R. Rivest 和 L. Adleman 提出了"智力扑克"的概念，这是一个类似于公平硬币抛掷协议的协议，它允许 Alice 和 Bob 通过电子邮件打扑克。智力扑克的目的在于能够使玩家利用虚拟扑克牌通过一条交流渠道来进行扑克牌游戏。相较于现实生活中的打牌，智力扑克游戏具有更高的安全性。

3.7.1　基本的智力扑克游戏

该协议允许 Alice 和 Bob 经由网络打扑克，密码算法必须是可交换的。过程如下：

（1）Alice 产生 52 个消息（52 张牌）$\{1,2,3,4,5,\cdots,52\}$，用她自己的公开密钥加密每一个消息，并以任意顺序把它们发送给 Bob：$\{E_A(1),E_A(2),E_A(3),\cdots,E_A(52)\}$。

（2）Bob 任意选择 5 张牌，比如说 $\{E_A(6),E_A(8),E_A(17),E_A(25),E_A(33)\}$，把它们发送给 Alice，作为 Alice 的牌。

（3）Bob 接着再选择 5 张不同的牌，例如 $\{E_A(3),E_A(11),E_A(19),E_A(23),E_A(41)\}$，用自己的公开密钥对它们加密，并送回给 Alice：$\{E_B(E_A(3)),E_B(E_A(11)),E_B(E_A(19)),E_B(E_A(23)),E_B(E_A(41))\}$。

（4）Alice 依次解密 5 张牌并发送给 Bob 结果：$\{E_B(3),E_B(11),E_B(19),E_B(23),E_B(41)\}$，Bob 对它们进行解密得到自己那手牌 $\{3,11,19,23,41\}$。

（5）在游戏的最后，双方互换密钥来验证双方都没有欺骗。

3.7.2　三方智力扑克

基本的智力扑克协议可以很容易地扩展到三个或更多个玩牌者。在这种情况下，密码算法也必须是可交换的。

假设 Alice、Bob 和 Carol 想要以电子邮件的方式打扑克，他们怎样才能在公平条件下进行游戏呢？以下便是这个协议的过程，与上面的两人游戏协议基本相似。

（1）Alice、Bob 和 Carol 各自产生一个公钥/私钥密钥对。Alice 产生 52 个消息，每个代表一副牌中的一张牌。这些消息应包含一些唯一的随机串，以便她能在以后验证它们在协议中的真实性。Alice 用她的公钥加密所有这些消息，得到 $E_A(M_n)$，并将它们发送给 Bob。

（2）Bob 不能阅读任何消息，他随机地选择 5 张牌。他用他的公钥加密，得到 $E_B(E_A(M_n))$，并把它们回送给 Alice。Bob 将余下的 47 张牌 $E_A(M_n)$ 送给 Carol。

（3）Carol 不能阅读任何消息，也随机选择 5 张牌。她用她的公钥加密，得到 $E_C(E_A(M_n))$，并把它们送给 Alice。

（4）Alice 也不能阅读回送给她的消息，她用她的私钥对它们解密，然后送给 Bob 或 Carol（依据来自谁而定）。

$$D_A(E_B(E_A(M_n)))=E_B(M_n)$$
$$D_A(E_C(E_A(M_n)))=E_C(M_n)$$

（5）Bob 和 Carol 用他们的密钥解密并获得他们的牌。

$$D_B(E_B(M_n))=M_n$$
$$D_C(E_C(M_n))=M_n$$

Carol 从余下的 42 张牌中随机取 5 张，把它们发送给 Alice。

$$E_A(M_n)$$

（6）Alice 用她的私钥解密消息获得她的牌。

$$D_A(E_A(M_n))=M_n$$

在游戏结束时，Alice、Bob 和 Carol 都出示他们的牌以及他们的密钥，以便每人都确信没有人作弊。

3.8　密钥托管

数据加密有效防止了数据被窃听、截获，但也存在副作用。如果犯罪分子利用加密进行秘密通信，执法部门就难以对犯罪活动追踪溯源。如果用户的密钥丢失或损坏，使用该密钥加密的数据将无法解密。密钥托管系统（即托管加密系统）允许授权者（包括用户、企业职员、政府官员）在特定的条件下解密密文。对于密钥托管的作用，政府的要求和商业部门的要求不同。政府的目的是利用密钥托管解密已加密的信息，如监听犯罪嫌疑人的通信。商业密钥托管的目的是能够在用户的密钥丢失或损坏时可靠地恢复明文或者密钥。常见的密钥托管方案有密钥托管标准、门限密钥托管、部分密钥托管等。

1. 密钥托管标准

1993 年，美国商业部颁发了密钥托管加密标准（Escrow Encryption Standard，EES）。EES 允许法律执行部门在法院授权的情况下能够进行搭线窃听，对可疑人员进行秘密跟踪。EES 规定使用专门授权制造的且算法不予公布的硬件芯片实施商用加密。该密码体制在法律许可时进行密钥恢复,不需破译而直接侦听。EES 应用了两个特性:一个不公开的加密算法(Skipjack 算法),它是一个对称的分组密码,密钥长度为 80 bit,用于加/解密用户间通信的消息;另一个提供"后门"的法律实施访问域(Law Enforcement Access Field,LEAF),通过这个访问域,政府部门可以在法律授权下,取得用户间通信的会话密钥。但是,EES 也存在一些缺陷,比如,系统使用的算法 Skipjack 是保密的,托管机构需要大量的数据来存储托管密钥。

2. 门限密钥托管

Micali 提出了门限密钥托管方案,也称为公平密码系统。门限密钥托管采用 (t,n) 门限方案与密钥托管算法相结合,一个用户把要托管的密钥分成 n 个部分,分发给 n 个托管人,其中至少 t 个托管人一起才能恢复出用户密钥,而少于 t 个托管人是无法恢复出密钥的。协议执行过程如下:

(1) Alice 产生她的私钥/公钥密钥对,她把私钥分成几个公开和秘密部分。

(2) Alice 发送给每个托管人一个公开的部分及对应的秘密部分。这些消息必须加密。她把公钥发送给 KDC(密钥分配中心)。

(3) 每个托管人验证所得到的公开部分和秘密部分的正确性。每个托管人将秘密部分存放在安全的地方并把公开部分发送给 KDC。

(4) KDC 检查公开部分和公钥,如果是正确的,那么 KDC 在公钥上签名生成公钥证书,并把证书发送给 Alice 或发布在某个数据库上。

如果法庭要求进行搭线窃听,那么每个托管人就把他的那部分交给 KDC,KDC 能重新构造出私钥。在交出密钥前,无论是 KDC 还是任何一个托管人都不能重新构造出私钥,所有托管人一起才能重新构造出这个私钥。与门限方案相结合,能够实现只需要托管人的一个子集(例如,5 个中的 3 个)便能重新构造出私钥。

3. 部分密钥托管

部分密钥托管方案是 Shamir 提出的,这种方案的目的是使监听机构延迟恢复密钥,这可以避免法律授权下的大规模监听事件的发生。这种方案具体为:用户要托管的密钥分成 x 和 α 两个部分,其中,x 就是要托管的密钥部分,而 α 是一个位数较少的密钥部分。被托管的 x 部分可以采用门限密钥托管方案来进行托管。如果想要恢复出用户密钥,在恢复 x 部分的同时,还需要利用穷举搜索确定 α 部分。

3.9　不经意传输

不经意传输(Oblivious Transfer,OT)协议是一个双方协议,1981 年由 M. Rabin 首次提出,也称为健忘传输协议。在这个协议中,一方 Alice 掌握某个秘密信息 s,另一方 Bob 不知道这个信息,协议结束后 Bob 以 1/2 的概率获得信息 s,但是 Alice 不知道 Bob 是否得到了 s。一般而言,不经意传输协议满足如下三条性质。

(1) 正确性:只要 A、B 双方遵守协议,那么协议结束后接收方 Bob 将得到他想要的信息。

(2) 发送方 Alice 的保密性:协议结束后,接收方 Bob 除了得到他想要的信息以外得不到任何多余信息。

(3) 接收方 Bob 的保密性:协议结束后,发送方 Alice 不知道 Bob 的选择,即 Alice 不知道 Bob 得到的是哪一个或哪一些信息。

举一个例子,密码学家 Bob 想将一个 500 比特的数 n 进行因子分解,但他只知道它是 5 个

100 比特的数的乘积。Alice 碰巧知道 n 的一个因子，但她要 100 美元才将它卖给 Bob。Bob 很感兴趣，但他只有 50 美元。Alice 又不愿降价，只愿意以一半的价格卖给 Bob 一半的比特。

Rabin 的 OT 协议是一个双方协议，发送方以 1/2 的概率传输一个比特的秘密 s 给接收方 B。协议如下。

（1）秘密的传输

A 选择 Blum 整数 $n = pq$，并随机地选择 $t \in Z_n^*$，将 $(n, (-1)^s t^2)$ 发送给 B；然后 B 选择 $x \in Z_n^*$，计算 $a = x^2 \pmod{n}$，并将 a 发送给 A；A 求出 a 的对于模的四个平方根，并随机地选择一个记为 b，发送给 B。

（2）秘密的恢复

B 收到 b 后，检查 $b \equiv \pm x \pmod{n}$ 是否成立。若成立，B 什么也得不到；否则，B 利用 $\gcd(x+b, n)$ 可以分解 Blum 整数 n，并计算。

$$s = \begin{cases} 0, & \text{若} (-1)^s t^2 \text{是模 } n \text{ 的二次剩余} \\ 1, & \text{若} (-1)^s t^2 \text{不是模 } n \text{ 的二次剩余} \end{cases}$$

在 a 的对于模的四个平方根中，恰有两个对模 n 同余于 $\pm x$。B 因此将以 1/2 的概率恢复出秘密 s；但是 A 不知道是否收到了秘密 s；发送方 A 的安全性将取决于接收方 B 计算模 n 的二次剩余的能力。很显然的一点是 Rabin 的 OT 协议效率很低，每次以这种方式传输 1 比特信息，A 就要选择一个 Blum 整数；传输的信息不同，所选择的 Blum 整数也不能相同。

在下面的协议中，Alice 将发送给 Bob 两份消息中的一份。Bob 将收到其中一条消息，并且 Alice 不知道是哪一份。

（1）Alice 产生两个公钥/私钥密钥对，或总共四个密钥。她把两个公开密钥发送给 Bob。

（2）Bob 选择一个对称算法（如 DES）密钥。他选择 Alice 的一个公开密钥，并用它加密他的 DES 密钥。他把这个加密的密钥发送给 Alice，且不告诉她他用的是她的哪一个公开密钥加密的 DES 密钥。

（3）Alice 解密 Bob 的密钥两次，每次用一个她的私钥来解密 Bob 的密钥。在一种情况下，她使用了正确的密钥并成功地解密 Bob 的 DES 密钥。在另一种情况下，她使用了错误的密钥，只是产生了一堆毫无意义而看上去又像一个随机 DES 密钥的比特。由于她不知道正确的明文，故她不知道哪个是正确的。

（4）Alice 加密她的两份消息，每一份用一个不同的在上一步中产生的 DES 密钥（一个真的和一个毫无意义的），并把两份消息都发送给 Bob。

（5）Bob 收到一份用正确 DES 密钥加密的消息及一份用无意义 DES 密钥加密的消息。当 Bob 用他的 DES 密钥解密每一份消息时，他能读其中之一，另一份在他看起来是毫无意义的。

Bob 现在有了 Alice 两份消息中的一份，而 Alice 不知道他能读懂哪一份。很遗憾，如果协议到此为止，Alice 有可能进行欺骗。另一个步骤必不可少。

（6）在协议完成，并且知道了两种可能传输的结果后，Alice 必须把她的私钥给 Bob，以便他能验证她没有进行欺骗。毕竟，她可以用第（4）步中的两个密钥加密同一消息。这时 Bob 就可以弄清楚第二份消息。

因为 Alice 无法知道两个 DES 密钥中的哪一个是真的，故这个协议能防止 Alice 的攻击。她加密两份消息，但 Bob 只能恢复出其中的一个——直到第（6）步。它同样能防止 Bob 的攻击，因为在第（6）步之前，他没有办法得到 Alice 的私钥来确定加密另一份消息的 DES 密钥。

这个协议确保 Alice 发送给 Bob 两份消息中的一份,但它不保证 Bob 想收到其中的任何一份,也没有办法阻止 Alice 发送给 Bob 两份完全无用的消息。说到底,密码协议还是要建立在相互信任的基础上。

不经意传输协议是一种可保护隐私的双方通信协议,能使通信双方以一种选择模糊化的方式传送消息。当传输 1 条消息时,接收方以 1/2 的概率得到发送的消息,但发送方不知道接收方是否得到。当传输 2 条消息时,接收方得到其中的一条消息,但发送方不知道接收方得到的是哪一条。当传输 n 条消息时,接收方得到其中的 m 条消息,但发送方不知道接收方得到的是哪 m 条。

习　题　3

1. 简述不经意传输协议的应用背景。为什么它可以用于秘密交换与挂号邮件协议?

2. Alice 想发送一个消息给 Bob,该消息包含交易说明的列表。每个说明用相同长度的三个字段表示:[序号额][卖/买][存储代号]。她有一对 RSA 密钥(公钥 K_{UA} 和私钥 K_{RA})以及来自 Verisign 的公钥证书 C_A。Alice 还拥有从公钥服务器获得的 Bob 的公钥 K_{UB}。Alice 按如下步骤发送消息 m:

(1) Alice 产生 Bob 的公钥 K_{UB} 的一个指纹,然后让 Bob 验证这个指纹;

(2) Alice 随机选择一个新的 DES 密钥 K_S,并使用 RSA 算法计算 $C_K = E_{RSA}(K_{RA}, E_{RSA}(K_{UB}, K_S))$;

(3) Alice 使用 DES 算法以 ECB 模式计算 $C_m = E_{DES-ECB}(K_S, m)$;

(4) Alice 发送 $C = C_K \parallel C_m$ 以及她的证书 C_A 给 Bob。

Bob 收到 C 后执行如下步骤:

(1) Bob 验证 Alice 的证书 C_A,并获得她的公钥 K_{UA};

(2) Bob 验证 C_A 的完整性和认证性,并通过 $K_S = D_{RSA}(K_{UA}, D_{RSA}(K_{RB}, C_K))$ 对它进行解密;

(3) Bob 通过 DES 以 ECB 模式解密消息 $m = D_{DES-ECB}(K_S, C_m)$。

请对上述协议的安全性进行分析,找出它的安全缺陷,并考虑如何进行改进。

3. 查阅相关资料,考虑其他签名中的阈下信道方案,比如 ESIGN 签名、DSA 签名等。

4. 在秘密共享中,如何确信自己的影子是正确的呢? Feldman 给出了可验证秘密共享的概念。设秘密为 s,选择多项式 $f(x) = s + a_1 x + a_2 x^2$,公布承诺值 g^s, g^{a_1}, g^{a_2},将 $(f(i), i)$ 交给 n 个秘密共享者的每一位。试说明如何利用公布的承诺值验证 $(f(i), i)$ 的准确性。

5. 试理解 Blakley 的秘密共享方案:两个非平行的直线相交于一点,三个非平行的平面相交于一点,更一般的,n-维超平面相交于一点。因此,秘密可以编码为坐标。

6. 设秘密消息为 $M = 11$,构造 $(3, 5)$ 门限方案。随机选取正整数 7 和 9,选取多项式 $F(x) = (7x^2 + 9x + 11) \mod 13$。

(1) 计算 5 个"影子";

(2) 描述如何从 3 个影子中恢复出消息。

7. 令 $(x_1, y_1), \cdots, (x_5, y_5)$ 为 Z_p 上 $(2, 5)$ 秘密共享方案的影子。假设其中一份影子已经损坏并且不在分发者的多项式上,但无人知道哪一个影子是坏的。对影子的任意一个基数为

$k=1,\cdots,5$ 的子集 R。

（1）能否判断 R 包含一个坏的影子？若能，说明如何判断；若不能，说明为什么不能。

（2）若能够判断 R 包含一个坏的影子，能否找到这个坏的影子？若能，说明如何找到；若不能，说明为什么不能。

（3）能否从 R 中恢复出秘密（R 可能包含坏的影子）？若能，说明如何恢复；若不能，说明为什么不能。

第 4 章

认证与密钥建立协议

认证与密钥建立协议在安全电子商务中有着极其重要的作用,因此,提供认证与密钥建立功能是很重要的。本章介绍主要的认证与密钥建立协议。

4.1 认证与密钥建立协议简介

两个用户想用密码技术建立一个新的密钥用于保护他们的通信,这个密钥称为会话密钥(Session Key),这种密码协议称为密钥建立协议(Key Establishment Protocol)。

4.1.1 协议结构

密钥建立协议的结构有三个分类准则:哪些密钥是已经建立的、会话密钥是如何生成的、协议服务的用户有多少。

1. 已建立的密钥

两个协议参与者建立一个新的会话密钥主要有三种可能的方式:两个实体已经共享一个秘密密钥,该密钥可用于加密、消息验证码等密码操作;使用离线服务器,参与者使用公钥加密体制进行通信,为了验证公钥的可靠性,有必要验证数字证书,我们把公钥证书的使用看作是使用离线的可信服务器;使用在线服务器,每个实体与可信任服务器共享一个密钥,通过服务器转发彼此的通信内容。

2. 会话密钥的生成方法

在一个密钥建立协议中,可以使用不同的方法来生成会话密钥。我们用"用户"表示一个想用会话密钥进行通信的实体,用"参与者"表示一个将参与协议的实体。例如,在图 4.1 中,A 和 B 是用户,而 S 不是。A、B 和 S 都是参与者。

根据密钥生成方法对密钥建立协议进行以下分类。

(1)密钥传输协议:协议中一个参与者生成密钥,之后这个密钥被传输给所有的协议用户。

(2)密钥协商协议:协议中会话密钥是由密钥生成函数生成的,该函数的输入是协议用户的密钥参数。

(3)混合协议:在协议中,会话密钥是一个以上的参与者输入参数的函数值,但并不是所有的用户。这就意味着协议是代表部分用户观点的协商协议,也是代表其他用户观点的密钥传输协议。

3. 用户的数量

根据协议参与者的数量可以对密钥建立协议进行分类,如两个用户建立点到点通信的密钥建立协议,3 个及 3 个以上用户的会议密钥协议。

以上提到的三个准则可以用来对密钥建立协议进行分类。我们给出一个特殊的实例,如图 4.1 所示,这个协议使用在线服务器,有两个用户,使用混合密钥生成方法。

首先,A 和 B 分别与 S 共享长期密钥 K_{AS} 和 K_{BS}。会话密钥 $K_{AB} = f(N_B, N_S)$, f 是一个密钥生成函数,N_B 和 N_S 分别是 B 和 S 产生的随机值。从 B 的角度来看,它像一个密钥协商协议,因为 B 有密钥的输入参数。从 A 的角度来看,它是一个密钥传输协议。

---

1. $A \rightarrow B$: A, N_A

2. $B \rightarrow S$: $\{N_B, A, B\}K_{BS}, N_A$

3. $S \rightarrow A$: $\{K_{AB}, A, B, N_A\}K_{AS}, N_S$

4. $A \rightarrow B$: $N_S, \{A, B\}K_{AB}$

5. $B \rightarrow A$: $\{B, A\}K_{AB}$

图 4.1　一个特殊类别的协议

4.1.2　协议目标

密钥建立协议的基本目标如下。

(1) 隐式密钥认证(Implicit Key Authentication):协议参与的一方要确信只有身份确定的协议参与另一方(可能还有其他可信方)才能知道共享密钥。

(2) 密钥确认(Key Confirmation):协议参与的一方要确认另一方(可能未鉴别)已经拥有了共享的密钥。

(3) 显式密钥认证(Explicit Key Authentication):同时提供隐式密钥认证和密钥确认。

基于认证的密钥建立协议(Authenticated Key Establishment Protocol)的目的是在协议的实际参与者中建立一个会话密钥,提供了隐式密钥认证。它还具备其他安全属性。

(1) 已知会话密钥安全(Known Session Key Security):在协议参与者 A 和 B 之间每执行一次密钥协商协议,会生成一个唯一的会话密钥,如果会话密钥的泄露不会导致被动攻击者得到其他的会话密钥或主动攻击者假冒协议参与者,则称协议具有会话密钥的安全性。

(2) 前向安全(Forward Security):如果一个或多个协议参与者的长期私钥 (Long-term Private Key)泄露,不会导致旧的会话密钥泄露,则称该协议提供了部分前向安全(Partial Forward Security);如果所有参与者的长期私钥泄露,不会导致旧的会话密钥泄露,则称该协议有完善前向安全。

(3) 抵抗密钥泄露伪造攻击(Key-compromise Impersonation Resistance):假设协议参与者 A 的长期私钥(Long-term Private Key)泄露,攻击者知道这个长期私钥只具有冒充 A 的能力,而不能在 A 面前伪造其他协议参与者与 A 生成会话密钥,称协议可抵抗密钥泄露伪造攻击。

(4) 未知密钥共享(Unknown Key-share)安全:在协议参与者不知晓的情况下,A 是不能被迫与协议参与者 B 分享一个会话密钥的,具有该性质的协议称协议提供了未知密钥共享安全。

(5) 会话密钥的不可控性(Key Uncontrollability):任何协议参与者都不能使得会话密钥

是他预先选取的值,则称该协议具有会话密钥的不可控性。

(6)密钥完整性(Key Integrity):攻击者不能修改会话密钥。对于密钥传输协议而言,密钥完整性是指只有密钥发起者所选择的密钥才被接受。对于密钥协商协议而言,密钥完整性是指只有协议参与者输入的已知函数所产生的密钥才能被接受。

4.1.3 新鲜性

一个有新鲜性的值是指这个值是刚刚产生的,而不是被重放的。常用的保证新鲜值的机制有 3 种:时间戳、一次性随机数(Nonce)和计数器。

(1)时间戳:消息发送者在消息中加入消息发送的当前时间。接收者根据时间戳的时间和本地时间的对比确定该消息的新鲜性。若时间戳的时间和当地时间的差别在一个可接受的窗口内,则认为该消息是新鲜的。使用时间戳的难度在于保证时钟的同步,并且维护时间戳同步也必须是安全的。

(2)一次性随机数:消息的接收者 A 先产生一个随机数 N_A 发送给消息的发送者 B,N_A 随后和经某些加密函数或 Hash 函数 f 处理过的消息返回给 A,如图 4.2 所示。

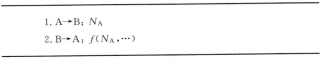

1. A→B: N_A
2. B→A: $f(N_A, \cdots)$

图 4.2 随机挑战应用

A 验证随机数并推断 B 发送的消息是新鲜的,因为在随机数 N_A 生成之前消息不能被形成。使用随机挑战的一个缺点是它需要一个交互协议,会增加所需的消息数量和消息交换数量。另外,还需注意随机数产生的质量,因为如果所用的随机数是可预测的,那么一个有效的应答可以预先被生成,并之后进行重放。

(3)计数器:发送者和接收者各自维护一个同步的计数器,计数器的值随消息的发送而增加。计数器的一个缺点是要维护每个潜在的通信伙伴的状态信息。当出现信道错误时,计数器管理也会出现问题。

(4)混合方法:将计数器和时间戳结合使用。

4.2 使用共享密钥密码的协议

本节使用的符号如表 4.1 所示。

表 4.1 符号定义

符　号	符号含义
A 和 B	两个期望共享新会话密钥的用户
S	可信任服务器
$\{M\}_K$	用密钥 K 加密消息 M,提供机密性和完整性
$[[M]]_K$	用密钥 K 加密消息 M,提供机密性

4.2.1　实体认证协议

国际标准 ISO/IEC 9798-2 详述了 6 个使用对称密码算法的协议。其中有 4 个仅用来提供实体认证，另外两个提供密钥建立和实体认证。后面的两个协议基本类似于 ISO/IEC 11770-2 标准。这 4 个认证协议中有两个是单向认证协议，另外两个是双向认证协议。

第一个协议如图 4.3 所示，它仅包含一条从发起者 A 到验证者 B 的消息。它提供 A 到 B 的单向认证。B 由时间戳 T_A 推断 A 是否有效，包含身份标识 B 能保证 A 知道 B 是她的对等实体。

$$A \rightarrow B: \{T_A, B\}K_{AB}$$

图 4.3　ISO/IEC 9798-2 一次传输单向认证协议

第二个协议如图 4.4 所示，它与第一个协议类似，只是用随机数替代时间戳。

$$1. B \rightarrow A: N_B$$
$$2. A \rightarrow B: \{N_B, B\}K_{AB}$$

图 4.4　ISO/IEC 9798-2 两次传输单向认证协议

第三个协议如图 4.5 所示，它由第一个协议的两个实例组成。它提供 A 和 B 间的相互认证。

$$1. A \rightarrow B: \{T_A, B\}K_{AB}$$
$$2. B \rightarrow A: \{T_B, A\}K_{AB}$$

图 4.5　ISO/IEC 9798-2 两次传输双向认证协议

第四个协议如图 4.6 所示，它与第三个协议类似，都提供双向认证，只是用随机数代替时间戳。

$$1. B \rightarrow A: N_B$$
$$2. A \rightarrow B: \{N_A, N_B, B\}K_{AB}$$
$$3. B \rightarrow A: \{N_B, N_A\}K_{AB}$$

图 4.6　ISO/IEC 9798-2 三次传输双向认证协议

注意图 4.6 中的协议并不是两个基于随机数的单向认证协议（图 4.4）的组合，消息数由 4 减少到 3。

在以上的 4 个协议中，从 A 发出的加密消息中是否包含 B 的标识是可选的。另外，在图 4.5 中，是否在从 B 发出的加密消息中包含 A 的标志也是可选的。标准建议包含这些域以防反射攻击。

如果图 4.6 中消息 2 中的标识 B 被省略了，它将会遭受如图 4.7 所示的反射攻击。这时，攻击者 C 参与了与 B 之间的两个并行协议会话，B 是会话 1 的发起者，C 是会话 2 的发起者。首先，C 可以利用 B 发起会话 1 的消息 1 来发起会话 2；接着 C 可以把会话 2 的消息 2′ 转发给

B 作为会话 1 的消息 2;最后,当会话 1 成功完成后,C 又可以把会话 1 中的消息 3 转发给 B,从而完成会话 2。结果是 C 和 B 成功地完成了两次协议运行,而 B 却误认为他是和 A 成功地完成了两次协议运行。

---

1. $B \rightarrow C(A)$: N_B

1'. $C(A) \rightarrow B$: N_B

2'. $B \rightarrow C(A)$: $\{N'_B, N_B\}K_{AB}$

2. $C(A) \rightarrow B$: $\{N'_B, N_B\}K_{AB}$

3. $B \rightarrow C(A)$: $\{N_B, N'_B\}K_{AB}$

图 4.7　对省略标识 B 的 ISO/IEC 9798-2 三次传输双向认证协议的反射攻击

4.2.2　无服务器密钥建立

无服务器密钥建立协议是指两个用户不利用服务器而直接建立密钥。协议要求两个用户已经共享一个长期秘密密钥。表 4.2 给出要用到的符号。

表 4.2　无服务器协议用到的其他符号

K_{AB}	A 和 B 初始共享的长期密钥
K'_{AB}	新会话密钥的值

国际标准 ISO/IEC 11770-2 详述了 13 个基于对称加密算法的协议。其中的 6 个是无服务器的,其他 7 个都需要一个服务器。一些协议用到密钥生成函数(Key Derivation Function) $f()$,它从两个或更多的输入生成新的会话密钥。标准给出两个 f 的例子:一个是输入的按位异或(XOR),另一个是所有输入连接后取哈希。

机制 1 如图 4.8 所示,消息仅是加密的 A 的时间戳。新的会话密钥为 $K'_{AB} = f(K_{AB}, T_A)$,f 是密钥生成函数。

$A \rightarrow B$: $\{T_A\}K_{AB}$

图 4.8　ISO/IEC 11770-2 密钥建立机制 1

机制 2 如图 4.9 所示,仅有加密的新密钥。这就意味着 B 得不到新鲜性保证。

$A \rightarrow B$: $\{K'_{AB}\}K_{AB}$

图 4.9　ISO/IEC 11770-2 密钥建立机制 2

机制 3 如图 4.10 所示,是发起者 A 到验证者 B 的一条消息。A 选择新的会话密钥 K'_{AB} 加密后发给 B,这里只有 B 能得到密钥确认。

$A \rightarrow B$: $\{T_A, B, K'_{AB}\}K_{AB}$

图 4.10　ISO/IEC 11770-2 密钥建立机制 3

机制 4 如图 4.11 所示,它用随机数代替时间戳。

---
1. B→A：N_B
2. A→B：$\{N_B,B,K'_{AB}\}K_{AB}$

图 4.11　ISO/IEC 11770-2 密钥建立机制 4

机制 5 如图 4.12 所示，它由机制 3 的两个实例构成。A 和 B 都分别选择密钥材料 F_{AB} 和 F_{BA}（它们任何一个都可以选择性地省去）。会话密钥为 $K'_{AB}=f(F_{AB},F_{BA})$，f 是密钥生成函数。如果 F_{BA} 包含在密钥派生中，则只有 A 得到密钥确认。

---
1. A→B：$\{T_A,B,F_{AB}\}K_{AB}$
2. B→A：$\{T_B,A,F_{BA}\}K_{AB}$

图 4.12　ISO/IEC 11770-2 密钥建立机制 5

机制 6 如图 4.13 所示，它与机制 5 类似。双方实体都提供密钥材料且会话密钥以同样的方法计算。不同的是它用随机数代替时间戳。

---
1. B→A：N_B
2. A→B：$\{N_A,N_B,B,F_{AB}\}K_{AB}$
3. B→A：$\{N_B,N_A,F_{BA}\}K_{AB}$

图 4.13　ISO/IEC 11770-2 密钥建立机制 6

和 4.2.1 节所述的认证协议一样，以上的 4 个协议中从 A 发出的加密消息是否包含 B 的标识是可选的。另外，在图 4.13 中，从 B 发出的加密消息是否包含 A 的标识也是可选的。

4.2.3　基于服务器的密钥建立

设计基于服务器的密钥传输协议的一个重要因素就是谁生成会话密钥。许多设计者隐含地假设用户不能生成质量好的会话密钥，而把这个任务交给服务器，但是这个假设并不总是必要的，现有的协议中很多是由用户而不是服务器选择会话密钥。表 4.3 给出了本节要用到的符号。

表 4.3　基于服务器协议用到的其他符号

符　号	符号的含义	符　号	符号的含义
A 和 B	期望建立会话密钥的两个用户	K_{AS},K_{BS}	A 和 S、B 和 S 初始共享的长期密钥
S	服务器	K_{AB}	A 和 B 共享的会话密钥

Needham-Schroeder 共享密钥协议由 Needham 和 Schroeder 于 1978 年提出，如图 4.14 所示。第 2 条消息用 A 的共享密钥 K_{AS} 加密，其中包含 A 的随机数和 B 的标识，分别为 A 提供会话密钥的新鲜性和密钥认证。

---
1. A→S：A,B,N_A
2. S→A：$\{N_A,B,K_{AB},\{K_{AB},A\}K_{BS}\}K_{AS}$
3. A→B：$\{K_{AB},A\}K_{BS}$
4. B→A：$\{N_B\}K_{AB}$
5. A→B：$\{N_B-1\}K_{AB}$

图 4.14　Needham-Schroeder 共享密钥协议

对 B 来说,他解密 A 传出的加密消息,得到会话密钥的值再与 A 进行随机数据手来保证消息不被重放。然而,由于攻击者可以知道旧会话密钥值,因此握手易遭到破坏。这个弱点最初被 Denning 和 Sacco 指出。在他们的攻击中,攻击者使用泄露的会话密钥假冒 A 来欺骗 B。

为了解决这个攻击,Denning 和 Sacco 提出了图 4.15 作为解决方案,它使用时间戳来验证密钥的新鲜性。

1. $A \rightarrow S$: A, B
2. $S \rightarrow A$: $\{B, K_{AB}, T_S, \{A, K_{AB}, T_S\}K_{BS}\}K_{AS}$
3. $A \rightarrow B$: $\{A, K_{AB}, T_S\}K_{BS}$

图 4.15　Denning-Sacco 协议

Bauer 等人讨论了当 A 的长期密钥被攻破后 Needham-Schroeder 协议的脆弱性:即使检测出密钥被攻破并更换了长期密钥的情况下,一旦攻击者知道 A 的长期密钥就可以假冒成 A(和 Denning-Sacco 攻击一样)。他们提出了一个不使用时间戳的解决方案,如图 4.16 所示。协议对于 A 和 B 来说大致上是对称的,他们都以明文形式发送一个随机数给 S,S 之后在分开的消息中返回 A 和 B 的随机数。

1. $A \rightarrow B$: A, N_A
2. $B \rightarrow S$: A, N_A, B, N_B
3. $S \rightarrow B$: $\{K_{AB}, A, N_B\}K_{BS}, \{K_{AB}, B, N_A\}K_{AS}$
4. $B \rightarrow A$: $\{K_{AB}, B, N_A\}K_{AS}$

图 4.16　Bauer-Berson-Feiertag 协议

Kerberos 认证服务是由麻省理工学院的 Project Athena 针对分布式环境的开放式系统开发的认证机制。Kerberos 提供了一种在开放式网络环境下(无保护)进行身份认证的方法,它使网络上的用户可以相互证明自己的身份。它是计算机网络认证的标准之一,已被开放软件基金会(OSF)的分布式计算环境(DCE)以及许多网络操作系统供应商所采用。Kerberos 用基于 Needham-Schroeder 协议的密钥建立协议作为它的一个模块,这个协议采用了 Denning 和 Sacco 的建议,使用时间戳代替了挑战-响应。当前的 Kerberos 协议是第 5 个版本。

Kerberos 把身份认证的任务集中在身份认证服务器上。Kerberos 的认证服务任务被分配到两个相对独立的服务器:认证服务器(Authenticator Server,AS)和票据许可服务器(Ticket Granting Server,TGS),它们同时连接并维护一个中央数据库存放用户口令、标识等重要信息。整个 Kerberos 系统由四部分组成:AS、TGS、Client、Server。

Kerberos 使用两类凭证:票据(Ticket)和鉴别码(Authenticator)。该两种凭证均使用私有密钥加密,但加密的密钥不同。

Ticket 用来安全地在认证服务器和用户请求的服务之间传递用户的身份,同时也传递附加信息用来保证使用 Ticket 的用户必须是 Ticket 中指定的用户。Ticket 一旦生成,在生存时间指定的时间内可以被 Client 多次使用来申请同一个 Server 的服务。

Authenticator 则提供信息与 Ticket 中的信息进行比较,一起保证发出 Ticket 的用户就是 Ticket 中指定的用户。Authenticator 只能在一次服务请求中使用,每当 Client 向 Server

申请服务时,必须重新生成 Authenticator。

这里我们介绍 Kerberos 认证版本 4 的内容,在叙述中我们使用表 4.4 中的符号。

表 4.4　Kerberos 使用的符号

符号	符号的含义	符号	符号的含义
C	客户	K_x	x 的秘密密钥
S	服务器	$K_{x,y}$	x 与 y 的会话密钥
AD_c	客户的网络地址	$K_x[m]$	以 x 的秘密密钥加密的 m
Lifetime	票据的生存期	$Ticket_x$	x 的票据
TS	时间戳	$Authenticator_x$	x 的鉴别码

用户 C 请求服务 S 的整个 Kerberos 认证协议过程如图 4.17 所示。

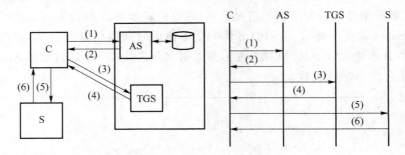

图 4.17　Kerberos 认证过程

1. C 请求票据许可票据

用户得到票据许可票据的工作在登录工作站时进行。登录时用户被要求输入用户名,输入后系统会向认证服务器 AS 以明文方式发送一条包含用户和 TGS 服务两者名字的请求。

$$C \rightarrow AS: ID_C \parallel ID_{TGS} \parallel TS_1$$

ID_C 是工作站的标识,其中的时间戳是用来防上回放攻击的。

2. AS 发放票据许可票据和会话密钥

认证服务器检查用户是否有效,如果有效,则随机产生一个用户用来和 TGS 通信的会话密钥 $K_{C,TGS}$,然后创建一个票据许可票据 $Ticket_{TGS}$,票据许可票据中包含用户名、TGS 服务名、用户地址、当前时间、有效时间,还有刚才创建的会话密钥。票据许可票据使用 K_{TGS} 加密。认证服务器向用户发送票据许可票据和会话密钥 $K_{C,TGS}$,发送的消息用只有用户和认证服务器知道的 K_C 来加密,K_C 的值基于用户的密码。AS 发送的报文如图 4.18 所示。

$$AS \rightarrow C: E_{K_C}[K_{C,TGS} \parallel ID_{TGS} \parallel TS_2 \parallel Lifetime_2 \parallel Ticket_{TGS}]$$

这里,

$$Ticket_{TGS} = E_{K_{TGS}}[K_{C,TGS} \parallel ID_C \parallel AD_C \parallel ID_{TGS} \parallel TS_2 \parallel Lifetime_2]$$

Lifetime 与 Ticket 相关联,如果太短,则需要重复申请,太长则会增加重放攻击的机会。

3. C 请求服务器票据

用户工作站收到认证服务器回应后,就会要求用户输入密码,将密码转化为 DES 密钥 K_C,然后将认证服务器发回的信息解开,将票据和会话密钥保存用于以后的通信,为了安全性,用户密码和密钥 K_C 则被删掉。

当用户的登录时间超过了票据的有效时间时,用户的请求就会失败,这时系统会要求用户

图 4.18　AS 发送的报文

重新申请票据 Ticket$_{TGS}$。用户可以查看自己所拥有的令牌的当前状态。

一个票据只能申请一个特定的服务，所以用户必须为每一个服务 S 申请新的票据，用户可以从 TGS 处得到票据 Ticket$_S$。

用户首先向 TGS 发出申请服务器票据的请求。请求信息中包含 S 的名字、上一步中得到的请求 TGS 服务的加密票据 Ticket$_{TGS}$，还有用会话密钥加密过的 Authenticator 信息（如图 4.19所示）。

$$C \rightarrow TGS: ID_S \parallel Ticket_{TGS} \parallel Authenticator_C$$

这里，

$$Ticket_{TGS} = E_{K_{TGS}}[K_{C,TGS} \parallel ID_C \parallel AD_C \parallel ID_{TGS} \parallel TS_2 \parallel Lifetime_2]$$
$$Authenticator_C = E_{K_{C,TGS}}[ID_C \parallel AD_C \parallel TS_3]$$

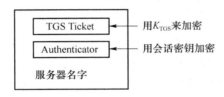

图 4.19　用户向服务器申请服务的报文

4. TGS 发放服务器票据和会话密钥

TGS 得到请求后，用私有密钥 K_{TGS} 和会话密钥 $K_{C,TGS}$ 解开请求得到 Ticket$_{TGS}$ 和 Authenticator$_C$ 的内容，根据两者的信息鉴定用户身份是否有效。如果有效，TGS 生成用于 C 和 S 之间通信的会话密钥 $K_{C,S}$，并生成用于 C 申请得到 S 服务的票据 Ticket$_S$，其中包含 C 和 S 的名字、C 的网络地址、当前时间、有效时间和刚才产生的会话密钥。票据 Ticket$_S$ 的有效时间是票据 Ticket$_{TGS}$ 剩余的有效时间和所申请的服务缺省有效时间中最短的时间。

最后 TGS 将加密后的票据 Ticket$_S$ 和会话密钥 $K_{C,S}$ 用用户和 TGS 之间的会话密钥 $K_{C,TGS}$加密后发送给用户。用户 C 得到回答后，用 $K_{C,TGS}$ 解密，得到所请求的票据和会话密钥。

$$TGS \rightarrow C: E_{K_{C,TGS}}[K_{C,S} \parallel ID_S \parallel TS_4 \parallel Ticket_S]$$

这里，

$$Ticket_S = E_{K_S}[K_{C,S} \parallel ID_C \parallel AD_C \parallel ID_S \parallel TS_4 \parallel Lifetime_4]$$

5. C 请求服务

用户申请服务 S 的工作与 3 相似，只不过申请的服务由 TGS 变为 S。

用户首先向 S 发送包含票据 Ticket$_S$ 和 Authenticator$_C$ 的请求，S 收到请求后将其分别解密，比较得到的用户名、网络地址、时间等信息，判断请求是否有效。用户和服务程序之间的时钟必须同步在几分钟的时间段内，当请求的时间与系统当前时间相差太远时，认为请求是无效的，用来防止重放攻击。为了防止重放攻击，S 通常保存一份最近收到的有效请求的列表，当收到一份请求与已经收到的某份请求的票据和时间完全相同时，认为此请求无效。

$$C \rightarrow S: \text{Tickets}_S \parallel \text{Authenticator}_C$$

这里，

$$\text{Tickets}_S = E_{K_S}[K_{C,S} \parallel \text{ID}_C \parallel \text{AD}_C \parallel \text{ID}_S \parallel \text{TS}_4 \parallel \text{Lifetime}_4]$$
$$\text{Authenticator}_C = E_{K_{C,S}}[\text{ID}_C \parallel \text{AD}_C \parallel \text{TS}_5]$$

6. S 提供服务器认证信息

当 C 也想验证 S 的身份时，S 将收到的时间戳加 1，并用会话密钥 $K_{C,S}$ 加密后发送给用户，用户收到回答后，用会话密钥解密来确定 S 的身份。

$$S \rightarrow C: E_{K_{C,S}}[\text{TS}_5 + 1]$$

通过上面六步之后，用户 C 和服务 S 互相验证了彼此的身份，并且拥有只有 C 和 S 两者知道的会话密钥 $K_{C,S}$，以后的通信都可以通过会话密钥得到保护。

4.2.4　使用多服务器的密钥建立

到目前为止，我们讲述的基于服务器的协议包括三个组成部分：一个服务器和两个用户。这种情况一种很自然的推广就是允许多于两个用户，多个用户间的密钥建立称为群组密钥建立。另外一种推广是使用多个服务器，这样的结构至少有以下两个潜在的好处：如果一个或多个服务器不可用，用户仍能建立会话密钥；如果一个或多个服务器不可信，用户仍能建立好的密钥。

宫力（Gong）提出了一些不同的协议，这些协议具有相同的基本结构。所有这些协议的特点是：用户 A 和 B 选择密钥材料，n 个服务器 $S_1, S_2, \cdots, S_n$ 作为变换中心使一个用户的密钥材料对其他用户可用。A 初始和每个服务器 S_i 共享一个长期密钥 $K_{A,i}$，同样的 B 和 S_i 共享 $K_{B,i}$。

当一些服务器变得不可用，仍需保证能恢复正确的密钥，A 和 B 就都用门限策略分割他们的秘密。具体来说，A 选择一个秘密 x 并把它分割成 $x_1, x_2, \cdots, x_n$，这样 x 就可由任何 t 份秘密恢复。类似的，B 选择一个秘密 y 并把它分割成 $y_1, y_2, \cdots, y_n$。图 4.20 是 Gong 协议的简化版本。对每个服务器消息 2 和消息 3 重复进行，这样 n 个服务器总共有 $2n+3$ 条消息。A 接收到每个服务器发来的份额，就可以恢复 B 的秘密 y，B 也类似地恢复 x。会话密钥定义为 $K_{AB} = h(x, y)$。

---

1. $A \rightarrow B: A, B, N_A, \{A, B, x_i, cc(x)\}K_{A,i}$

2. $B \rightarrow S_i: A, B, N_A, N_B, \{A, B, x_i, cc(x)\}K_{A,i}, \{B, A, y_i, cc(y)\}K_{B,i}$

3. $S_i \rightarrow B: \{B, N_A, y_i, cc_i(y)\}K_{A,i}, \{A, N_B, x_i, cc_i(x)\}K_{B,i}$

4. $B \rightarrow A: \{B, N_A, y_1, cc_1(y)\}K_{A,1}, \cdots, \{B, N_A, y_n, cc_n(y)\}K_{A,n}, \{N_A\}K_{AB}, N_B$

5. $A \rightarrow B: \{N_B\}K_{AB}$

图 4.20　简化的 Gong 多服务器协议

为了防止恶意服务器干扰协议，A 和 B 对所有的份额形成一个交叉校验和。x 的交叉校验和是 $cc(x) = (h(x_1), h(x_2), \cdots, h(x_n))$，$h$ 是单向函数。服务器 S_i 收到的交叉校验和 $cc_i(x)$ 可能不等于正确的 $cc(x)$ 值。当 B 从服务器 S_i 接收到一个校验和 $cc_i(x)$，他便为来自其他任何服务器 S_j 的每个 x_j 计算 $h(x_j)$，并同 $cc_i(x)$ 中的值作比较，如果相同，则为 S_j 分配一个信任点。当 B 完成所有的验证后,他保留那些有最大信任点的服务器发来的份额。用户需要 t 个份额来恢复秘密。这个过程可以保证只有一半响应的服务器是诚实的,且其中的 t 个可用就可以正确地恢复秘密。

4.3　使用公钥密码的认证与密钥传输

一般认为公钥技术较对称密码有两大优势。第一是公钥系统可以直接定义数字签名,这样就能够提供非否认服务,它在商业应用中非常有用。第二是简化了密钥的管理,不需要在线的第三方,而在基于对称密码的协议中在线的第三方是典型的组成部分。

公钥技术在获得优势的同时也付出了两个代价。第一个就是在所有已知的公钥密码体制中计算代价都比较高。尽管公钥加密体制在发展、椭圆曲线密码也有一定的优势,公钥算法与对称算法相比,仍多需要两三个数量级的计算。因此,在设计基于公钥的协议时,应尽可能地减少公钥操作的数量。另外一个要考虑的问题是协议是否需要更多的私钥操作(签名的生成和解密)或更多的公钥操作(签名的验证和加密)。RSA 和相关算法的公钥操作比私钥操作的效率要高,而对大多数基于离散对数的算法来说情况则相反。此外,虽然基于离散对数的算法(包括椭圆曲线算法)总体上效率高于 RSA,但是对于主要需要公钥操作的协议来说,使用小公共指数的 RSA 实现将会更加有效。一般来说,比较用不同实现算法的不同协议的效率是一项困难的任务。

公钥密码的第二个代价是仍需对公钥进行管理。虽然公钥不需要保密,但通常使用由可信第三方签发的证书来保护公钥的完整性。如何处理被攻破的私钥是个棘手的问题,但大多数常用的方法是用证书撤销列表来检查公钥是否失效。本节要用到的符号如表 4.5 所示。

表 4.5　使用的符号

符　号	符号含义
$E_X(M)$	使用实体 X 的公钥对消息 M 进行加密
$\mathrm{Sig}_X(M)$	实体 X 对消息 M 附录的签名
N_X	实体 X 选择的随机数
T_X	实体 X 选择的时间戳

4.3.1　实体认证协议

在讨论密钥建立协议之前,我们先来看一些仅达到认证目标的协议。

ISO/IEC 9798-3 包括 5 个认证协议。美国标准 FIPS 196 包括其中的两个协议。

每个协议的每条消息都包含多个可选的不同种类的文本域,文本域中的数据是应用依赖数据。按照标准,在签名中包含文本域有以下几个理由:为了认证信息;为了在签名中添加额外的冗余信息;为了提供其他的时间变量参数,如时间戳;为了在协议的使用中提供有效性信息。

标准的第 1 个协议(图 4.21)仅有一条从发起者 A 到检验者 B 的消息。时间戳 T_A 用来提供新鲜性,或者可以用计数器代替它。B 可以保证 A 是有效的,A 也可以保证 B 是他的对等实体。

$$1. \text{A} \rightarrow \text{B}: T_A, B, \text{Sig}_A(T_A, B)$$

图 4.21　ISO/IEC 7998-3 一次传输单向认证协议

第 2 个协议（图 4.22）与第 1 个协议有明显的不同，一个不同之处是它用随机数代替时间戳，另一个不同之处是它包含 A 选择的随机数 N_A。N_A 与认证无关，它保证 A 不是对 B 选择的消息进行签名。这个协议提供了 A 到 B 的实体认证。

$$1. \text{B} \rightarrow \text{A}: N_B$$
$$2. \text{A} \rightarrow \text{B}: N_A, N_B, B, \text{Sig}_A(N_A, N_B, B)$$

图 4.22　ISO/IEC 7998-3 两次传输单向认证协议

标准允许在消息 2 中省略标识 B，标准中说是否包含 B 取决于认证机制使用的环境。在弱实体认证中，不需要知道对等实体，省略这个域是可以的。但是，如果需要知道对等实体，则必须在消息 2 的签名中包含这个域。

第 3 个协议（图 4.23）是第 1 个协议的两个实例的简单组合，同样，时间戳 T_A 和 T_B 可以用计数器来代替。这个协议提供双向认证。因为协议中的消息彼此独立，所以协议可以只执行一轮。

$$1. \text{A} \rightarrow \text{B}: T_A, B, \text{Sig}_A(T_A, B)$$
$$2. \text{B} \rightarrow \text{A}: T_B, A, \text{Sig}_B(T_B, A)$$

图 4.23　ISO/IEC 7998-3 两次传输双向认证协议

第 4 个协议（图 4.24）是对第 2 个协议的扩展，A 和 B 分别使用随机数 N_A 和 N_B。标准再次允许省略消息 2 中的域 B 和消息 3 中的域 A，但当要求 B 可以保证 A 意识到 B 就是他的对等实体时，至少消息 2 中标识必须保留。

$$1. \text{B} \rightarrow \text{A}: N_B$$
$$2. \text{A} \rightarrow \text{B}: N_A, N_B, B, \text{Sig}_A(N_A, N_B, B)$$
$$3. \text{B} \rightarrow \text{A}: N_B, N_A, A, \text{Sig}_B(N_B, N_A, A)$$

图 4.24　ISO/IEC 7998-3 三次传输双向认证协议

第 5 个协议（图 4.25）是第 4 个协议在标准化进程中的早期版本。与第 4 个协议唯一的不同点在于 B 在最后一条消息中选择随机数 N_B' 并对它进行签名，这里 N_B' 不同于前两条消息中的 N_B。这样选择的理由可能是保证 A 可以预测 B 不需要对消息进行签名。

$$1. \text{B} \rightarrow \text{A}: N_B$$
$$2. \text{A} \rightarrow \text{B}: N_A, N_B, B, \text{Sig}_A(N_A, N_B, B)$$
$$3. \text{B} \rightarrow \text{A}: N_B', N_A, A, \text{Sig}_B(N_B', N_A, A)$$

图 4.25　ISO/IEC 7998-3 三次传输双向认证协议的早期版本

第 5 个协议的攻击如图 4.26 所示，即著名的"加拿大攻击"，它由参与标准化进程的加拿大小组提出。在攻击中,攻击者 C 建立两个协议运行实例,对 A 假冒成 B,对 B 假冒成 A。C 可以用第二个运行实例中 A 的响应来完成同 B 的第一个实例的运行。

1. $C_B \rightarrow A$: N_C
2. $A \rightarrow C_B$: $N_A, N_C, B, \text{Sig}_A(N_A, N_C, B)$
1'. $C_A \rightarrow B$: N_A
2'. $B \rightarrow CA$: $N_B, N_A, A, \text{Sig}_B(N_B, N_A, A)$
3. $C_B \rightarrow A$: $N_B, N_A, A, \text{Sig}_B(N_B, N_A, A)$

图 4.26　对第 5 个协议的加拿大攻击

攻击的结果是 A 表面上与 B 完成协议运行,但实际上与 C 完成协议运行。

第 6 个协议(图 4.27)是标准中最后一个协议,它允许认证在 A 和 B 之间并行运行。因此,消息 1 和 1'、消息 2 和 2'可以同时发送。和第 4 个协议一样,标准允许在消息 2 和 2'中分别省略标识域 B 和 A。同样地,对这些标识域的省略意味着不知道对等实体了(这里是双向都不知道)。

1. $A \rightarrow B$: N_A
1'. $B \rightarrow A$: N_B
2. $A \rightarrow B$: $N_A, N_B, B, \text{Sig}_A(N_A, N_B, B)$
2'. $B \rightarrow A$: $N_B, N_A, A, \text{Sig}_B(N_B, N_A, A)$

图 4.27　ISO/IEC 9798-3 两次传输并行认证协议

4.3.2　密钥传输协议

密钥传输是指在协议中一个成员选择会话密钥并安全地传输给其他的一个或多个成员。有时,很难将协议分类成密钥传输协议还是密钥协商协议。有些协议允许两个成员都可以选择并传输自己的密钥,并不确定是两者组合形成一个协商的密钥还是分别各自产生密钥。

1. ISO/IEC 11770-3 协议

本节我们分析国际标准 ISO/IEC 11770-3 中的一些协议。标准假设如果使用带附件签名,则被签名的消息和签名将一起被发送,所以标准并不区分消息恢复签名和带附件签名。

图 4.28 显示了标准中最简单的机制 1。A 选择会话密钥并用 B 的公钥加密后发送给 B,加密的消息中还包括 A 的标识和时间戳 T_A(或用计数器代替)。在这个协议中以及在标准的所有协议中,使用的公钥加密方法能提供不可延展性和语义安全性。如果加密方法不具有这两个性质的话,攻击者就可以更改包含会话密钥的加密消息中的 A 和 T_A。

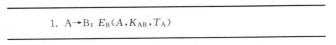

1. $A \rightarrow B$: $E_B(A, K_{AB}, T_A)$

图 4.28　ISO/IEC 11770-3 密钥传输机制 1

从 A 的角度来看,机制 1 提供了一个好的密钥,由于 A 可以选择新鲜的密钥并且加密方法保证仅 A 和 B 知道密钥。但是,A 不能得到密钥确认也不能保证 B 是有效的。由于没有对密钥起源的认证,B 不能确保是和谁共享这个密钥。但是,没有对消息起源的认证,B 也不能

推断 K_{AB} 是否是新鲜的。

机制2如图4.29所示,它对机制1进行了扩展,添加了A对整个消息的签名。同样可以用计数器代替时间戳 T_A。和前一个机制一样,为A提供了好的密钥但是得不到B的密钥确认。但是,与机制1相反,A的签名可以使B得到密钥确认。只要B相信A诚实地生成密钥,B也可以获得好的密钥性质。机制2类似于4.2节给出的实体认证协议(图4.3)。事实上,可以通过使用协议的可选择文本域使机制2既符合9798-3标准,又符合11770-3标准。

$$1.\ A \rightarrow B: B, T_A, E_B(A, K_{AB}), Sig_A(B, T_A, E_B(A, K_{AB}))$$

图4.29　ISO/IEC 11770-3 密钥传输机制2

机制3如图4.30所示,它交换了机制2中签名和加密的顺序。机制2和机制3中每个域都是一样的,只要B信任A生成好的密钥,则两个机制达到相同的目标。是否包含时间戳 T_A（或计数器）也是可选的。但是没有 T_A 的话,B不能得到密钥的新鲜性和密钥确认。

$$1.\ A \rightarrow B: E_B(B, K_{AB}, T_A, Sig_A(B, K_{AB}, T_A))$$

图4.30　ISO/IEC 11770-3 密钥传输机制3

图4.31是 Denning 和 Sacco 提出的一个相近的协议,它与机制3唯一的区别是省略了B的标识。

$$1.\ A \rightarrow B: E_B(K_{AB}, T_A, Sig_A(K_{AB}, T_A))$$

图4.31　Denning-Sacco 公钥协议

Abadi 和 Needham 给出了攻击(图4.32):恶意的B可以参与A作为发起者的协议运行,再把消息1用C的公钥加密后发送给C,结果C相信是与A共享密钥且B知道密钥。

$$1.\ A \rightarrow B: E_B(K_{AB}, T_A, Sig_A(K_{AB}, T_A))$$
$$2.\ B(A) \rightarrow C: E_C(K_{AB}, T_A, Sig_A(K_{AB}, T_A))$$

图4.32　对 Denning-Sacco 公钥协议的攻击

机制4如图4.33所示,它是一个类似于机制2的两次传输协议。与机制2的主要区别是,A使用随机数 N_A 来获得B的密钥新鲜性和实体认证。只要A信任B生成密钥,他能获得好的密钥和密钥确认性质。B可以获得好的密钥性质但得不到A的认证。

$$1.\ A \rightarrow B: N_A$$
$$2.\ B \rightarrow A: A, N_A, N_B, E_A(B, K_{AB}), Sig_B(A, N_A, N_B, E_A(B, K_{AB}))$$

图4.33　ISO/IEC 11770-3 密钥传输机制4

在标准中随机数 N_B 是可选的。

机制5如图4.34所示,它是机制4的双向版本,A和B分别选择会话密钥 K_{AB} 和 K_{BA}。

标准建议使用单向 Hash 函数对这两个会话密钥进行组合,这样协议就是严格的密钥协商协议而不是密钥传输协议。标准还建议可以省略消息 3 中的 $E_B(A,K_{AB})$ 使 K_{BA} 成为会话密钥,或者省略消息 2 中的 $E_A(B,K_{BA})$ 使 K_{AB} 成为会话密钥。如果 K_{AB} 是会话密钥,只有 B 能获取密钥确认。

> 1. A→B: N_A
> 2. B→A: $N_B,N_A,A,E_A(B,K_{BA}),\mathrm{Sig}_B(N_B,N_A,A,E_A(B,K_{BA}))$
> 3. A→B: $N_A,N_B,B,E_B(A,K_{AB}),\mathrm{Sig}_A(N_A,N_B,B,E_B(A,K_{AB}))$

图 4.34　ISO/IEC 11770-3 密钥传输机制 5

机制 6 是 ISO/IEC 11770-3 标准中最后一个密钥传输协议,如图 4.35 所示。与所有其他标准协议相反,它仅使用加密而不使用签名。很显然,它要求加密方法是不可延展的,否则所有用于认证的域都可以被攻击者替换。

> 1. A→B: $E_B(A,K_{AB},N_A)$
> 2. B→A: $E_A(B,K_{BA},N_A,N_B)$
> 3. A→B: N_B

图 4.35　ISO/IEC 11770-3 密钥传输机制 6

标准说明可以使用单向 Hash 函数把 K_{AB} 和 K_{BA} 组合成一个会话密钥。标准还说明 A 可以用 K_{AB} 加密 B 的消息并认证来自 B 的消息,B 也可以同样地使用 K_{BA}。这个协议达到了双向实体认证和双向密钥确认的目标。

在 ISO/IEC 11770-3 的早期草案中,图 4.35 中协议的替代者是图 4.36 中的协议,它就是著名的 Helsinki 协议。它与图 4.35 中协议的唯一区别是在消息 2 中省略了 B 的标识域。

> 1. A→B: $E_B(A,K_{AB},N_A)$
> 2. B→A: $E_A(K_{BA},N_A,N_B)$
> 3. A→B: N_B

图 4.36　Helsinki 协议

Horng 和 Hsu 于 1998 年提出了对 Helsinki 协议的攻击,如图 4.37 所示,它与 4.3.2 节中所述的 Lowe 对 Needham-Schroeder 公钥协议的攻击非常类似。攻击者 C 诱导 A 与其开始协议运行,并假冒成 A 开始与 B 之间的协议运行。

> 1. A→C: $E_C(A,K_{AB},N_A)$
> 1'. C_A→B: $E_B(A,K_{AB},N_A)$
> 2'. B→C_A: $E_A(K_{BA},N_A,N_B)$
> 2. C→A: $E_A(K_{BA},N_A,N_B)$
> 3. A→C: N_B
> 3'. C_A→B : N_B

图 4.37　对 Helsinki 协议的攻击

A 和 B 都认为他们成功地完成了协议运行。但是,如果会话密钥是 $f(K_{AB},K_{BA})$(f 是单向函数），则 A "相信"他与 C 共享这个密钥，B "相信"他与 A 共享 $f(K_{AB}, K_{BA})$。注意，这个攻击并不妨碍隐含密钥认证的目标，因为 C 并不知道 K_{BA}，从而不能计算 A 和 B 接收会话密钥。然而，B 误认了他的对等实体，从而实体认证目标被破坏了。

2. Needham-Schroeder 公钥协议

Needham-Schroeder 公钥协议是最早提出的密钥建立协议之一。消息交换如图 4.38 所示，它与 Helsinki 协议非常相似，用来提供双向实体认证，但选择性地使用交换随机数 N_A 和 N_B，N_A 和 N_B 作为密钥建立的共享秘密。

$$1.\ A \rightarrow B: E_B(N_A, A)$$
$$2.\ B \rightarrow A: E_A(N_A, N_B)$$
$$3.\ A \rightarrow B: E_B(N_B)$$

图 4.38　Needham-Schroeder 公钥协议

Lowe 发现图 4.39 所示的攻击可以使 B 不能确认最后一条消息是否来自 A。注意，A 从未详细地声明他欲与 B 对话，因此 B 不能得到任何保证 A 知道 B 是他的对等实体。

$$1.\ A \rightarrow C: E_C(N_A, A)$$
$$1'.\ C_A \rightarrow B: E_B(N_A, A)$$
$$2'.\ B \rightarrow C_A: E_A(N_A, N_B)$$
$$2.\ C \rightarrow A: E_A(N_A, N_B)$$
$$3.\ A \rightarrow C: E_C(N_B)$$
$$3'.\ C_A \rightarrow B: E_B(N_B)$$

图 4.39　Lowe 对 Needham-Schroeder 公钥协议的攻击

图 4.39 中的攻击类似于图 4.37 中的攻击。为了改进 Needham-Schroeder 公钥协议防止这个攻击，Lowe 提出了图 4.40 所示的协议，它简单地在第 2 条消息中包含了 B 的标识。

$$1.\ A \rightarrow B: E_B(N_A, A)$$
$$2.\ B \rightarrow A: E_A(N_A, N_B, B)$$
$$3.\ A \rightarrow B: E_B(N_B)$$

图 4.40　Lowe 对 Needham-Schroeder 公钥协议的改进

3. X.509 标准协议

ITU（以前的 CCITT）和 ISO 一起标准化了 X.500 系列建议来提供目录服务（Directory Service）。目录用来存储公钥证书，标准的第 8 部分使用这些公钥作为认证框架的基础。这个框架包括一些认证和密钥建立的协议。

X.509 标准共有 3 个具体的协议，分别有 1 个、2 个和 3 个消息流。后两个协议都是在其之前的协议上增加一条消息而来的。每个协议的目标都是从 A 到 B 传输会话密钥，后两个协议还从 B 到 A 传输会话密钥。

其中最简单的协议只有 A 到 B 的一条消息。标准允许简化协议，省略会话密钥仅提供实体认证。图 4.41 所示的这个一次传输协议用加密数据形成会话密钥 K_{AB}，也是标准唯一的建议。

$$1.\ A \rightarrow B: T_A, N_A, B, E_B(K_{AB}), Sig_A(T_A, N_A, B, E_B(K_{AB}))$$

图 4.41　X.509 一次传输认证协议

图 4.42 所示的是两次传输的 X.509 协议，第 2 条消息是 B 对 A 的应答。消息 2 除了在签名中包含了 A 和 B 的随机数外，与消息 1 基本上是对称的。

$$1.\ A \rightarrow B: T_A, N_A, B, E_B(K_{AB}), Sig_A(T_A, N_A, B, E_B(K_{AB}))$$
$$2.\ B \rightarrow A: T_B, N_B, A, N_A, E_A(K_{BA}), Sig_B(T_B, N_B, A, N_A, E_A(K_{BA}))$$

图 4.42　X.509 两次传输认证协议

图 4.43 是最终的 X.509 协议，它包含第 3 条消息——A 对消息 2 的确认。

$$1.\ A \rightarrow B: T_A, N_A, B, E_B(K_{AB}), Sig_A(T_A, N_A, B, E_B(K_{AB}))$$
$$2.\ B \rightarrow A: T_B, N_B, A, N_A, E_A(K_{BA}), Sig_B(T_B, N_B, A, N_A, E_A(K_{BA}))$$
$$3.\ A \rightarrow B: N_B, B, Sig_A(N_B, B)$$

图 4.43　X.509 三次传输认证协议

在这个协议和两次传输协议中，都无须同时包含 T_B 和 N_A，因为只要 T_B 和 N_A 中的一个就可使 A 获得 K_{BA} 的新鲜性。事实上标准说明 T_B 可以清零，正如 Burrows 等人指出的那样，T_B 完全是冗余的。标准还说明在消息 1 中不必对 T_A 进行检验。

4. TLS 协议

互联网工程任务组织（Internet Engineering Task Force，IETF）标准化了传输层安全（Transport Layer Security，TLS）协议，为运行于可靠通信的基础设施上的应用提供完全安全的服务，如 TCP/IP 通信协议簇。TLS 协议是"现实世界"中的协议，它包含大量的实际细节并广泛地实施了。

TLS 协议描述如何在记录协议（Record Protocol）中保证应用数据的安全性，也详述了在握手协议（Handshake Protocol）中密钥建立的过程。

TLS 的握手协议在建立密钥时，有多种不同的选择，可以认为是几种不同的协议。图 4.44 是其中一种协议的简化版本，它从客户端 A 传送一个"预先掌握的密钥"（Pre-Master Secret，PMK）给服务器 B。TLS 标准在这个协议中具体使用了 RSA 公钥加密算法，其他的算法也是可用的。数字签名算法可以是 RSA 或 DSS。

$$1.\ A \rightarrow B: N_A$$
$$2.\ B \rightarrow A: N_B$$
$$3.\ A \rightarrow B: E_B(PMK), Sig_A(Mess\_Seq_1), \{Mess\_Seq_2\}K_{AB}$$

图 4.44　简化的 TLS 密钥传输协议

会话密钥 $K_{AB} = MAC_{PMK}(N_A, N_B)$。注意，虽然 A 传送 PMK 给 B，但是计算 K_{AB} 的方法可以将此协议看成是密钥协商协议。事实上，TLS 协议说明 4 个不同的会话密钥必须从 PMK 派生而来：在各自的消息方向上，一个用于加密，一个用于数据完整性（MAC 计算）。

消息序列 $Mess\_Seq_1$、$Mess\_Seq_2$ 和 $Mess\_Seq_3$ 是到达这个实体的所有之前的交换消息的 Hash 值，例如：$Mess\_Seq_1 = H(N_A, N_B, E_B(PMK))$，$H$ 是 Hash 函数。

图 4.45 是一个改变的 TLS 密钥协商协议，它基于由 g 生成的合适群里的有证书的 Diffie-Hellman 密钥。

---

1. $A \rightarrow B$：N_A

2. $B \rightarrow A$：N_B

3. $A \rightarrow B$：$Sig_A(Mess\_Seq_1)$，$\{Mess\_Seq_2\}K_{AB}$

4. $B \rightarrow A$：$\{Mess\_Seq_3\}K_{AB}$

图 4.45　简化的 TLS 密钥协商协议

这时 $PMK = g^{ab}$，a 和 b 是 Diffie-Hellman 私钥，g^a 和 g^b 是相关的公钥。和前面一样，$K_{AB} = MAC_{PMK}(N_A, N_B)$。

4.4　密钥协商协议

密钥交换协议使参与方在公开的信道上交换信息以建立共享的秘密，也称为会话密钥，用于以后的安全认证和保密通信。密钥协商是各成员合作建立会话密钥，因此密钥协商比密钥传输更加公平，并且产生的随机化密钥质量更高。此外，基于 Diffie-Hellman 协议的密钥协商往往可获得前向安全性。

Menezes 等人给出的密钥协商的定义是：密钥协商协议或机制是一个密钥建立技术，它把一个共享的秘密分给两个或更多的成员，任何单个成员都不能预测此共享秘密。国际标准 ISO/IEC 11770-3 也给出了类似的定义。考虑两个实体 A 和 B 之间的密钥协商，这种类型的协议一般要求每个实体都独立地选择密钥的输入。用 r_A 和 r_B 分别表示 A 和 B 选择的输入。A 和 B 彼此间依赖于 r_A 和 r_B 来发送消息，也可能依赖于其他的值。形成密钥通常有以下两个阶段：随机输入 r_A 和 r_B 与可能的长期公/私钥组合形成一个共享秘密 Z_{AB}；Z_{AB} 和其他可能的输入经一个密钥生成函数形成会话密钥 K_{AB}。

不同的协议中密钥生成函数一般是不同的。一个典型的密钥生成函数是一个单向的 Hash 函数，输入是共享秘密和其他的一些数据，如会话密钥的算法标识符、计数器或 A 和 B 的公共信息。

4.4.1　Diffie-Hellman 密钥协商

Diffie-Hellman 协议于 1976 年提出，是许多协议的基础，但自身不提供任何认证。在基本的 Diffie-Hellman 协议中，两个成员 A 和 B 共享一个乘法群 G 的生成元 g。他们在分别在 1 到 G 的阶的范围中选择随机数 r_A 和 r_B。A 计算 $t_A = g^{r_A}$，B 计算 $t_B = g^{r_B}$ 并进行交换，如图 4.46 所示。共享秘密 $Z_{AB} = g^{r_A r_B}$，A 和 B 都能由幂的同态性计算这个值：$Z_{AB} = t_B^{r_A} = t_A^{r_B}$。

共享信息:群 G 的生成元 g

A		B
$r_A \in_R Z_q$		$r_B \in_R Z_q$
$t_A = g^{r_A}$	$\xrightarrow{\quad t_A \quad}$	$t_B = g^{r_B}$
$Z_{AB} = t_B^{r_A}$	$\xleftarrow{\quad t_B \quad}$	$Z_{AB} = t_A^{r_B}$

图 4.46　Diffie-Hellman 密钥协商

最初是在非零整数模一个大素数 p 的乘法域 Z_p^* 中描述 Diffie-Hellman 密钥协商协议,现在常把协议产生的群 G 定义为 Z_p^* 的素数阶为 q 的子群(注意,Z_p^* 的阶是 $p-1$,不为素数)。这样做有两个好处:首先,可以避免很多攻击;其次,群 G 通常比 Z_p^* 要小得多,可以节省计算量。如今经常使用的 p 的长度为 1 024 bit,q 的长度为 160 bit。另外,还有其他一些代数群可用于 Diffie-Hellman 密钥交换,尤其是椭圆曲线群现在非常流行。本章中统一用 Z_p^* 的子群 G 描述所有的基于 Diffie-Hellman 的协议,即使有些协议的设计者实际上用的是其他的群。

一个普遍接受的假设是:从 g^{r_A} 和 g^{r_B} 恢复 Z_{AB} 是不可行的,也就是 Diffie-Hellman 假设。基于这个假设,Diffie-Hellman 协议对主动窃听是安全的。攻破 Diffie-Hellman 显然不比解决离散对数问题更加困难,因为找到任一交换值的离散对数就可以找到 Diffie-Hellman 密钥。尽管已经有大量的研究,但还不知道 Diffie-Hellman 问题是否真正和离散对数问题一样难。对基于 Diffie-Hellman 协议的形式化分析,常常得到的证明只能基于更强的判定 Diffie-Hellman 假设。当指数 x、y 和 z 是随机的时,区分一个纯 Diffie-Hellman 三元组 (g^x, g^y, g^{xy}) 和一个三元组 (g^x, g^y, g^z) 是非常困难的。

基本的 Diffie-Hellman 协议的基础限制是缺乏对发送消息的认证。这样就易受中间人攻击,攻击者 C 可以对 B 假冒成 A,对 A 假冒成 B。如图 4.47 所示,A 和 B 都正常地完成协议运行,但都是与 C 共享密钥 $g^{r_A r_C}$ 和 $g^{r_C r_B}$。

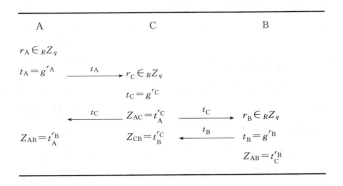

图 4.47　对基本 Diffie-Hellman 协议的攻击

从基本 Diffie-Hellman 协议中得到的共享秘密 $g^{r_A r_B}$ 称为短暂 Diffie-Hellman 密钥,因为它仅依赖于所选的随机数并持续到会话密钥产生。相反,如果 A 和 B 交换他们各自的公钥 g^{x_A} 和 g^{x_B},两者就都能计算 $S_{AB} = g^{x_A x_B}$,它常被称为静态 Diffie-Hellman 密钥,因为它不依赖于任何随机的输入。使用静态 Diffie-Hellman 密钥本身来产生会话密钥并不令人满意,因为它不能产生新的会话密钥。设计基于 Diffie-Hellman 稳健性的协议的一个方法是尽可能好地把短暂值和静态值混合起来获得所需的性质。

表 4.6 包含了用于描述基于 Diffie-Hellman 协议的所有表示符号,我们也继续使用表 4.1 中的符号。

表 4.6　使用的符号

符　号	符号含义
p	大素数(至少为 1 024 bit)
q	素数(160 bit),且 $q\,|\,p-1$
G	Z_p^* 的子群,G 常是阶为 q 的子群,有时等于 Z_p^*
g	G 生成元
r_A,r_B	A 和 B 分别选择的随机整数,与 G 的阶的长度相同
t_A,t_B	短暂公钥:$t_A=g^{r_A}$,$t_B=g^{r_B}$,在 Z_p 内计算
x_A,x_B	A 和 B 的长期私钥
y_A,y_B	A 和 B 的公钥:$y_A=g^{x_A}$,$y_B=g^{x_B}$
Z_{AB}	共享秘密
K_{AB}	生成的会话密钥
S_{AB}	A 和 B 的静态 Diffie-Hellman 密钥:$S_{AB}=g^{x_A x_B}$
N_A,N_B	A 和 B 分别选择的随机数
$H(\cdot)$	单向 Hash 函数
$x\in_R X$	从集合 X 中选择的随机元素 x
$F\stackrel{?}{=\!=}G$	验证 F 与 G 是否相等

1. 小子群攻击

小子群攻击的思想是充分利用 Diffie-Hellman 密钥协商协议的群 G 的结构。如果 G 的阶是合数,则 G 有子群;如果 g^{r_A} 在某个子群中,则 $g^{r_A r_B}$ 也在其中。小子群攻击的思想就是使共享秘密落在一个小的集合内,这样会话密钥就有很少的可能值,因此有利于攻击者进行穷尽搜索。

2. ElGamal 加密和一轮密钥建立

在考虑两个成员都生成随机数的情况之前,我们先来看一下只有一个成员生成随机数的情形。这样的协议可以看成是使用静态 Diffie-Hellman 密钥和暂时密钥之间的方法。它适用于单向通信的应用,如安全电子邮件。

ElGamal 加密虽然不是密钥建立协议,但我们可以从密钥建立方式来看它。发送者 A 用他的随机输入 r_A 和 B 的长期公钥 y_B 形成一个共享秘密 $Z_{AB}=y_B^{r_A}$。B 收到加密信息和暂时公钥 $t_A=g^{r_A}$,就能恢复 $Z_{AB}=y_A^{r_B}$ 并解密消息。很显然,B 没有收到有关会话密钥的认证,就不能检验 Z_{AB} 的新鲜性。但是,A 获得了隐含的密钥认证。

图 4.48 是 Agnew 等人提出的一轮密钥建立协议,它使用静态 Diffie-Hellman 密钥和随机数 k_A 来形成共享秘密。ElGamal 加密算法的目的是:A 用 B 的公钥 y_B 加密随机数 k_A 并发送给 B。

共享信息：静态 Diffie-Hellman 密钥 S_{AB}

	A		B
$r_A, r_A \in_R Z_q$			
$t_A = g^{r_A}, s_A = y_B^{r_A} \cdot k_A$			$k_A = s_A / t_A^{x_B}$
	$\xrightarrow{t_A, s_A}$		$Z_{AB} = S_{AB}^{k_A}$
$Z_{AB} = S_{AB}^{k_A}$			

图 4.48　Agnew-Mullin-Vanstone 协议

共享秘密是 $Z_{AB} = S_{AB}^{k_A}$。协议给 A 和 B 两方都提供隐含的密钥认证，因为形成 Z_{AB} 必须得知道 x_A 或 x_B，但是 B 没办法知道共享秘密是新鲜的。因此对任何一方都达不到实体认证，也没有前向秘密性，也不能抵抗密钥泄露假冒攻击。对 k_A 加密可以阻止攻击者使用已知的 Z_{AB} 来获取 S_{AB}，从而阻止攻击者以后发起主动攻击。

3. 使用静态 Diffie-Hellman 的 Lim-Lee 协议

大多数基于 Diffie-Hellman 的密钥协商协议都使用暂时密钥。在图 4.48 中，我们已经见过使用静态密钥的一次传输协议了。Lim 和 Lee 使用静态 Diffie-Hellman 密钥和两个成员的随机数输入提出一个三次传输协议，可使双方能确认密钥是新鲜的，如图 4.49 所示，对称密钥 K 是静态 Diffie-Hellman 密钥 S_{AB} 通过某种方法产生的静态密钥。

Lim 和 Lee 会话密钥定义成 $K_{AB} = N_A \oplus N_B$ 或 $K_{AB} = K \oplus N_A \oplus N_B$，只要 A 和 B 都使用随机输入，则都能保证密钥的新鲜性。但是，不论 K_{AB} 选择哪种定义，B 都不可能完全控制会话密钥的值。

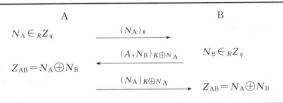

图 4.49　使用静态 Diffie-Hellman 的 Lim-Lee 协议

4.4.2　有基本消息格式的基于 DH 交换的协议

这一类协议容易受到基本的未知密钥共享攻击。假设敌手 C 能够获得 B 的公钥 y_B，C 声称他的公钥是 y_B 并获得 CA 颁发的证书，那么 C 能够在 A 与 B 之间冒充 B 与 A 通信（如图 4.50 所示）。

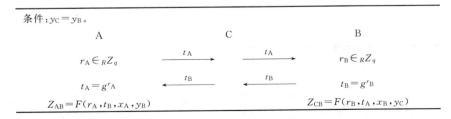

图 4.50　一般协议的未知密钥共享攻击

参与方 A 计算共享密钥 $Z_{AB} = F(r_A, t_B, x_A, y_B)$，B 计算 $Z_{CB} = F(r_B, t_A, x_B, y_C) = F(r_A, t_B,$

$x_A,y_B)=Z_{AB}$，因为 $y_C=y_B$。为了避免这种攻击，可以把证书只发布给那些已经证明他们知道与他们公钥对应的私钥的用户。然而，这样做是无法避免所有这类协议中的未知共享密钥攻击的。密钥验证可以用来避免这类攻击。

下面我们将介绍统一模型协议。统一模型是 IEEE P1363-2000 标准中的一个协议，显然它来自一个标准委员会文件。它设计简单，具有许多诱人的安全属性，如图 4.51 所示，共享秘密是暂时 DH 密钥与静态 DH 密钥的联结。

在接受共享密钥之前，A 必须做以下检查，B 做同样的检查：

(1) $1<t_B<p$，保证 Z_{AB} 不会有退化值（例如：$t_B=1$，$Z_{AB}=(1,S_{AB})$；$t_B=p$，$Z_{AB}=S_{AB}$）；

(2) $1\overset{?}{=}t_B^q \bmod p$，确保 $t_B\in G$，从而保证 $t_B^{r_A}\in G$。

统一模式协议提供了前向安全性，因为知道 Z_{AB} 对于找到一个暂时的私钥是很重要的。统一模式协议可以抗未知密钥共享攻击，但它受密钥泄露假冒攻击。

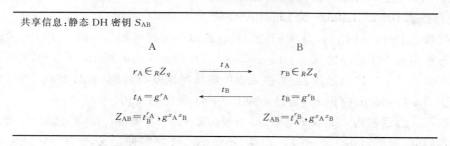

图 4.51　统一模型密钥协商协议

4.4.3　增强消息格式的 DH 交换协议

与有基本消息格式的基于 DH 交换的协议相比，增加对 DH 交换消息的认证主要有以下两点不同：共享秘密是瞬时 DH 密钥，通常能提供前向秘密性；对瞬时公钥（g^{r_A}）签名，通常能避免密钥泄露假冒攻击（知道 A 的私钥不能假冒 B）。

站对站（Station-to-Station，STS）协议在消息交换时添加了数字签名，从而为 DH 协议提供认证。另外，共享秘密被用来提供进一步的确认。图 4.52 说明了 STS 协议的主流版本，加密的变量被 MAC 代替（后面将讨论）。共享秘密是 $Z_{AB}=g^{r_A r_B}$，会话密钥 K_{AB} 属于 Z_{AB}。

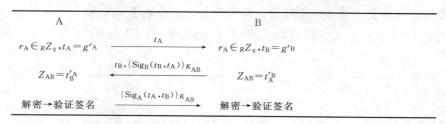

图 4.52　站对站协议

由于共享的秘密是瞬时 DH 密钥，站对站协议具有前向安全性。签名抵御了密钥泄露假冒攻击，因为如果长期密钥丢失，这不会帮助敌手伪造一个不同的实体的签名。

对称加密在 STS 协议中是很重要的，加密确保对方拥有相同的会话密钥，这样可以抵御未知密钥共享攻击。若无加密，敌手 C 可以用他自己的签名替换 A 的签名，这样造成的结果是 A 和 B 都完成了协议,但是 B 认为他与 C 共享密钥而 A 认为他与 B 共享密钥,具体过程如图 4.53 所示。

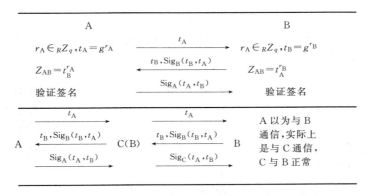

图 4.53 不使用加密的站对站协议及攻击

通过在签名交换时包含参与实体的名字,可以避免未知密钥共享攻击。而且,该交换提供了对等实体的具体特征,这样实体验证的稍强形式就实现了;另外,通过这种方式对称密码学在协议中就不再需要了。图 4.54 给出了对 STS 协议进行这种改变后得到的协议。

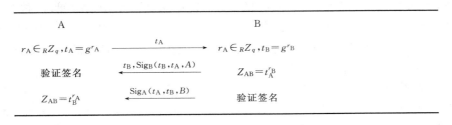

图 4.54 调整的 STS 协议

使用加密机制的目的是保证签名方拥有会话密钥且不提供秘密性,所以加密机制在 STS 协议中的角色可以由 MAC 代替,这样就产生了图 4.55 所示协议。图 4.55 所示协议的一个潜在缺点就是增加了第二次和第三次交换消息的长度。

Blake-Wilson 和 Menezes 提出了一种可选择的未知密钥共享攻击,这种攻击中敌手能够选择正确的私钥,所以验证过程不能用来抵抗攻击。假设协议运行中的签名为 $\text{Sig}_A(t_A, t_B)$,敌手 C 必须找到一个新的公钥满足 $\text{Sig}_C(t_A, t_B) = \text{Sig}_A(t_A, t_B)$。这里敌手需要面对两个问题:一是找到一个满足复制签名的密钥,二是实际运行协议时拥有新的密钥进行验证。

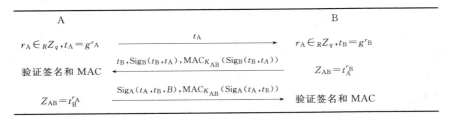

图 4.55 使用 MAC 函数的 STS 协议

第一个问题可以通过一些特殊的数字签名解决。第二个问题很常见,一旦这样的替换实现了,敌手的攻击过程也会在参与方之间留下中转信息。但是这个攻击仅仅对使用 MAC 函数 STS 协议有效,对图 4.52 所示协议无效,因为为了计算新的公钥,敌手需要看到签名。

4.5　可证明安全的认证协议

Bellare 和 Rogaway 在 1993 年和 1995 年分别给出了两个可证明安全性的两方和三方会话密钥分配协议。协议本身很简单,其意义在于首次建立了会话密钥分配协议的形式化安全模型,称为 BR 安全模型。这是一种现实模型,即协议只定义在现实世界中,而安全性是通过会话密钥与某随机数的计算不可区分性来定义的(基本方法是使会话密钥和一个敌手易于得到的某伪随机数紧密联系)。

协议定义:$P=(\Pi,\Psi,LL)$,这是一个多项式时间可计算的三元组函数,Π 描述诚实方的行为,Ψ 描述 S 的行为,LL 描述用户主密钥的初始分布。

协议参与方:$I=\{0,1,2,\cdots,N\}$(0 代表可信中心 S),敌手 E。协议参与者的所有预言机只能被动地回答攻击者 E 对它们进行的各种查询(Query),预言机之间并不进行直接的通信。也就是说,模型中至少存在一个良性(Benign)攻击者,它唯一的动作就是忠实地传递预言机之间的协议消息。

敌手模型:E 控制所有合法方之间的通信(如可以控制协议启动时间、篡改、替换或删除数据等),形式化为一个概率图灵机,并且它能够访问模型中的所有预言机,具有 Oracle $\Pi_{i,j}^s$ 和 $\Psi_{i,j}^S$,其中 $i,j\in I$。$\Pi_{i,j}^s$ 形式化了成员 i 试图和成员 j 协商一个会话密钥的通信实例 s,$\Psi_{i,j}^S$ 形式化了 S 试图给 i,j 分配会话密钥的通信实例。

E 所能发起的攻击形式化为 5 种 Oracle 询问:$(SendPlayer,i,j,s,x)$;$(SendS,i,j,s,x)$;$(Reveal,i,j,s)$;$(Corrupt,i,K)$;$(Test,i,j,s)$。前 4 种 Oracle 询问可以是多项式次,形式化了 E 所能发动的各种攻击,如窃听、已知会话密钥、重放、收买某合法方等攻击,$(Test,i,j,s)$ 则只能询问一次,是为了定义安全性而提供的"测试"Oracle。

- $(SendPlayer,i,j,s,x)$:E 可以向预言机 $\Pi_{i,j}^s$ 发送消息。该预言机按照协议规范应答一个响应消息。
- $(SendS,i,j,s,x)$:E 可以向预言机 $\Psi_{i,j}^s$ 发送消息。该预言机按照协议规范应答一个响应消息。
- $(Corrupt,i,K)$:此查询要求被询问的协议参与者返回它拥有的长期私钥。相应地,回答过 Corrupt 查询的实体的状态被称为"已腐化"(Corrupted)。
- $(Reveal,i,j,s)$:收到此查询的预言机返回它协商得到的会话密钥。如果该预言机的状态还不是"已接受"(Accepted),那么它返回一个符号⊥表示终止。
- $(Test,i,j,s)$:E 可以向一个预言机发出 Test 查询。E 将收到该预言机所拥有的会话密钥或者一个随机值。具体来说,该预言机通过投掷一枚公平硬币 $b\in_R\{0,1\}$ 来回答此查询。若投币结果为 0,那么它返回自己协商获得的会话密钥;否则,它返回会话密钥空间 $\{0,1\}^k$ 上的一个随机值,这里,k 表示会话密钥的比特长度。

安全性定义:敌手的成功是在其进行 Test 询问之后以区分会话密钥与随机密钥的优势来衡量的。除合理性(Validity)之外,如果敌手得到 Oracle 询问 $(Test,i,j,s)$ 的回答后,对 Challenge"猜测"正确的优势函数 $Advantage_{P,f,s_n}^E(k)=(2Pr[good-Guess]-1)$ 是可忽略的,则称协议是安全的。这里,当敌手发起 Test 询问时,Oracle 回答如下:$b \in_R \{0,1\}$,如果 $b=0$,返回一个随机数,否则返回敌手要得到的会话密钥;如果敌手对 b 的取值猜测正确,就称事件"Good-Guess"发生,敌手成功。上述定义是说,如果敌手的成功概率只以可忽略优势偏离 1/2,敌手失败,即协议是安全的。

4.6　基于口令的协议

4.6.1　口令协议概述

认证密钥协商协议使得通信双方能够双向认证并协商建立共享的会话密钥。通信双方可以预先共享长的、随机的高熵密钥,也可以预先共享短的、容易记忆的低熵口令。高熵密钥经常存储在计算机的安全存储器中,或者使用特殊的设备来存储密钥,如抗篡改加密服务器或智能卡。但是,这些方法要么不太方便,要么成本太高,例如抗篡改设备成本高,携带不便,公钥需要的存储空间大。由于基于口令的机制允许人们选择自己的口令,并且不需要辅助设备生成或储存,因此基于口令的机制广泛应用于认证密钥协商。

针对口令的攻击通常包括以下几种。

(1) 暴力攻击:也称为穷举攻击。尝试遍历整个口令空间中的所有口令,直到找到正确的口令。理论上,只要拥有充足的时间和计算资源,就可以使用暴力攻击手段穷举所有口令。如果用户的口令较短,很容易被穷举出来,因而很多系统都建议用户使用长口令。

(2) 字典攻击:大部分人为了方便记忆选用的口令都与自己周遭的事物有关,例如身份证号、生日、车牌号码、电话号码等。字典攻击尝试遍历口令字典里存储的每一条口令,直到找到正确的口令。字典中的口令是由用户选择的概率比较大的那些口令组成,并按照被选择的概率从高到低排列的。字典攻击包括离线字典攻击和在线字典攻击。离线字典攻击是指主动窃听者根据记录一个或多个会话中传递的消息排除大多数的可能口令。在线字典攻击是指攻击者在线猜测口令,直到能够正确地登录系统。在线字典攻击意味着攻击者试图在一次在线事务中使用一个猜测的口令。口令猜测失败会被发现并且服务器会将其记入日志。一般可使用账号加锁、延迟响应或者验证码来抵抗在线字典攻击。

(3) 网络数据流窃听:攻击者通过窃听网络数据,如果口令使用明文传输,则可被非法截获。大量的通信协议(比如 Telnet、FTP、POP3)都使用明文口令,而攻击者只需通过窃听就能分析出口令。

(4) 认证信息拷贝/重放:有的系统会将认证信息进行简单加密或 Hash 后进行传输,攻击者可以使用拷贝/重放方式实现登录。

(5) 肩窥攻击:肩窥指使用直接的观察来获取信息,就如从某人的肩膀上方来查看。在拥挤的公共场所,肩窥是窃取信息的一种有效方法。肩窥也可以使用望远镜或者其他视觉增强设备来远距离实现。通过在隐蔽处偷窥或者使用相机、录像机等辅助方法,记录用户登录过程中在键盘或屏幕中输入或操作的信息来获得用户口令。

(6) 社交工程攻击:社交工程就是指采用非隐蔽方法盗用口令等,例如,冒充处长或局长骗取管理员信任得到口令等;冒充合法用户发送邮件或打电话给管理人员,以骗取用户口令等;通过钓鱼网站获取用户口令等。社交工程攻击主要利用人性的弱点获得用户的身份认证信息,而攻击过程中所使用的方法带有较强的欺骗性,用户常常难以发觉欺骗过程,从而上当造成安全口令信息的泄露。

(7) 间谍软件攻击：例如，通过硬件或者软件键盘记录器记录用户使用键盘输入计算机系统的信息；通过鼠标记录器监听鼠标操作事件（移动、单击等事件）以及鼠标指针在屏幕上的移动轨迹和位置相对坐标等；通过屏幕捕获器截获用户计算机屏幕上显示的全部或者部分区域的信息。

(8) 污迹攻击：污迹攻击是指攻击者针对触摸屏设备利用用户在屏幕操作时留下的污迹来推断用户口令。对于文本口令来说，攻击者可以根据用户点击留下的污迹位置，来猜测用户点击的数字。对于图形口令来说，攻击者可以根据用户绘制口令时留下的污迹图形来猜测用户口令。

(9) 拖库与撞库攻击：拖库是指攻击者入侵网络服务器，把注册用户的口令数据库全部盗走的行为，因为谐音，也经常被称作“脱裤”。由于很多用户在不同网站使用的是相同的用户名和口令，因此攻击者获取用户在A网站的口令信息就可以利用该口令信息尝试登录B网站。撞库就是指攻击者通过收集已泄露的用户名和口令信息，生成对应的字典表，尝试批量登录其他网站后，得到一系列可以登录的用户账号。

(10) 垃圾搜索：攻击者通过搜索被攻击者的废弃物，得到与攻击系统有关的信息，如果用户将口令写在纸上又随便丢弃，则很容易成为垃圾搜索的攻击对象。

口令认证协议大多数使用了基于Diffie-Hellman的密钥协商并把共享口令用于认证。我们使用表4.6中的符号。这里介绍的许多协议都是客户端-服务器协议，客户端的行为和服务器的行为有所不同。客户端总是拥有明文口令π，而服务器有时仅保存π在某个单向函数下的镜像。为了避免混乱，我们一直用A表示客户端，B表示服务器。

4.6.2 使用Diffie-Hellman进行加密密钥交换

本节我们分析应用Diffie-Hellman密钥交换的加密密钥交换（EKE）协议。虽然原始的协议有许多潜在的缺陷并缺乏安全证明，但有助于我们理解这些协议的问题到底出在哪儿，对这些协议的完全不同的攻击可能也适用于有强密钥的协议。

EKE的大致思想是传输用口令加密的短暂公钥作为共享密钥。只有知道口令的实体才能完成协议。这个思想适用于不同公钥策略的短暂密钥。这里，我们只考虑Diffie-Hellman密钥交换，两个实体都选择短暂公钥，口令用于加密短暂公钥，如图4.56所示。

共享信息：共享口令π，安全参数L

A		B
$r_A \in_R Z_q$		
$t_A = g^{r_A}$	$\xrightarrow{A,\{t_A\}_\pi}$	$r_B \in_R Z_q$
		$Z_{AB} = t_A^{r_B}$
		$t_B = g^{r_B}$
		$n_B \in_R \{1,\cdots,2^L\}$
$Z_{AB} = t_B^{r_A}$	$\xleftarrow{\{t_B\}_\pi,\{n_B\}_{K_{AB}}}$	
$n_A \in_R \{1,\cdots,2^L\}$	$\xrightarrow{\{n_A,n_B\}_{K_{AB}}}$	Verify n_B
Verify n_A	$\xleftarrow{\{n_A\}_{K_{AB}}}$	

图4.56 基于Diffie-Hellman的EKE协议

在基本Diffie-Hellman密钥协商中，虽然由共享秘密Z_{AB}产生会话密钥K_{AB}的密钥生成函数没有具体说明,仍有 $Z_{AB}=g^{r_A r_B}$。图 4.56 中双方都需要进行两次幂运算,这和普通 Diffie-Hellman 是一样的。

在 Bellovin 和 Merritt 协议中,如何选择使用 π 的对称加密算法是非常灵活的。他们认为很多选择都是可以接受的,甚至是非常弱的算法。但是,很显然,使用没有特别性质的加密函数会妨碍获得安全证明并易受某些情形的攻击。

Bellovin 和 Merritt 引入对 EKE 的分割攻击(Partition Attack)的思想,攻击者猜测口令试图解密 $\{t_A\}_\pi$ 和 $\{t_B\}_\pi$ 并检验明文结果是否是一个有效的 Diffie-Hellman 短暂值。如果不是,则猜测的口令是错误的并丢弃之。经过多次协议运行后,就可以分割出有效的口令集和无效的口令集。

4.6.3　强化的 EKE

在服务器上仅保存口令在单向函数 H 下的镜像是应用多年的标准做法,即保存 $H(\pi)$ 而不是 π 本身。这样泄露口令文件不会直接泄露口令,当一个声明的口令 π' 提交给服务器时,服务器验证 $H(\pi')=H(\pi)$ 是否成立。但是,口令文件泄露仍会遭到离线字典攻击,因为攻击者可对任何猜测的 π' 计算 $H(\pi')$ 再与存储的值比较。因此,这种方法的好处取决于应用。已经有很多基于口令的密钥建立协议仅需要服务器保存口令的镜像。

一些协议在计算口令镜像时还用到 Salt。Salt 是保护服务器中口令的另一种常用的机制。对每个口令 π,服务器上存储 $(s_i, H(\pi_i, s_i))$,s_i 是一个随机的 Salt 值。Salt 的目的是防止攻击者对服务器泄露的口令文件进行成批猜测攻击。即使攻击者知道了 Salt 值,一次口令猜测也只能验证一个口令镜像。

原始的 EKE 协议要求服务器存储口令的明文,以便解密协议交换。接着,Bellovin 和 Merritt 设计了一个改进的协议,如图 4.57 所示,它仅需在服务器上保存口令的镜像。

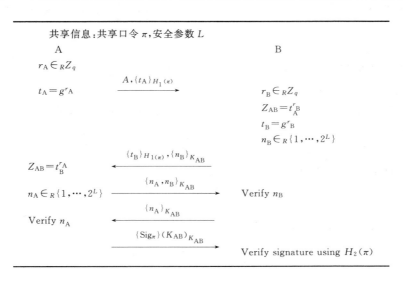

图 4.57　改进的基于 Diffie-Hellman 的 EKE 协议

这个协议的前 4 条消息和图 4.56 所示协议几乎一样,只是用口令 Hash 值 $H_1(\pi)$ 代替口令明文 π。仅有这 4 条消息是不够的,因为用户仅需要 $H_1(\pi)$ 来完成协议运行,也就对原始协议没作什么改进。因此,有必要在协议中添加消息 5,它包含用 π 作为秘密密钥构造共享秘密的数字签名,这样 B 就可以得到相关的公钥。$Bellovin$ 和 $Merritt$ 并未详细说明选择何种签名,只是用私钥为 π、公共验证密钥为 $H_2(\pi)=g^\pi$ 的 ElGamal 签名作为例子(H_1 和 H_2 可能相等,但本例中 H_2 需要幂运算,如果 H_1 是个简单的 Hash 函数,A 的计算量将减小)。

Steiner 等人指出能获得旧 K_{AB} 的攻击者可以解密图 4.57 的最后一条消息,并试图用一个猜测的口令 π' 验证签名,从而发起字典攻击。因此,有争论说这个协议弱于原始协议,因为在通常情况下,旧会话密钥很可能被泄露。但是,这个问题可以用 Z_{AB} 生成不同的密钥代替会话密钥 K_{AB} 来保护协议消息,从而避免这个问题。

4.6.4 双因子认证

登录网络的用户需要通过用户名和口令来进行身份验证,像电子信箱、微博等大多是静态口令。但静态口令有很大的安全隐患,例如,盗号木马可以在用户登录时获取口令,利用黑客工具破解静态口令也较为简单。最常用的解决策略是双因子认证,因为它将两个认证因子联系起来了。

双因子是在静态口令的基础上,使用了认证增强机制。认证机制中包含两个认证因子,即被称作双因子认证。常见的双因子认证一般结合口令以及用户手中的口令卡、IC 卡、USBkey、动态口令牌、指纹、手机短信等进一步验证用户的身份,从而抵御非法访问者,提高认证的可靠性。比如,基于令牌的认证系统一般与口令相联系。这阻止了用户因为令牌丢失(因为攻击者不知道口令)或口令被盗(因为攻击者没有令牌)引发的风险。双因子认证在银行、证券公司以及各大企业得到了广泛应用。

1. 口令卡

口令卡上以矩阵的形式印有若干字符串,客户在使用时,系统就会随机给出一组口令卡坐标,客户根据坐标从卡片中找到口令组合并输入。只有当口令组合输入正确时,客户才能完成相关交易。这种口令组合是动态变化的,使用者每次使用时输入的口令都不一样,交易结束后即失效。

2. 动态口令牌

当前最主流的是基于时间同步的硬件令牌,它是用来生成动态口令的终端设备,称为动态口令牌、动态令牌。85% 的 500 强企业内部采用硬件令牌。硬件令牌不仅安全,而且使用方便,无须安装驱动,无须与计算机、手机连接。用户只要根据网上系统的提示,输入动态口令牌当前显示的动态口令即可。基于时间同步认证技术的动态口令牌是把时间作为不确定因子,一般更新率为 60 秒,每 60 秒产生一个新口令。所谓“同步”是指基于令牌和服务器的时间同步。这里的时间同步方法不是用“时间统一系统”技术,而是用“滑动窗口”技术。登录口令随时间变化,口令一次性使用,可以有效抵御键盘监控型木马程序窃取客户口令和防止重放攻击行为。

动态口令认证系统的优点如下。

(1) 动态性:口令每 60 秒更新一次,不同的时刻有不同的动态口令。

(2) 随机性:每一次口令都不一样。

(3) 一次性:每个动态口令只能使用一次。

(4) 抵抗偷窥:由于动态口令每次都不一样,即使被看到了也无所谓。

(5) 不可复制性:动态口令牌不能被随意地复制,每个动态口令牌都是唯一的。动态口令牌是密封的,动态口令牌内密钥数据一旦断电就会丢失。其他用户无法获得,也无法共享。

（6）方便性：动态口令牌可以随身带着，就像身份证一样，口令显示在令牌上，不需要记忆。

（7）危险及时发现性：动态口令牌都是随身携带，如果丢失会及时地发现。

3. USBkey

串行总线 USB(Universal Serial Bus)认证令牌 USBkey 一般包含一个私钥、一个公钥和一个认证机关颁发的证书，其内置微型智能卡处理器。远程系统发一个挑战给令牌来验证用户确实拥有相应的私钥；然后，系统询问数据库验证证书上的名字是否与授权访问的身份一致。

4. 生物信息

生物特征信息可用作认证的一个因子，通过计算机与各种传感器和生物统计学原理结合，利用人体固有的生理特性和行为特征来进行个人身份识别。生理特征与生俱来，多为先天性的；行为特征则是习惯使然，多为后天性的。将生理特征和行为特征统称为生物特征。目前常用的是指纹识别、人脸识别。

5. 手机短信

手机短信可用作认证的一个凭证，通过手机短信内容的验证码来验证身份。目前使用的最普遍的有各大银行网上银行、网上商城、团购网站、票务公司等。手机短信验证码适用于触发类的应用，表现为由用户的某一个事件或操作所触发的短信，例如，在手机银行转账时，要求输入银行发来的短信验证码。

6. 硬件信息

基于硬件信息的认证发展迅速，它是通过计算机本身的唯一硬件特征来标识使用者的身份，结合 PIN 的使用，可以实现一种高强度的双因子认证。这种认证依然是建立在公钥密码体制之上的。它的基本假定就是对于固定的用户，其使用的计算机也是相对固定的（在公用的计算机上是不应该执行任何涉及个人机密的操作的，否则安全根本得不到任何保障），那么通过对这台计算机的识别，加上对当时使用计算机的用户识别，就可以实现对用户的远程认证。其难点和重点在于识别计算机的唯一硬件特征。我们使用的网卡都有一个全球唯一的 MAC 地址，网卡生产商都遵循统一的规定，按照统一的分配来给自己生产的网卡指定 MAC 地址。同样的，对于 CPU、硬盘、主板等其他计算机部件，都存在着相应的协议和规范。而这些参数的联合足够构成一个全球唯一的硬件标识号码。其工作原理是：首先对合法用户的计算机进行硬件特征采集，通过对于硬件标识号码的实时获取，可以实时地认证一台具有唯一特征值的计算机是否是已经注册的合法使用者。而认证的另外一个过程发生在认证开始之前，用户要启动认证过程，首先要输入自己的 PIN。这样，通过对用户 PIN 和计算机硬件特征值的联合识别，可以确认用户的身份。

4.6.5　扫码登录

随着智能手机的普及，扫码登录得到了广泛应用。扫码登录无须输入用户名和口令，只需通过手机客户端扫一扫计算机上的网页便能完成登录。微信、微博、淘宝等各种应用都已具备了扫码登录功能。

扫码登录使用便捷，通过扫码不需要输入用户名和口令，减少了口令泄露的风险。

以网页版微信登录说明扫码登录的基本过程。

（1）在计算机浏览器地址栏输入 https://wx.qq.com/，回车后出现二维码。

（2）打开微信手机客户端，单击"扫一扫"，扫描网页上的二维码。

（3）浏览器与手机客户端界面几乎同时跳转，手机客户端跳转到网页版微信登录确认界面，计算机上显示出用户头像并提示扫描成功。

（4）在手机客户端单击"确认登录"，网页跳转到用户的微信界面。

扫码登录的基本原理如下：

（1）非授信设备请求访问服务器，服务端生成一个全局唯一的 Token，并将 Token 通过二维码显示在非授信设备界面上；

（2）授信设备扫描非授信设备上的二维码，获取到 Token；

（3）授信设备使用 Token 访问服务端获取非授信设备的设备信息，将非授信设备的设备信息展示在界面上，待用户确认；

（4）用户在授信设备上确认后，授信设备将 Token 已被用户确认的信息发送给服务器。非授信设备轮询服务端，一直使用 Token 尝试登录，直到成功。

需要注意的是，访问需要使用 https。Token 有效期较短，如 5 分钟，且一次有效，用过即失效。扫码端必须是授信设备。Token 一共有四个状态：新生成、已扫描待确认、已确认、已使用。使用 Token 尝试登录可能有 5 种返回：Token 不合法、待扫描、已扫描待确认、登录成功并返回用户登录凭证、Token 已被使用过，失败的情况可以展示相应的信息以提升用户体验。

4.6.6　开放授权 OAuth

Alice 是 Google 的用户，Alice 想使用"网易印像服务"将她的部分照片冲印出来，她怎么做呢？Alice 可以将 Google 用户名和口令告诉"网易印像服务"，但存在这些问题："网易印像服务"可能会缓存 Alice 的用户名和口令，造成口令泄露。"网易印像服务"可以访问 Alice 在 Google 上的所有资源，Alice 无法对它们进行最小的权限控制，比如只允许访问某一张照片，1小时内访问有效。Alice 无法撤销授权，除非 Alice 更新口令。

开放授权（OAuth 2.0）是一个开放标准，允许用户让第三方应用访问该用户在某一网站上存储的私密的资源（如照片、视频、联系人列表），而无须将用户名和口令提供给第三方应用。

OAuth 允许用户提供一个令牌，而不是用户名和口令来访问他们存放在特定服务提供者的数据。每一个令牌授权一个特定的网站（例如，视频编辑网站）在特定的时段（例如，接下来的 2 小时内）内访问特定的资源（例如，仅仅是某一相册中的视频）。这样，OAuth 让用户可以授权第三方网站访问他们存储在另外服务提供者的某些特定信息，而非所有内容。

OAuth 的参与实体至少有如下三个。

- RO（Resource Owner）：资源所有者，对资源具有授权能力的人，如上文中的用户 Alice。
- RS（Resource Server）：资源服务器，它存储资源，并处理对资源的访问请求，如 Google 资源服务器，它所保管的资源就是用户 Alice 的照片。
- Client：第三方应用，它获得 RO 的授权后便可以去访问 RO 的资源，如"网易印像服务"。

此外，为了支持开放授权功能以及更好地描述开放授权协议，OAuth 引入了第四个参与实体。

- AS（Authorization Server）：授权服务器，它认证 RO 的身份，为 RO 提供授权审批流程，并最终颁发授权令牌（Access Token）。注意，在物理上，AS 与 RS 的功能可以由同一个服务器来提供服务。

协议的基本流程如下。

（1）Client→RO：Client 请求 RO 的授权。请求中一般包含要访问的资源路径、操作类型、Client 的身份等信息。

（2）RO→Client：RO 批准授权，并将"授权证据"发送给 Client。至于 RO 如何批准，这个是协议之外的事情。典型的做法是，AS 提供授权审批界面，让 RO 显式批准。

（3）Client→AS：Client 向 AS 请求"访问令牌（Access Token）"。此时，Client 需向 AS 提供 RO 的"授权证据"，以及 Client 自己身份的凭证。

（4）AS→Client：AS 验证通过后，向 Client 返回"访问令牌"。

（5）Client→RS：Client 携带"访问令牌"访问 RS 上的资源。在令牌的有效期内，Client 可以多次携带令牌去访问资源。

（6）RS→Client：RS 验证令牌的有效性，比如是否伪造、是否越权、是否过期，验证通过后，才能提供服务。

第三方网站使用 QQ 登录获取昵称和头像是使用 OAuth 的实例，步骤如下。

（1）网站上设置 QQ 登录入口。网站开发者可以在自己的网站首页入口和主要的登录、注册页面上放置"QQ 登录"标识。

（2）用户选择用 QQ 账号登录，弹出 QQ 登录的窗口，在登录窗口中将显示网站自己的 Logo 标识、网站名称以及首页链接地址。如果用户已登录 QQ 软件，就不用重复输入账号密码，可以一键实现快速登录。

（3）用户授权。用户首次使用"QQ 登录"成功登录网站后，将出现授权对话框，用户可以选择授权允许网站访问自己的相关信息，如访问个人基础信息昵称和头像等。

（4）登录和授权完成后，跳转回网站。如果用户成功登录并授权，则跳转到指定的回调地址，该回调地址由第三方网站自行配置，回调地址通常设置为网站首页或网站的用户中心。

（5）获取并存储 access token 以及 openid。成功登录后，即可发送请求来获取 access token 以及 openid，access token 用来判断用户在本网站上的登录状态，具有一定有效期，用户再次登录时自动刷新，openid 是此网站上唯一对应用户身份的标识，网站可将此标识进行存储以便用户下次登录时辨识其身份，或将其与用户在网站上的原有账号进行绑定。

4.7　基于图形口令的认证

基于文本的口令认证以其简单易行、使用面广的特点成为现在使用最为广泛的身份认证技术。在计算机系统中，操作系统、网络、数据库均采用了口令验证的形式。但是这种方式存在着较大的安全隐患，主要是可记忆性与抗破解能力之间的权衡。如果设置易于记忆的口令，那么攻击者可以通过搜索口令字典数据库的方法对其进行字典攻击；如果设置的口令长度过短，则口令空间过于狭小，攻击者可以采用暴力破解的方法在有效的时间内找到口令。提高抗破解能力的唯一方法是增加口令的长度，并少用人类熟悉的字符串，但是这样可记忆性就会减弱。另外，文本口令的口令空间只包含 94 个字符，这直接限制了其安全性的上界。图形口令作为文本口令的替代者很好地解决了文本口令面临的字典攻击、口令难以记忆、口令管理困难等问题。

4.7.1　图形口令概述

图形口令是利用人类对图形记忆要优于对文本记忆的特点设计出来的一种新型口令,通过识别或记住图形来进行身份认证。通过让用户在显示屏上显示的图像中按照特定的顺序进行选择,不用像文本口令那样记忆冗长的字符串。

图形口令能够提供比文本口令更强的安全性。我们可以通过增大图案库的容量来扩大口令空间,提高系统安全性的同时也不会降低可记忆性。对于这种新型的口令,很难采用现有的攻击方法来攻击。由于图片库大,使用暴力破解是不可行的,而传统的字符只有 94 个(包括空格),其口令空间受到限制。从攻击者的角度看,攻击者必须了解并精确复制系统图库,难度加大。图形口令采用鼠标输入,比传统口令的键盘输入更加难以猜测。攻击者使用间谍软件来跟踪键盘输入容易,但是跟踪鼠标输入困难,并且由于用户输入图形操作和用户当前所使用的图形窗口位置、大小以及时间信息都有关,盗取口令更加困难。从保管口令的角度看,图形中包含的信息庞大且不容易用语言描述,不容易泄露出去。随着平板电脑、智能手机等触屏设备的普及,图形口令的优势明显。

从技术上,图形口令可以分为两类:基于识别的图形口令和基于回忆的图形口令。

4.7.2　基于识别的图形口令

基于识别的图形口令系统要求用户在许多分散注意力的图像中选择目标图像,这个方法基于纯视觉记忆,利用识别先前看到的可视客体的能力。

基于识别的系统要求用户注册的时候预先选定一些特定图片,在验证阶段系统从图案库中随机产生一组图片,让用户从中间选择预先设定的图片,从而实现身份验证。这是一种基于系统提示和用户记忆的图形口令。

Passfaces 是由 RealUser 公司开发的一个身份认证系统,目前主要应用于 PDA 上。它基于人类识别人脸比识别其他图形都更容易的理论,利用人脸图片作为认证媒介。用户在设定口令阶段,从人脸数据库挑选出 4 幅图像作为口令。验证阶段,用户看到一个九个人脸组成的 3×3 网格,包括一个口令图像和 8 个迷惑图像。认证时,用户在屏幕上单击自己事先指定的人脸图片,该过程重复四次,用户全部选对预先设定的人脸图像就可以通过验证。因为人们对人脸记忆更容易,识别更迅速,因而缩短了验证时间。Passfaces 使用方便,但是口令空间小,安全性不高。另外,一些学者指出,这个系统并不适用于患有面孔不可识别症的人,因为他们不能识别不同的人脸。由于人有人种、性别、年龄等的区分,用户选择人脸时有一定倾向性,更加降低了 Passfaces 的安全性。

Passfaces 存在交叉分析攻击。在认证的每一轮中都会出现用户口令图片,而非口令图片出现的概率特别小,根据图片出现概率的差异能够分析出用户的口令信息。交叉分析攻击不用获取用户在登录系统时的输入信息,只是通过分析认证界面上出现的信息并通过计算概率来推理出用户的身份认证信息。另外,Passfaces 直接对口令图标进行操作,不能够有效地防止肩窥攻击。

在使用传统文本口令的情况下,用户只能依靠身体遮挡工作区来避免肩窥。在采用图形口令方法后,防止肩窥攻击要求即使偷窥者看到用户输入过程,但仍然无法确定用户设定的图形。

防止肩窥攻击的一种实现方式是由用户预先选择一些图形物体,在验证的时候系统显示出一个由许多图形组成的阵列,用户需要识别出这些物体,并且移动一个固定的框架使阵列中预先定义的物体全部落在框架中,通过多次重复此过程来防止随机选中的可能。

Sobrado 等人(如图 4.58(a)所示)提出的系统模型由用户目测出事先指定图形构成的三角形,在该虚构三角形当中,用鼠标单击以通过认证。之后,他们又提出了两个类似模型。一个通过旋转外框使指定图形和另外两个内框当中存在的指定图形成直线进行认证(如图 4.58(b)所示),另一个则由用户单击四个指定图形构成的两条虚拟直线的交叉点以通过身份认证,即问号上边的图像就是用户本次要输入的口令(如图 4.58(c)所示)。为了增强安全性,这些方法需要一个数量巨大的图像库或者附带一个图像生成程序,临时生成图片。

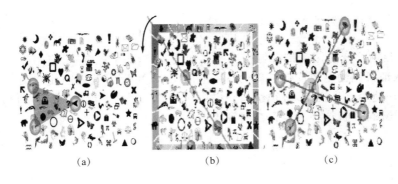

图 4.58   防止"肩窥"的图形口令

4.7.3   基于回忆的图形口令

基于无提示回忆的图形口令机制通常要求用户在注册阶段绘制一幅自由图形作为其口令,认证时要求用户在网格中画出先前画的客体。基于有提示回忆的图形口令机制一般为用户提供一张背景图片,要求用户通过鼠标或者手写输入设备选择背景图片上的某些位置形成一个点击序列作为用户的口令。

基于无提示回忆型的图形口令身份验证要求用户重复以前设定的一个过程。纽约大学的 Ian Jermyn 和贝尔实验室的 Alain Mayer 等人提出一种"画一个秘密"(Draw A Secret, DAS)方案(如图 4.59 所示)。DAS 用输入图形作为口令,是目前较广泛应用于触摸屏上的一种身份认证系统。DAS 提供一个 $N \times N$ 的二维网格,每一个网格均对应一个二维坐标 (x,y),且满足 $1 \leqslant x,y \leqslant N$。用户需要在这个网格上绘制图形来创建口令,主要操作分为两种:画线操作和提笔操作。用户在绘制过程中,笔画穿过网格的坐标将不断被记录并形成一组有序的坐标序列;当用户进行提笔操作时,DAS 将产生特殊的坐标 $(N+1, N+1)$ 来标识此事件。例如,初次使用系统时,用户在 4×4 的 2D 栅格上画出口令,系统记录图形口令为序列 $(2,2)$,$(3,2)$,$(3,3)$,$(2,3)$,$(2,2)$,$(2,1)$,$(5,5)$,这里 $(5,5)$ 是结束符号。

在验证阶段,系统显示同样的栅格要求用户重复原来的设定过程,如果用户画出的图形按照以前设定的顺序经过相同的方格则通过验证。许多研究者都在对 DAS 系统进行安全性分析。一些研究表明,用户的习惯降低了它的安全性。Jermyn 指出,用户更倾向于选择简单、可预测的图形和更中心的位置。调查表明,86%的用户在中心附近作画,45%的图案对称,29%的图案无效,80%以上的图案不超过 3 笔。因此不少研究者提出了改进方案。

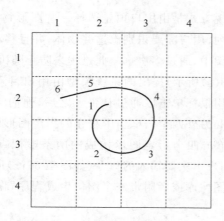

图 4.59　DAS方案

　　DAS方案目前广泛应用于带有触摸屏的移动设备上，如手机解锁、应用登录等（如图4.60所示）。这类认证机制的主要优点是理论口令空间很大，可以有效地防止暴力攻击，具有很高的安全性。但是使用这类机制，必须给用户提供额外的手写输入设备，或者用户必须能够熟练操作鼠标进行绘图，并且这种方案存在肩窥攻击。

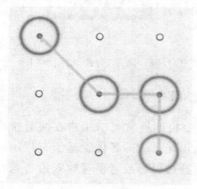

图 4.60　手机锁屏密码

　　DAS方案使用手写输入，存在污迹攻击（如图4.61所示）。污迹攻击是指，通过检测用户手指在屏幕上留下的油性残留物来重建手机登录密码或模式。这种方法只需使用普通的照相机和图像编辑软件即可。污迹攻击在破解DAS时相当有效，油性残留物上的条纹甚至能够显示出用户拖动手指的方向。

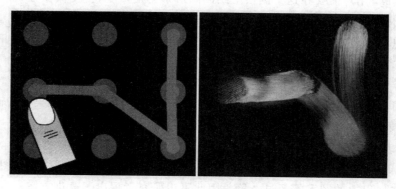

图 4.61　污迹攻击

PassPoints 机制是基于有提示回忆的图形口令机制。用户通过在虚拟环境中重复某一过程以通过认证。要求用户在一个图形上预先按顺序点击一些位置完成注册,在身份验证阶段重复此过程。

PassPoints 提供一些 2D 场景,认证过程完全看用户的选择,弹性非常大。如图 4.62 所示的卧室场景,用户按照顺序选择了一个闹钟、手表、钱包、项链,注意一定要点中要选的物品,在下次认证的时候如果按照同样顺序选择了那个闹钟、手表、钱包、项链,就通过了认证。

图 4.62　PassPoints 机制

有时候用户单击鼠标选取物品的时候,不能每次都正好选择在物品的边界线以内,从而很有可能产生误判。为了避免产生这种情况,对其做了改进,只要用户点中的位置在附近即可。也就是系统识别的时候是一个范围,是以用户输入的点为边界的一个有误差许可的阈值范围,而不是一个有固定边界的实体。

PassPoints 机制的优点是口令空间大,能有效地抵御试探性的猜测攻击,对图片的选择和点击区域都没有限制,任何图片都能作为背景供用户选择,用户可以任意顺序选择图片中的一些点作为其口令区域,因此具有较好的可用性。但该系统不能防止肩窥攻击。

随着虚拟现实技术的发展,目前已经出现了一些概念性的 3D 人机互动系统,它们的系统界面很真实,用户可以进行虚拟漫游。系统识别用户操作的物体坐标、行为等,确定是否认证成功。这样的系统提供的互动操作更多,并且可以结合现实中的物品,如借助读卡器在系统当中要求用户以磁卡进行操作或借助手写板要求用户在系统中进行手写识别等,从而大大提高了系统的安全性。只是就目前来看,这样的系统对硬件系统的要求比较高,目前还处在实验阶段。

4.7.4　混合型图形口令

混合型图形口令机制是为了克服单一类型图形口令机制的固有缺点,将两种或者两种以上的类型相结合而形成的图形口令机制。

1. 基于图形口令与文本口令结合的混合型图形口令机制

D. Hong 等人提出了能够防止肩窥的模型。D. Hong 提出的模型是图形和字母-数字口令相结合的,每个口令图标都有若干个变种,如图 4.63 所示,每个图片都有八种微小变化,且每个口令图标及其变种都有唯一的文本编码。认证中,用户需要从系统显示的一堆图标中找出口令图标并识别出当前的变种形式,然后输入当前口令图标变种的编码。

图 4.63　有微小变化的图片

用户初次使用这种系统的时候,首先需要从图片当中选择四种图形,然后对这四种图形的每种变化指定一个代表的字符串,不同的用户为相同的图片指定的字符串可以是不同的。

在认证过程中,系统会随机生成 11×11 个图形,其中有四个是用户事先指定的图形,而它们以何种变化出现是随机的。用户需要识别出这四个图片,然后在系统输入框中依次输入指定的字符串。

这种模型的认证过程复杂且耗时,但是它的安全性非常高。首先,它的口令空间很大。其次,它将图形和文字口令结合起来,选择相同图形的用户指定的文字口令不一定相同,因此每个用户的口令相对是独立的。最后,由于识别图形的过程是在用户的大脑当中进行的,并不对图形做任何操作,即使对这一过程进行监视,也无法知道用户指定的图形;由于每次出现的图形都不一定相同,用户输入的口令也不一定相同,即使被如键盘扫描、偷录等方法记录了某一次输入,也无法分析出用户的所有口令。

2. 基于图片识别与手动绘画相结合的混合型图形口令机制

注册时用户在图片库中顺序选择若干张图片作为口令图片并记住选择的顺序,登录时,认证界面中的图片经过了淡化处理并且图片显示位置随机,用户需要从"开始"方框开始,通过画线按规定顺序通过自己的口令图片,最后在"结束"方框中停止,即可完成认证,认证时所画的线必须一笔完成,中间不能间断。

4.8　基于验证码的认证

4.8.1　验证码概述

当前,有许多专门的破解工具可以在线暴力破解口令,对口令认证造成了极大的安全威胁。在线口令猜测主要的威胁是来自机器人的自动程序猜测攻击。目前抵御在线口令猜测的主要方式是使用验证码。最早的验证码是在 1997 年由 AltaVista 网络推出的。验证码是国内学者对全自动区分计算机和人类的图灵测试 CAPTCHA(Completely Automated Public Turing test to tell Computers and Humans Apart)的译义,是一种区分用户是计算机还是人的全自动程序。CAPTCHA 这个词最早是在 2002 年由卡内基梅隆大学的 Luis von Ahn、Manuel Blum、Nicholas J. Hopper 以及 IBM 的 John Langford 提出的。在 CAPTCHA 测试中,作为服务器的计算机会自动生成一个问题由用户来解答。这个问题由计算机生成并评判,但只有人类才能解答。这个测试是由计算机来考人类,而不是标准图灵测试中那样由人类来考计算机。图灵测试由图灵提出,如果一台计算机能和人类对话而不被识别出是机器即被认为通过图灵测试。图灵测试的目的是判断计算机是否具有人工智能。图灵测试中的裁判是人,而验证码需要机器裁判,人们称 CAPTCHA 是一种逆向图灵测试(Reverse Turing Test, RTT)。逆向图灵测试是一个区分人与机器的方法,因为 RTT 很容易被人识别,但是对于自动程序来说很难识别,因为它是基于人工智能难题设计的。

一个典型的 RTT 就是图形化的文本验证码,如图 4.64 所示。因此,目前在使用用户名和口令进行注册和登录之前,网络服务提供者要求用户通过 RTT,即在页面上要求填写附加码的表单才能正常进入账号,这样可以有效地抵御在线猜测攻击。由于每次页面访问的验证码都不相同,同时安全程度较高的验证码使得程序化的信息提取变得不可能,而必须由用户进行识别输入。人工因素的引入使得原本单位时间内高密度的攻击骤减,由基于机器计算能力的高频攻击转化为基于人工输入的低频攻击,针对简单口令的穷举攻击和字典攻击都将会耗费大量的时间和人力,从而导致口令遍历猜测的攻击方式失效。

图 4.64　图形化的文本验证码

验证码由服务器完成生成、分发、校验、后处理。首先,用户打开某个页面,发起获取验证码的请求,服务器接收到请求后,根据验证码生成规则,生成验证码,然后将生成的验证码分发到客户端,用户输入获取到的验证码,服务器检查收到的用户提交的验证码是否正确,如果正确则通过验证,如果不正确则需要进行后处理,如重新生成验证码。验证码只是为防止程序猜测等目的而生成的无意义的随机字符串,不需要用户记忆。验证码只对当前服务有效,并具备时效性,只在一定时间内有效。例如,一般网页规定验证码的有效时间为 5 分钟。

根据 Ahn 等人给出的定义,CAPTCHA 的硬性基本假设是基于人工智能(Artificial Intelligence,AI)问题的。基本上,CAPTCHA 利用一个具体的难以解决的 AI 问题来探索人与计算机能力可能存在的差异。一个典型的 CAPTCHA 必须具备下列属性:

(1) 服务器能够高效生成并校验验证码。

(2) 对于人类用户,应该是快而容易识别的。即可用性(Usability)要求,人类可以轻松通过验证码挑战。

(3) 对于人类用户,应该具有普遍的适用性,如色盲者难以识别图像中的某些颜色。

(4) 对于计算机,应该是难以识别的。即健壮性(Robustness)要求,验证码能够抵御计算机的攻击。

(5) 对于计算机,即使知道算法及数据,也应该是难以识别的。

根据验证码应该具有的属性,给出验证码评价指标:

(1) 产生验证码的效率。通常可以采用统计生成若干个(如 100 个)合乎要求的验证码所花费的时间和资源来进行评价。

(2) 计算机识别的难度。采用计算机识别工具对验证码识别的正确率进行评价,如光学字符识别(Optical Character Recognition,OCR)、视觉识别、非视觉识别等。

(3) 人类识别的难度。使用问卷调查、人工检验的方式,通过统计各类验证码的用户响应时间及准确性,完成评价。

为避免 CAPTCHA 过难而使网站损失用户,通常要求人类用户通过测试的时间小于 30

秒,用户通过率大于90%。CAPTCHA的设计和破解研究呈现出"设计-识别-再设计-再识别"的互相攀升现象,促使CAPTCHA研究不断向前发展,从而带来CAPTCHA机制的稳健性和可用性的不断提升。

CAPTCHA主要应用于网络账号的注册、登录、口令找回、评论发帖、投票、抢票、抢购商品等场合,用来防止撞库(暴力破解尝试登录)、批量注册、批量发帖、刷票、恶意爬虫对网站数据爬取、资源批量获取、批量发布垃圾信息等非正常的网络行为。

4.8.2　验证码的分类

验证码的种类较多,可分为静态验证码、行为式验证码和间接式验证码。静态验证码是用户所能直接得到或间接分析得到的验证码的值,根据验证码呈现方式的不同分为图片验证码(包括经过翻转、扭曲变形、添加背景等处理后的验证码)、问答式验证码、视频验证码等。

行为式验证码是需要用户直接的行为操作而得到的验证码。行为式验证码根据验证码的处理过程不同又可分为拖动式验证码(通过拖动指定的图标到特定位置的验证码)和点击式验证码(点击选择对应图标的验证码)。

间接式验证码是指需要借助第三方工具获得的验证码,如手机短信验证码、手机语音验证码、邮箱验证码等。移动互联技术的快速发展为手机短信验证和语音验证提供了技术支持和平台支撑。手机短信验证码和语音验证码逐渐成为主流的验证码。

常用的验证码有以下类别。

1. 文本验证码

文本验证码以图片为载体将随机或根据某种规则选择或生成的一组文本,经过图像处理后呈现给用户,用以区分用户是计算机还是人。通常文本验证码中都会加上干扰信息以避免被计算机识别,嵌入图片里的是扭曲和损坏的文本内容。这些图像一般很容易被人类识别,但其内容对于光学字符识别软件来说,通常是难以辨认的。

验证码的稳健性和可用性的矛盾是由于验证码既要人类易于识别又要满足不易被机器识别的特点决定的。基于文本的验证码由于其技术门槛低、成本低而被广泛使用,但极易受到光学字符分割攻击。

在文本验证码系统中,服务器生成随机文本字符串R,经变换成$\varphi(R)$后发送给用户,由于机器不能识别出变形图片$\varphi(R)$中的字符串R,只有人才能够识别,保证了客户端参与者必须是人,避免了攻击者利用机器进行自动的在线口令字典攻击。通俗地说,就是由服务器随机产生文本序列,然后与背景图片进行信息融合生成最终的验证码。

文本验证码有如下特点:文本验证码是随机生成的;验证码只是为防止程序猜测等目的而生成的无意义字符串,不需要用户记忆;验证码只对当前服务有效,并具备时效性,只在一定时间内有效。例如,一般网页规定验证码的有效时间为5分钟。

验证码作为一种安全技术,安全强度主要基于图像识别的难度,根本就在于其具备一定的信息隐藏性,使得一般程序化手段难以进行提取,因此,提高验证码的安全性,必须从增加信息提取难度入手。

文本验证码从两个方面增加了信息提取难度:一方面,在信息传输和页面显示中不存在直接可提取的验证码文本,要进行图像-文本的程序转换必须通过图像识别;另一方面,针对图像识别技术,可在信息融合过程中添加干扰信息,同时进行图像混杂、扭曲或变形处理,增加图像识别的难度,从而提高图像识别的算法复杂度,降低识别正确率,以达到用户可识别,而无法进行程序化识别的最终目标。

提高文本验证码的安全强度,一是文本使用较多的字符种类与字体种类,使计算机识别复杂化。字符种类有字母、数字、汉字、符号。字体种类有宋体、草书、行书、艺术字体、空心字体等。二是对图片的背景干扰、前景变形和信息码变换。干扰种类越多,计算机去除干扰的能力越差,当然人类识别的难度也随之增大。

- 背景干扰:选择变化的背景图片,是降低图像识别率的基本方法。通常有不同的背景色、背景点、背景图、渐变背景色、网格背景等。对背景图形进行凹凸化、球状扭曲等变换。为了干扰字符位置的检测过程,一些文本验证码将字符嵌入复杂的背景当中,如街景。最著名的机制是 Google 的 reCAPTCHA 街景版本,它直接将街景中的门牌号作为验证码。

- 前景变形:通过对前景图形(通常是数字、字符、汉字等)进行倾斜、旋转、扭曲、膨化、波浪化、风化、空心化等变形,改变颜色、位置、大小等方法干扰图像的识别。例如,使用水波效果、水滴效果等字符扭曲手段,增加图像切割、识别的复杂度。采用不同字符旋转角度不同的方式增加切割的复杂度。空心机制的主要特征则是字符仅由轮廓线构成。变化的文本验证码长度增加随机性,这指的是一张验证码图片中所包含的字符个数并不固定不变。

- 信息码变换:包括添加干扰线(噪线)、对字符叠加等。例如,使用干扰线使相邻文字粘连,增加图像切割难度。噪线可以分为两种,一种是细噪线,另一种是粗噪线。利用相邻字符前后重叠粘连在一起增加计算机图像分割的难度。双层结构的字符重叠是两个单层验证码在竖直方向的组合,即上层与下层字符上下重叠粘连。

文本验证码包括文字输入型、文字点选型。对于文字输入型的文本验证码,用户需按次序输入图中字符。对于文字点选型的文本验证码,用户需按照顺序点击图中文字。

2. 图像验证码

随机或根据某种规则选取若干图像,将这些图像呈现给用户,用以区分用户是计算机还是人。通常这些图像中有一个或一组具备某一个共同的特点,例如,点击包含路标的所有图。这种基于图片分类的验证码是当前应用比较广的一种验证码,优势是验证过程简单,并且可以通过调整图片物品种类的相似度来加强验证强度,不易被计算机识别;缺点是用来验证的图片相似度不好控制,容易使本该通过的人类验证失败,因为过于相似人类也不易识别,同时它对图像库以及问题库的大小要求比较高,图像库越大,越难出现重复,验证码的安全性也就越高。

图像验证码提出在八张小图片中选择需要点击的所有物体才能验证成功,少点或错点都会验证失败,由于验证码物体类型繁多,像素低,往往会给使用者带来不便,错误率高。例如,点击 8 幅头像中所有的姚明头像,点击图中嵌入的所有图标。

3. 滑块验证码

动态认知游戏(Dynamic Cognitive Game,DCG)验证码要求用户进行一系列游戏式的认知任务以通过验证,相比文本验证和图像验证在用户体验上有了很大改善。动态游戏验证码的游戏形式多样,有在给定图案中选中并拖动到匹配位置,有识别图片方向并旋转到指定位置。

滑块式验证码是动态认知游戏验证码的典型代表,它要求用户拖动滑块到目标位置,相比于肉眼识别字符或图片,这种验证方式的交互过程更为有趣,因此在很多主流平台上,滑动验证日渐替代了先前流行的文本和图像验证方式。

　　滑块验证码是一种基于位置的验证码。随机或根据某种规则选择或生成一个或一组位置信息,将这些位置信息以某种方式呈现给用户,滑块验证码将拼图拖拽至缺损位置处进行验证。由于后台会对用户将滑块拖动到指定位置的鼠标路径进行判断,因此滑动的轨迹必须要根据人类控制鼠标滑动的特点来进行生成。滑块验证码的出现很大程度上提高了验证码的安全性能,能够很好地区分人和机器,防止暴力破解。

　　绕过滑块验证的过程主要分为两个步骤:首先根据前端呈现的图像找到滑块需要滑动到的目标位置;然后根据目标位置的偏移距离,获得一条相应的滑动轨迹,根据这条轨迹用脚本模拟人类进行鼠标轨迹的拖动,滑块虽然只是简单的向右拖动,但在过程上会去判断加速、减速等过程,鼠标拖动过程也并非是直线滑动,其间是一个在一定范围内连续的曲线运动,程序很难去模拟。

　　图 4.65 是滑动拼图式的滑块验证码,要求滑动完成拼图。

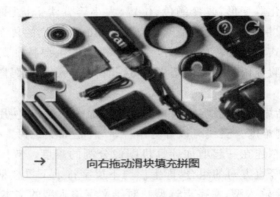

图 4.65　滑动拼图式的滑块验证码

　　图 4.66 是推理拼图式滑块验证码,要求拖动交换两个图块复原图片,图片完整性推理结合生物行为轨迹,保障验证安全。

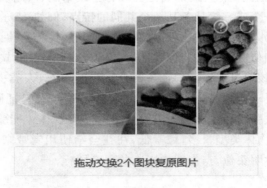

图 4.66　推理拼图式的滑块验证码

4. 鼠标手势验证码

　　在验证码图片中,系统给出了一个带有箭头的折线。用户需要按照给出的验证码图案上的有向折线(手势),用鼠标绘制出相应的折线。系统获取到用户绘制的鼠标手势后,计算鼠标手势与图片中折线的相似度,当相似度大于给定阈值时,即认为该用户通过了验证。

5. 声音音频验证码

　　声音验证码通常作为视觉验证码的补充。随机或根据某种规则选取一组经过处理的声音信息,如将一些单词的声音片段和一些随机选择的混扰杂音放在一起输出,使用者需识别其中声音的内容。这种系统是利用人和计算机在语音识别方面的差异实现的。对于一些视觉存在弱化的人群来说,以语音作为 RTT 系统是十分有用的,它们可以用来代替基于文本的 CAPTCHAs。口音的不同,尤其是方言的引入,能够有效地防止计算机识别,如英式英语、美式英语、方言等。

6. 视频验证码

系统给用户播放视频让其进行验证,系统将数字、字母、中文等字符动态地嵌入 MP4、FLV 等格式的视频中,验证码视频从视频库中动态选取,视频中的验证码使用字母、数字等随机组合,字体形状、大小的变化,速度的快慢变化,显示效果和轨迹的动态变换,增加了恶意抓屏破解的难度,具有较高的安全性。

7. 基于常识的验证码

随机或根据某种规则选取一道问题,将被选取的问题呈现给用户,用以区分用户是计算机还是人,也称基于问答的验证码。选取的问题可能需要用户根据自身知识分析判断得出答案,这些问题可以是文学常识、历史知识、算术计算、单词补全、成语补全、技术知识、网站信息、个人信息、逻辑推理等。

与基于图像的验证码类似,基于常识的验证码要求问题库足够大,能够有效地避免计算机获取所有常识库人工解答最终自动破解的发生。常识库要持续更新,常识库的更新频率,尤其是与用户相关的常识库(如访问过的网站、购买过的产品等)的更新频率直接影响验证码的安全。

基于常识的验证码能够与文本验证码结合,用户首先需要识别出验证码中以文本图片方式展示的常识问题,经过推理得到答案,再将答案作为输入,而不是像文本验证码那样直接输入图中字符。

8. 短信上行验证码

短信上行验证码需要发送指定的随机数字短信到指定平台进行验证。

9. 广告验证码

让用户在输入验证码的同时阅读广告。目前的广告验证码都是基于传统验证码的,如图片验证码。可能是以某广告图片为背景再附上验证码,也可能验证码就是广告词等。

10. reCAPTCHA

2005 年冯·安创造了一个新概念"人本计算"(Human-based Computation),即把人的脑力和计算机的能力结合起来,完成两者都无法单独完成的工作。他提出 reCAPTCHA 项目,主要用于把互联网出现前的纸质典籍数字化。思路是这样的:验证码系统会向用户出示两个单词,一个是正常的自动生成扭曲文字,另一个则来自纸质典籍的扫描版,它们通常因为年代久远、纸上有污点等原因难以被 OCR 程序识别。用户输入验证码时,只要第一个单词输入正确就可以被判别为人类。系统默认输入的第二个单词正确,并与其他用户的输入结果进行对比,如果多名用户的答案一致,这个词的数字化就完成了。推出之初,reCAPTCHA 每天就能录入 3 000 万个字符。2009 年,Google 收购了 reCAPTCHA,它也在 Facebook、Twitter、CNBC 中使用。在抵御自动化程序攻击的同时,Google 图书中难以被自动识别的扫描版的古老典籍借助 reCAPTCHA 得以数字化。

11. NoCAPTCHA

2014 年，Google 推出了不需要输入验证码的验证系统，用户只需要单击一个"我不是机器人"的复选框，就能判别是不是真正的人类。工作机制是跟踪用户点击验证框之前、当时和之后的行为，比如在网页上花费的时间，从而来判断是否是人为操作。该系统用户不需要任何输入，具有较好的使用体验。不足是 Google 掌握了越来越多的用户隐私。如果被系统误判为机器人，则可使用图像验证码，从一堆图片中选出正确的目标。

对验证码的攻击主要是通过人工智能的算法识别验证码，另外一种攻击是利用打码平台（网赚平台）。打码平台利用低廉的佣金吸引闲暇时间比较多的人来帮忙人肉识别验证码，然后把识别好的文本回传给脚本。

4.8.3 Pinkas-Sander 协议

为了避免用户每次登录都要输入验证码，Pinkas 和 Sander 于 2002 年提出了一种基于验证码的口令认证协议，提高了系统的可用性。协议描述如下。

1. 初始化

一旦用户成功登录，服务器就在该用户计算机上存储一个 cookie，里面包含用户的认证记录和可能的有效期。

2. 登录

（1）用户输入用户名和口令。如果计算机包含登录服务器存储的 cookie，那么这个 cookie 将被服务器提取。

（2）服务器验证用户名是否合法，口令是否正确。

（3）如果用户名/口令对正确，那么

① 如果 cookie 被正确验证，没有过期，并且存储在 cookie 里的用户身份记录与用户输入的用户名一致，那么用户被授权访问服务器。

② 否则（没有 cookie，或者 cookie 没有被认证，或者存储在 cookie 里的用户身份和输入的用户名不一致）服务器产生一个 RTT 发送给用户。如果用户正确回答了 RTT，那么该用户被授权访问服务器。

（4）如果用户名/口令对不正确，那么

① 用户以概率 p 被要求通过一个 RTT（这里 p 是一个系统参数，比如 $p=0.05$）。无论回答正确与否，当服务器收到回答时都会拒绝用户访问。

② 用户以 $1-p$ 的概率被立即拒绝访问服务器。

4.9 具有隐私保护的认证密钥交换协议

随着电子商务的发展，隐私问题也越来越突出，已经成为影响电子商务成长的关键因素之一。在电子现金、电子投票、电子选举、电子拍卖、匿名消息发布、匿名浏览等一些具体应用中，客观要求保护用户的身份和其他用户敏感信息。隐私业务的需求使得隐私增强技术的研究逐步深入。在隐私保护方面，除了法律与管理外，技术是解决隐私问题最有效、直接和廉价的手段。

4.9.1　可否认的认证密钥交换协议

在可否认认证协议中,接收方 Bob 能够认证收到的消息 M 是由预期的发送方 Alice 发送的,并在传输过程中没有出现差错,事后,发送方 Alice 能够否认曾经向 Bob 发送过该消息,我们假设通信信道完全被敌手控制,敌手能够记录所有的通信。Bob 能够使用他的私钥验证被认证的消息,但他没有能力向第三方证明该认证消息是由 Alice 生成的,即使 Bob 愿意向第三方泄露他的私钥。这是因为 Bob 能够利用他的私钥产生相同的认证消息,因此第三方不能区分出该认证消息是由谁产生的。可否认认证协议可用于电子商务以保护发送者的隐私。

基于身份的可否认认证协议有如下的安全性质:

(1) 认证性,预期的响应方能够确信消息源;

(2) 可否认性,预期的响应方不能向任何第三方证明消息源。

可否认认证协议的目标是接收者能够确认给定消息的来源,但不能向第三方证明消息发送者的身份。可否认认证协议是电子选举系统中选民免遭胁迫及通过 Internet 进行安全谈判的工具。

- 在电子选举中不受胁迫:记 S 为投票者,R 为计票中心。假设某个人强迫投票者 S 选举一个他不想投票的候选人。S 被要求发送他的选票 M,连同他的认证信息给计票中心 R,从而 R 能够确信选票来自 S 而不是其他人。因此,S 期望即使 R 与其他人合作,R 也不能向第三方证明选票 M 来自 S。也就是说,即使 R 与其他人合作,第三方也能够怀疑接收者提供的证据的真实性。在这种情况下,任何人都不能强迫选举者把选票投给一个预定的候选人,因为没有证据证明选票 M 来自投票者 S。为了使电子选举系统中的选民免遭胁迫,我们需要可否认认证协议,使得计票中心既能确信给定消息的真实来源,又不能向第三方证明发送者的身份。

- 通过 Internet 进行安全谈判:记 S 是一个消费者,R 是一个商人。假设 S 想从 R 处订购商品。典型地,S 向 R 出价 M,同时为 M 立下证据。S 期望能够阻止 R 向其他人出示他的出价 M 以便得到一个更好的价格。而 R 则需要确信出价 M 确实来自 S。因此我们需要可否认认证协议使得接收者能够鉴别出消息来源,同时又不能向第三方证明发送者身份。

4.9.2　通信匿名的认证密钥交换协议

匿名性是隐私的一个主要特征。在一些具体应用中,除了通信双方,用户可能不希望暴露自己的身份给第三方,如果在认证阶段明文传输用户的身份信息则暴露了用户的身份。

通信匿名认证协议要求通信者的身份信息不被泄露,即第三方无法将通信者的身份与通信双方之间交换的信息相关联。这类协议有效地保护了参与通信的实体的身份信息,而且服务器是提供服务的实体,所以如果需要服务器可以对通信者的身份进行认证。即在通信匿名认证协议中,外部攻击者是不能知道谁在进行通信的。

通信匿名认证协议通常满足如下安全属性。

(1) 用户身份匿名:如果用户与服务器成功地建立了一个会话密钥,则攻击者不能获得用户的身份信息。如果攻击者攻破了一个会话密钥,攻击者仍然不能获得该次会话的用户身份信息。匿名性可确保除通信双方之外,任何人都不能知道谁在和谁通信。

（2）用户身份前向匿名：如果攻击者攻破了一个或多个实体的长期密钥，攻击者仍然不能获得利用该长期密钥建立会话的用户身份信息。

（3）不可关联：攻击者不能区分同一个用户的两次不同通信。

4.9.3 用户匿名的认证密钥交换协议

用户匿名要求通信一方向另一方隐藏身份。在传统的认证方案中，用户第一次注册时向服务器提交他的身份 ID 和密码 PW，服务器将 ID 和 PW 对存储到数据库。当已注册用户需要登录服务器时，他首先发出认证请求（包括 ID）。这种方案会产生一个问题，假设一家网上药店，服务器的管理员可能通过匹配他们的身份和购物单故意收集所有用户的隐私信息，然后将它们卖给对此感兴趣的人。这些信息的泄露可能导致匿名敌手泛滥，所以就要求方案要提供用户匿名性。

一种很容易实现用户匿名性的方法是分配一个昵称给每个用户，每个用户用他的昵称而不是真实身份登录，从而实现与服务器之间的密钥交换。但是这种方法有时候并不适用，因为服务器也可能将用户身份与昵称进行配对。Anonymizer 代理也可以解决用户匿名问题，它可以防止通过拦截真实 IP 地址的在线追踪。用户可以通过 Anonymizer 变更他们的 HTTP 包的路线，从而获得匿名性。这个方案存在的问题在于可信中心，Anonymizer 能够拦截所有的匿名用户活动。用户匿名性还可以通过数字签名来实现，群签名使得每个群成员可以利用群组进行匿名签名而不泄露自己的身份，群签名验证者不能获知谁是真正的签名者。当然，也可以通过环签名实现用户匿名性，签名者将许多人的公钥作为输入进行签名，签名验证者不知道谁是这个公钥列表中真正的签名者。

用户匿名的认证协议中，用户与服务器建立会话，一旦会话建立，服务器不知道在跟谁通信。

4.10 会议密钥协商

自从著名的 Diffie-Hellman 协议提出以来，许多两方密钥协商协议和多方密钥协商协议被提了出来，其中多方密钥协商也叫会议密钥协商或群组密钥协商。它是一种群组成员在公开信道上通信，联合建立一个共享的秘密密钥，并利用该密钥来保证消息的保密性和完整性的密钥建立技术。随着网络应用的发展，越来越多的群组通信需要进行密钥协商，以建立共同的会话密钥进行加密传输，诸如电话会议、网格计算、视频会议等。

通常，在一个群组密钥协议中，每个成员的地位是平等的，在计算过程中无先后之分。群组中的每个成员都有一个基于公钥基础设施（PKI）的密钥（公钥、私钥），他们利用有关的认证协议把各自提供的参数安全地广播出去，最后每个成员利用自己的私钥及组群中所有成员提供的参数，计算出一个共同的组密钥。非组内成员虽然能够通过窃听等手段获得成员在网络中传递的参数，但却无法计算出相应的群组成员的共享密钥。

我们说，一个安全的群组通信至少要满足以下 5 个方面的安全性需求。

（1）群组安全。非群组成员无法得到群组通信密钥。

（2）前向安全。一个成员离开群组后，他无法再得到新的密钥，从而保证其无法解密离开后的通信数据。为实现前向安全,在成员离开群组后,必须进行密钥的更新。

(3)后向安全。新加入的成员无法得到先前的群密钥,从而保证其无法解密加入前的通信数据。为实现后向安全,在成员加入群组后,同样也需要进行密钥的更新。

(4)抵抗合谋攻击。避免多个群组成员联合起来破解系统(或减少发生的概率)。

(5)密钥独立。一个通信密钥的泄露不会导致其他密钥的泄露。

同时还要满足以下 5 种服务质量的需求。

(1)低带宽占用。尽量降低密钥更新时传送的消息数,特别是对于成员变化频繁的动态群组。最理想的情况是消息数独立于群组的规模。目前一些方案提出了常数轮密钥协商协议。

(2)低通信延迟。正如军事通信对数据传输要求低延迟一样,其他一些特殊的网络应用,比如实时的网络广播,对网络延迟的要求也比较高。因此,一个密钥管理方案的设计必须考虑尽量降低数据传输的延迟,以使群组成员能够及时地获得密钥。

(3)1 影响 N。在一个群组中,一个成员的变动可能会影响其他所有的群组成员。特别是在动态的群组管理中,一个成员的变动(加入、离开)会迫使其他所有的成员进行密钥的更新。这也正是子群密钥管理方案提出的主要动因。

(4)服务稳健性。在一个密钥管理方案中,当部分群组成员失效时,安全多播仍然能够正常进行。

(5)服务可靠性。确保密钥管理方案在不可靠的网络环境中正确实行。

2001 年,Bresson 等人提出了一个基于传统公钥技术设计并采用环形通信模式的群组密钥交换协议。协议过程大体分为两个阶段:群组中的每个成员在收到消息后首先都要进行验证,当验证通过后,会计算出一些秘密信息,并且将该信息按照一定的方法添加到收到的消息当中,再将此信息转发给下一个成员。当执行到组群中的第 N 个成员的时候,他会生成一个临时的验证密钥,再将含有此密钥的消息广播给所有的群组成员,至此,完成了协议的一次循环。下一阶段,群组中其他成员在收到广播消息后,根据消息中的内容和自己保存的一些信息也要计算出一个临时验证密钥,如果此密钥与收到的密钥相等,计算生成一个共享密钥。

假设用户 U_i 只接收来自 U_{i-1} 的消息并只将消息发送给 U_{i+1}。规定下列符号:

- p:足够大的素数;
- q:素数,满足 $q \mid p-1$;
- G:阶为 q 的 Z_p^* 的子群;
- g:G 的生成元;
- U:协议参与者的集合;
- n:U 中成员个数;
- U_i:U 中第 i 个成员;
- x:U_i 在区间$(0, p-1)$中随机选取的整数;
- ID:群成员 $U_1, U_2, \cdots, U_n$ 的身份的集合$\{U_1, U_2, \cdots, U_n\}$;
- $\text{Sig}_{U_i}(\text{Fl}_i)$:$U_i$ 用其私钥对发送的消息 $\text{Fl}_i = \{\text{ID}, X_i\}$ 进行的签名;
- $V(\text{Fl}_i)$:验证消息 Fl_i 的消息源和完整性,即验证签名的正确性;
- SK:共享的会话密钥;

- $H(\cdot)$：单向哈希函数。

协议的具体过程如下（如图 4.67 所示），以 4 个参与者为例，$\text{ID}=\{U_1,U_2,U_3,U_4\}$，$\text{SK}=\text{sk}=H(U_1,U_2,U_3,U_4,\text{Fl}_4,g^{x_1x_2x_3x_4})$。

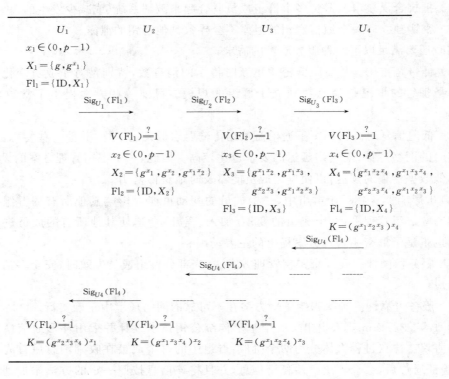

图 4.67　协议 AKE

（1）U_1 随机选择 $x_1\in(0,p-1)$，计算 $X_1=\{g,g^{x_1}\}$，$\text{Fl}_1=\{\text{ID},X_1\}$，向 U_2 发送消息 $\text{Sig}_{U_1}(\text{Fl}_1)$。

（2）U_2 验证 $\text{Sig}_{U_1}(\text{Fl}_1)$ 非重复，则随机选取 $x_2\in(0,p-1)$，计算 $X_2=\{g^{x_1},g^{x_2},g^{x_1x_2}\}$，$\text{Fl}_2=\{\text{ID},X_2\}$，然后向 U_3 发送消息 $\text{Sig}_{U_2}(\text{Fl}_2)$。

（3）$U_i(1\leqslant i\leqslant n-1)$ 验证 $\text{Sig}_{U_i}(\text{Fl}_i)$ 非重复，则随机选取 $x_i\in(0,p-1)$，计算 $X_i=\{Y_i=g^{x_1x_2\cdots x_i}Y_i^{x_i-1},\cdots,Y_i^{x_i-1}\}$，$\text{Fl}_i=\{\text{ID},X_i\}$，然后向 U_{i+1} 发送消息 $\text{Sig}_{U_i}(\text{Fl}_i)$。

（4）U_n 验证消息 $\text{Sig}_{U_{n-1}}(\text{Fl}_{n-1})$ 非重复，则随机选取 $x_n\in(0,p-1)$，计算 X_n，$\text{Fl}_n=\{\text{ID},X_n\}$ 并广播消息 $\text{Sig}_{U_n}(\text{Fl}_n)$，然后计算 $K=(g^{x_1\cdots x_{n-1}})^{x_n}$ 和共享密钥 $\text{SK}=\text{sk}=H(\text{ID},\text{Fl}_n,K)=H(U_1,U_2,\cdots,U_n,\text{Fl}_n,g^{x_1x_2\cdots x_n})$。

（5）每个 $U_i(1\leqslant i\leqslant n-1)$ 接收到消息 $\text{Sig}_{U_n}(\text{Fl}_n)$ 后，都验证 $\text{Sig}_{U_n}(\text{Fl}_n)$ 非重复，然后计算 $K_i=(g^{x_1\cdots x_{i-1}x_{i+1}\cdots x_n})^{x_i}$ 和共享密钥 $\text{SK}=\text{sk}=H(U_1,U_2,\cdots,U_n,\text{Fl}_n,g^{x_1x_2\cdots x_n})$。

协议中还提供了两种认证机制。一是用户间的双向认证（如图 4.68 所示）。U_n 广播生成的验证信息 $\text{Auth}_{U_n}=H(\text{sk}_{U_n},n)$，群组中其他成员在收到广播消息后，根据消息中的内容和自己保存的一些信息，计算 $\text{sk}'_{U_i}=H(\text{sk}_{U_i},0)$，然后验证和收到的信息是否相等，如果相等，计算生成一个共享密钥 $\text{SK}=\text{sk}'=H(\text{sk},0)$。协议规定只有通过了认证才能最终完成密钥协商，从而有效地保证了其安全性。二是相互认证。和双向认证相似，群组中的所有成员都广播消息 $\text{Auth}_{U_i}=H(\text{sk},i)$，并验证收到的消息。

U_i	U_n
Come up with SK＝sk_{U_i}	Come up with SK＝sk_{U_i}
$\text{Auth}_{U_n} \overset{?}{=} H(sk_{U_i}, n)$　　$\xleftarrow{\text{Auth}_{U_n}}$　$\text{Auth}_{U_n} = H(sk_{U_n}, n)$	
$sk'_{U_i} = H(sk_{U_i}, 0)$　　　　　　　　　　　$sk'_{U_i} = H(sk_{U_n}, 0)$	

图 4.68　用户间的双向认证(SK＝sk′＝H(sk,0))

该协议存在如下攻击。假设攻击者 A 通过窃听已经获得了协议 AKE1 某一次执行的所有消息,那么攻击者通过重放 U_1 的消息 Fl_1 可以在当前群组中触发新一轮的协议交互,因为攻击者重放的消息确实是 U_1 产生的合法的消息,对 U_2 来说是验证 $V(Fl_1)＝1$ 是成功的。之后 U_2、U_3 和 U_4 会按照真实的协议流程进行交互并最终生成新的群组密钥。最终 U_2、U_3 和 U_4 产生新的群组密钥,由于 U_1 并没有参与新的协议交互,其维护的群组密钥仍然为旧密钥。

协议执行结束后,U_2、U_3 和 U_4 会以为他们和 U_1 成功地进行了一次群组密钥交换,但实际上 U_1 并没有参与协议交互。而且由于群组中生成了新的密钥,这会导致 U_1 无法正确地接收和发送群组消息,从当前群组中无辜地被隔离出去。因此协议 AKE1 在成员中生成了不一致的群组密钥,是一个不安全的协议。

群组会话密钥建立以后,有的情况下有成员动态变化的情况,显然重新运行协议建立新的会话密钥代价太高,不可行。我们称成员个数固定的协议为静态群组协议,可以有动态变化的协议称为动态群组协议。一般动态的群组协议包括在成员加入或退出时的密钥更新子协议。

习　题　4

1. 认证协议中一次性随机数有什么作用?

2. Diffie-Hellman 密钥预分配协议易受中间人攻击,即攻击者截获通信双方通信的内容后可分别冒充通信双方,以获得通信双方协商的密钥。详细分析攻击者如何实施攻击。

3. 判断以下的口令认证协议是否存在离线字典攻击。

假设客户端 ID_i 拥有口令 PW_i,服务器端保存客户的口令镜像 $H(ID_i, PW_i)$,其中 $H()$ 是公开的安全的 Hash 函数,$\oplus$ 表示异或操作。敌手可以截获网络上来往的所有信息。

(1) 客户输入标识 ID_i 和口令 PW_i,计算 $HPW_1 = H(ID_i, PW_i)$,选取随机数 R_C,计算 $M_1 = R_C \oplus HPW_1$,发送给服务器 ID_i, M_1。

(2) 服务器收到 ID_i、M_1 后,根据 ID_i 查找到口令镜像 HPW_1,即存储的 $H(ID_i, PW_i)$ 值。由 M_1 计算出 $R_C = M_1 \oplus HPW_1$,选取随机数 R_S,计算 $M_2 = R_S \oplus HPW_1$,发送给客户端 M_2。

(3) 客户端计算 $R_S = M_2 \oplus HPW_1$,计算认证信息 $AUTH = H(HPW_1, R_C, R_S)$,发送 ID_i、AUTH 给服务器。服务器收到后,通过验证 AUTH 的正确性来认证客户端。

4. 随着网络技术的发展,匿名认证协议受到越来越多的重视。下面这个协议是一个基于口令的匿名认证与密钥交换协议,它试图不使用群签名(或环签名)在用户与服务器之间建立会话密钥而不泄露用户的身份。分析这个方案,看它是否能够实现用户匿名性。

设 $G = <g>$ 是阶为 q 的有限群,$S: \{0,1\}^* \to G$ 是满域的 Hash 函数,$H_0, H_1: \{0,1\}^* \to$

$\{0,1\}^l$ 是两个随机 Hash 函数（l 是安全系数），客户 C_i 与服务器 S 共享密钥 pw_i，且 $PW_i = S(i, pw_i)$。协议过程如下。

（1）S 选择 $r_S \in_R Z_q$，所有的属于 Γ 的 n 个客户产生 $A_j = PW_j^{r_S} (1 \leqslant j \leqslant n)$，S 发送（S，$\{A_j\}_{1 \leqslant j \leqslant n}$）给 C_i；

（2）C_i 检验 $\{A_j\}$ 中的值是否都不相同，如果不这样 C_i 终止协议，否则 C_i 从 $\{A_j\}$ 中选择 A_i，并选择两个随机数 $r_C, x(\in Z_q)$，然后 C_i 计算 $X = g^x$，$Z = A_j^{r_C}$，并产生 $X^* = Z \cdot X$ and $B = PW_i^{r_C}$。最后 C_i 发送（X^*，B）给 S；

（3）S 计算 $Z' = B^{r_S}$（r_S 是随机数），$X' = X^*/Z'$。然后 S 随机选择 $y(\in Z_q)$，计算 $Y = g^y$ 和 $K' = X'^y$，产生认证式 $Auth_S = H_1(Trans \| Z' \| K')$ 以及会话密钥 $sk = H_0(Trans \| Z' \| K')$，这里 $Trans = \Gamma \| S \| \{A_j\} \| X^* \| B \| Y$。最后他发送（$Y$，$Auth_S$）给 C_i；

（4）C_i 计算 Diffie-Hellman 值 $K = Y^x$，并检验 $Auth_S$ 是否等于 $H_1(Trans \| Z \| K)$。如果不，则终止协议。否则，他计算会话密钥 $sk = H_0(Trans \| Z \| K)$ 并接受。

5. 下面给出的是一个基于口令的认证与密钥协商协议（PAKA）。假设 Alice 与 Bob 是通信双方，他们共享密钥 π。在协议开始前，Alice 与 Bob 可以共同计算两个整数 Q 和 $Q^{-1}(\in \pi)$。$h(): \{0,1\}^* \to \{0,1\}^{l(k)}$，$k$ 是安全系数（足够长，可以抵抗蛮力攻击），$l(k) \geqslant 2k$，即它是抗碰撞的单向 Hash 函数，它具有随机预言机的能力。为了简便，这里忽略"mod p"。协议的具体过程如下。

（1）Alice 选择 $a \in_R Z_p^*$，并计算 $X_A = g^{aQ} \oplus Q$，然后将 X_A 发送给 Bob。

（2）Bob 选择 $b \in_R Z_p^*$，计算 $X_B = g^{bQ^{-1}} \oplus Q^{-1}$，然后将 X_B 发送给 Alice。在等待来自 Alice 的消息时，Bob 计算 $K_B = (X_A \oplus Q)^{bQ^{-1}}$，$V_A' = h(A, X_B, K_B)$ 以及 $V_B = h(B, X_A, K_B)$。

（3）接收到来自 Bob 的消息后，Alice 计算 $K_A = (X_B \oplus Q^{-1})^{aQ} = g^{ab}$，$V_A = h(A, X_B, K_A)$，然后发送 V_A 给 Bob。当等待来自 Bob 的消息时，她计算 $V_B' = h(B, X_A, K_A)$。

（4）接收到 Alice 的消息后，Bob 检验 $V_A \stackrel{?}{=} V_A'$，如果等式成立，他确信 K_A 是合法的，并发送 V_B 给 Alice。

（5）接收到 Bob 的消息后，Alice 检验 $V_B \stackrel{?}{=} V_B'$，如果等式成立，他确信 K_B 是合法的。

（6）最后，Alice 和 Bob 各自计算共同的会话密钥 $K = h(K_A) = h(K_B) = h(g^{ab})$。

该协议存在服务器遭受侵害情况下的假冒攻击，试分析该攻击过程。

6. 考虑图 4-69 所示的双向认证协议，客户端 Alice 与服务端 Bob 共享密钥为 K_{AB}，H 为公开的安全 Hash 函数。试分析一个恶意的攻击者即使不知道 K_{AB} 也能够发起并行会话攻击假冒 Alice。如何改进该协议以避免上述缺陷。

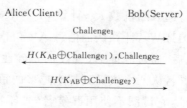

图 4-69 习题 6 用图

7. 假设 Alice 与服务器 Server 共享对称密钥 K_{AS}，Bob 与 Server 共享对称密钥 K_{BS}。在

协议中,服务器生成密钥 K 并通过如下协议分发给 Alice 和 Bob, N_A 与 N_B 是一次性随机数。

（1）Alice → Bob：A, N_A

（2）Bob → Server：$B, \{A, N_A, N_B\}_{K_{BS}}$

（3）Server → Alice：$\{B, N_A, K\}_{K_{AS}}, \{A, K\}_{K_{BS}}$

（4）Alice → Bob：????

问：第（4）步中发送的消息是什么？ 如果第（2）步消息改成 $\{B, N_A\}_K$, $\{A, N_B, K\}_{K_{BS}}$, 协议是否存在已知会话密钥攻击？ 为什么？

8．举两个 OAuth 协议应用实例。

第 5 章

零知识证明

零知识证明是一种协议,这种协议的一方称为证明者,它试图使被称为"验证者"的另一方相信某个论断是正确的,却不向验证者提供任何有用的信息。

5.1 零知识证明的概念

零知识证明可以向另一方证明自己拥有某种信息而无须暴露该信息给对方。零知识证明(Zero-knowledge Proof)起源于最小泄露证明。设 P 表示掌握某些信息,并希望证实这一事实的实体,V 是证明这一事实的实体。假如某个协议向 V 证明 P 的确掌握某些信息,但 V 无法推断出这些信息是什么,我们称 P 实现了最小泄露证明。不仅如此,如果 V 除了知道 P 能够证明某一事实外,不能够得到其他任何知识,我们称 P 实现了零知识证明,相应的协议称作零知识协议。

在最小泄露协议中满足下述两个性质:

(1)P 无法欺骗 V。换言之,若 P 不知道一个定理的证明方法,则 P 使 V 相信他会证明定理的概率很低。(正确性)

(2)V 无法欺骗 P。换言之,若 P 知道一个定理的证明方法,则 P 使 V 以绝对优势的概率相信他能证明。(完备性)

在零知识协议中,除满足上述两个条件以外,还满足下述性质:

(3)V 无法获取任何额外的知识。(零知识性)

我们把性质(1)和(2)称为零知识证明的正确性和完备性,性质(3)称为零知识性。

5.1.1 零知识证明的简单模型

1990 年,J. Quisquater 和 L. Guillon 列举了一个形象的基本零知识协议的例子——零知识洞穴,如图 5.1 所示。设 P 知道咒语,可打开 C 和 D 之间的秘密门,不知道者则走向死胡同。现在来看 P 如何向 V 出示证明使其相信他知道这个秘密,但又不告诉 V 有关咒语。

协议 1:洞穴协议

(1)V 站在 A 点;

(2)P 进入任一点 C 或 D;

(3)当 P 进洞之后,V 走向 B 点;

(4)V 叫 P①从左边出来,或②从右边出来;

（5）P 按照要求实现（有咒语）；

（6）P 和 V 重复执行（1）～（5）共 n 次。

若 P 不知道咒语，则在 B 点，只有 50% 的机会猜中 V 的要求，协议执行 n 次，则只有 2^{-n} 次机会完全猜中。此洞穴问题可以转化为数学问题，P 知道解决某个难题的秘密信息，而 V 通过与 P 交互作用验证其真伪。

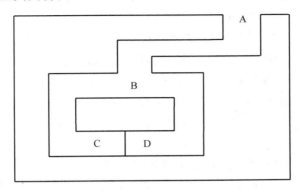

图 5.1 零知识洞穴

以下协议又称作分割选择协议，是公平分享东西时的经典协议。

协议 2：分割选择协议

（1）P 将东西切成两半；

（2）V 选其中之一；

（3）P 拿走剩下的一半。

显然，P 为了自己的利益在（1）中要公平分割，否则（2）中 V 先于他的选择将对其不利。这个协议为交互零知识证明的雏形。

协议 3：一般的协议

（1）P 用其信息和某种随机数将难题转换成另一种难题，且与原来的同构，P 可采用其信息和随机数解新的难题；

（2）P 想出新的难题的解，采用比特承诺方案；

（3）P 将新的难题出示给 V，但 V 不能由此新难题得到有关原问题或其解；

（4）V 向 P 提出下述问题之一：

① 向 V 证明老的和新的问题是同构的；

② 公开（2）的解，并证明它是新难题的解；

（5）P 按 V 的要求执行；

（6）P 和 V 重复执行（1）～（5）共 n 次。

5.1.2 交互式零知识证明

零知识证明根据通信双方是否交互可以分为交互零知识证明和非交互零知识证明两种。交互式零知识证明（Interactive Zero Knowledge Proof）是指执行协议的两方（证明者 P 和验证者 V）进行有连接的通信，一方 P 执行完一步协议后，对方产生应答，P 再相应做出反应，以交互式应答的方式执行完整的协议。这种交互式零知识证明包括成员的零知识证明和知识的零知识证明。

1. 成员的零知识证明

通俗来讲,成员的交互证明系统(P,V)是由 P 和 V 两方所执行的一个协议。证明者 P 试图通过执行协议,说服验证者 V 相信某个定理 T 是正确的。若 T 为假,即使 P 不遵守协议,采取任何欺骗策略,也无法说服 V 相信 T 为真。

成员的零知识证明系统的定义:设 $L \subset \{0,1\}^*$ 是一个语言,(A,B)是一个交互协议,如果(P,V)对 L 是一个成员的交互证明系统并且关于 L 是一个完全(统计、计算)零知识协议,我们说(P,V)对语言 L 是一个成员的安全零知识证明系统。

通常将计算零知识证明系统称为零知识证明系统,简称零知识证明。

在零知识证明协议(P,V)中,有时要求 P 和 V 之间依次执行若干轮;有时也可要求 P 和 V 并行地一次把这些轮全部完成。前者通常称为串行协议,对应的零知识证明称为串行零知识证明;后者通常称为并行协议,对应的零知识证明称为并行零知识证明。

2. 知识的零知识证明

在成员的零知识证明中,证明者向验证者泄露的消息为 $x \in L$,但是在某些场合,要求证明系统不能泄露任何消息。例如:在大多数现有的识别技术(如 IC 卡、信用卡、计算机口令等)中,证明者 P 通过提交 $i(P)$ 来证明他的身份。这样,一个与不诚实的验证者合作的攻击者就能得到 $i(P)$,从而攻击者可使用 $i(P)$ 来假扮 P。解决这个问题的一个方法是证明者 P 使用零知识证明来使验证者 V 相信他知道 $i(P)$,而不泄露 $i(P)$ 的任何一个比特。

5.1.3 非交互零知识证明

与交互式零知识证明相比,非交互零知识证明是无连接的。非交互零知识证明可以用于构造群签名、环签名、投票协议等。非交互零知识证明也包括两种模型,一种是成员或定理的非交互零知识证明系统,另一种是知识的非交互零知识证明系统。

先介绍非交互证明系统。在一个非交互证明系统中也有两方,分别称为证明者 P 和验证者 V。P 知道某一定理的证明,他希望向验证者证明他的确能证明这一定理。对一个语言 L 的非交互证明系统由两个阶段构成。第一个阶段是预处理阶段,主要建立证明者和验证者拥有的某些共同信息以及他们各自拥有的某些秘密信息,这个预处理阶段独立于定理证明阶段,而且允许证明者和验证者之间进行交互。第二个阶段是定理证明阶段,证明者选择并向验证者证明定理,这个定理证明阶段是非交互的。

非交互零知识证明是一种特殊的非交互证明系统,它要求在证明中不允许泄露任何有用的消息。同交互零知识证明系统一样,非交互零知识证明系统的证明者使验证者相信 x 具有某种具体的特性,但执行完协议后,验证者仍然一点也不知道如何来证明 x 具有这个特性。

下面介绍非交互零知识证明的验证性。证明者 P 提供一个定理的证明,关于这个定理证明的验证有两种可能性:

(1) 定理的证明被直接提供给一个特定的验证者 V,而且只有 V 才能验证;

(2) 定理的证明能被系统中的任何用户验证。

在后一种情况下,我们称证明是公开可验证的。

公开可验证的非交互式零知识证明系统的重要性在于它可以应用于数字签名和消息认证等密码协议之中,证明的公开可验证性指任何人能够检验签名。而由特定的验证者验证的情况可用于具有仲裁的第三方。

5.2　零知识证明的例子

5.2.1　平方根问题的零知识

令 $N=PQ$, P、Q 为两个大素数, Y 是 mod N 的一个平方, 且 $\gcd(Y,N)=1$, 注意找到 mod N 的平方根与分解 N 是等价的。Peggy 声称他知道 Y 的一个平方根 S, 但他不愿意泄露 S, Vector 想证明 Peggy 是否真的知道。下面给出了这个问题的一个解决方案。

（1）Peggy 选择两个随机数 R_1 和 R_2, 满足 $\gcd(R_1,N)=1$, $R_2=SR_1^{-1}$, $R_1R_2=S$ (mod N)。Peggy 计算 $X_1=R_1^2$(mod N), $X_2=R_2^2$(mod N), 并将 X_1、X_2 发送给 Vector。

（2）Vector 检验 $X_1X_2=Y$ (mod N), 然后 Vector 随机选择 X_1（或 X_2）让 Peggy 提供它的一个平方根, 并检验 Peggy 是否提供的是真的平方根。

（3）重复上面的过程直至 Vector 相信。

这里, Peggy 不知道 Y 的平方根, 虽然他可能知道 X_1、X_2 的一个平方根, 但不是全部。

5.2.2　离散对数问题的零知识证明

Peggy 试图向 Vector 证明他知道离散对数 x, $x=\log_g Y \bmod p$, $Y=g^x \bmod p$。具体过程如图 5.2 所示。

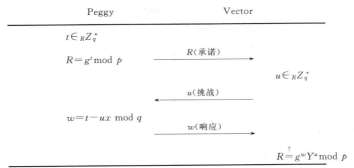

图 5.2　离散对数问题的零知识证明

Peggy 试图向 Vector 证明两个离散对数相等而不泄露 x, $Y=g^x$, $Z=c^x$, $\log_g Y=\log_c Z$。具体过程如图 5.3 所示。

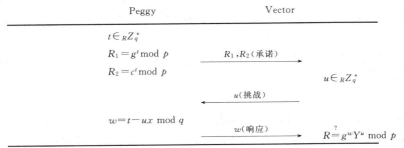

图 5.3　离散对数相等问题的零知识证明

这个协议也可用来证明 ElGamal 解密是正确的。比如 Peggy 试图证明他的 ElGamal 解密是正确的,明文是 m 而不泄露他的私钥 x。Peggy 的公钥为 $Y=g^x \bmod p$;ElGamal 加密为 $m \rightarrow (U,V)$,$U=g^r \bmod p$,$V=mY^r \bmod p$;ElGamal 解密为 $V/U^x \rightarrow m$。Peggy 只需证明下面的两个离散对数相等即可:$Y=g^x$,$V/m=U^x$,$\log_g Y=\log_U(V/m)$。

5.3 知识签名

知识签名实际上是一种数学构造,签名者通过这种数学方法,可以在不泄露秘密的情况下向其他人证明他知道这个秘密。知识签名从本质上来看是一种非交互式的零知识证明或最小泄露证明。这里将简单介绍几种知识签名的定义。

令符号 ‖ 表示二进制串连接符,$''$ 表示空字符,$c[i]$ 表示参数 c 中第 i 个比特,另有安全 Hash 函数 $H:\{0,1\}^* \rightarrow \{0,1\}^k$。

定义 1:满足等式 $c=H(m\|y\|g\|g^s y^c)$ 的数组 (c,s),即为关于消息 m 的 y 以 g 为底的离散对数的知识签名,表示为

$$SPK\{\alpha: y=g^\alpha\}(m)$$

其中,希腊字母 α 表示签名持有的秘密。

这样一个知识签名 (c,s) 只有在知道秘密 $x=\log_g y$ 的情况下才能生成,当知道 x 的值时,签名者随机选取 $r \in Z_n^*$,然后进行计算

$$c=H(m\|y\|g\|g^r),\quad s=r-cx \bmod n$$

得到签名 (c,s),能生成这样一个签名说明了签名者知道 y 以 g 为底的离散对数 x,不知道 x 的情况下任何人想伪造一个签名都必须能够解决离散对数问题,所以这样一个知识签名可以证明 y 是由某个以 g 为底的离散对数 x 生成 g^x,并且签名者知道关于 $y=g^x$ 的秘密值 x。

定义 2:满足等式 $c=H(m\|y\|g\|h\|g^{s_1} h^{s_2} y^c)$ 的数组 (c,s_1,s_2),即为关于消息 m 的 y 以 g、h 为底的离散对数的知识签名,表示为

$$SPK\{(\alpha,\beta): y=g^\alpha h^\beta\}(m)$$

只有知道满足等式 $y=g^{s_1} h^{s_2}$ 的秘密值 (x_1,x_2) 才能生成这样一个知识签名 (c,s_1,s_2),当知道 (x_1,x_2) 时,签名者随机选取 $r_1,r_2 \in Z_n^*$,然后进行计算

$$c=H(m\|y\|g\|h\|g^{r_1} h^{r_2}),\quad s_1=r_1-cx_1 \bmod n,\quad s_2=r_2-cx_2 \bmod n$$

得到签名 (c,s_1,s_2),由于任何不知道 (x_1,x_2) 的人都无法生成签名 (c,s_1,s_2),所以这样一个签名可以证明 y 有着 $y=g^{s_1} h^{s_2}$ 这样的形式,并且签名者知道秘密值 (x_1,x_2)。

定义 3:满足等式 $c=H(m\|y\|g\|h\|h^s z^c\|g^s y^c)$ 的数组 (c,s),是一个关于消息 m 的 y 以 g 为底和 z 以 h 为底的离散对数的知识签名,这种知识签名表示为

$$SKREP[\alpha: y=g^\alpha \wedge z=h^\alpha](m)$$

签名者在知道密钥 $x=\log_g y=\log_h z$ 的情况下可以生成签名 (c,s),他首先选取随机数 $r \in Z_n^*$,然后进行计算

$$c=H(m\|z\|y\|h\|h^r\|g^r),\quad s=r-cx \bmod n$$

得到签名 (c,s),这种知识签名除了能说明签名者拥有密钥 x 以外,还说明了密钥 x 有 $x=\log_g y=\log_h z$,即 y 以 g 为底的离散对数与 z 以 h 为底的离散对数是相等的。

定义 4:取数 $l \leq k$,如果数组 $(c,s_1,\cdots,s_l)$,满足等式 $c=H(m\|y\|g\|e\|t_1\|\cdots\|t_l)$,其中当 $c[i]=0$ 时 $t_i=g^{(s_i)^e}$,当 $c[i]=1$ 时 $t_i=h^{(s_i)^e}$,则 $(c,s_1,\cdots,s_l)$ 是一个关于消息 m 的 y 以 g

为底的离散对数的 e 次方根的知识签名,表示为

$$\mathrm{SKROOTLOG}[\alpha: y = g^{\alpha^e}](m)$$

签名者只有在知道 y 以 g 为底的离散对数的 e 次方根 x 时才能给出这样的签名,具体方法是,签名者首先选取随机数 $r_i \in Z_n^*, i = 1, \cdots, l$,然后计算 $t_i = g^{r_i}, c = H(m \parallel y \parallel g \parallel e \parallel t_1 \parallel \cdots \parallel t_l)$,当 $c[i] = 0$ 时 $s_i = r_i$,当 $c[i] = 1$ 时 $s_i = r_i / x_i \bmod n$。

得到签名 $(c, s_1, \cdots, s_l)$,这个知识签名可以证明 y 有着这样的形式,并且签名者知道秘密值 x。

但是由计算过程可以看到生成这样一个知识签名的计算量是比较大的,其效率比较低,所以 Camenisch 又给出了一个比较高效的关于离散对数的 e 次方根的知识签名,其方法如下。

在 e 比较小的情况下,实际上可以用下面的方法来产生关于离散对数的 e 次方根的知识签名。签名者计算 $y_1 = g^x, y_2 = y_1^x, \cdots, y_{e-1} = y_{e-2}^x$,然后借助知识签名 $\mathrm{SKREP}[\alpha: y_1 = g^\alpha \land y_2 = y_1^\alpha \land \cdots \land y = y_{e-1}^\alpha]$ 就可以给出一个关于 $y = g^{x^e}$ 的知识签名,因为根据知识签名 $\mathrm{SKREP}[\alpha: y_1 = g^\alpha \land y_2 = y_1^\alpha \land \cdots \land y = y_{e-1}^\alpha]$ 验证者可以做出以下推断。

$$y = y_{e-1}^\alpha = y_{e-2}^{\alpha^2} = \cdots = y_1^{\alpha^{e-1}} = g^{\alpha^e}$$

但是做出签名 $\mathrm{SKREP}[\alpha: y_1 = g^\alpha \land y_2 = y_1^\alpha \land \cdots \land y = y_{e-1}^\alpha]$ 要泄露 $y_1 = g^x, y_2 = y_1^x, \cdots, y_{e-1} = y_{e-2}^x$ 这些值,这有可能会降低签名秘密安全性,所以要用适当的办法将 $y_1, y_2, \cdots, y_{e-1}$ 这些中间量盲化。

定义 5:满足知识签名 $U = \mathrm{SKREP}[(\gamma_1, \gamma_2, \cdots, \delta): v_1 = h^{\gamma_1} g^\delta \land v_2 = h^{\gamma_2} v_1^\delta \land \cdots \land v = h^{\gamma_e} v_{e-1}^\delta]$ 的签名数组就相当于一个关于消息 m 的且 v 有着形式 $v = h^\alpha g^{\beta^e}$ 的知识签名,表示为 $\mathrm{E\text{-}SKROOTREP}[(\alpha, \beta): v = h^\alpha g^{\beta^e}](m)$。

因为根据签名 $U = \mathrm{SKREP}[(\gamma_1, \gamma_2, \cdots, \delta): v_1 = h^{\gamma_1} g^\delta \land v_2 = h^{\gamma_2} v_1^\delta \land \cdots \land v = h^{\gamma_e} v_{e-1}^\delta](m)$,验证者可以推断

$$v = h^{r_e} (h^{r_{e-1}} (\cdots h^{r_2} (h^{r_1} g^\delta)^\delta \cdots)^\delta)^\delta = h^{r_e + r_{e-1}\delta + \cdots + r_2\delta^{e-1} + r_1\delta^e} g^{\delta^e} = h^\alpha g^{\beta^e}$$

签名者要生成这样一个签名,只要先选取随机数 $r_i \in Z_n^*, i = 1, \cdots, e-1$,并计算 $v_i = h^{r_i} g^{x^i}, i = 1, \cdots, e-1$,就可以得到签名 $U = \mathrm{SKREP}[(\gamma_1, \gamma_2, \cdots, \delta): v_1 = h^{\gamma_1} g^\delta \land v_2 = h^{\gamma_2} v_1^\delta \land \cdots \land v = h^{\gamma_e} v_{e-1}^\delta](m)$ 的签名数组。由于加入了随机数 r_i, v_i 不会泄露有关 g^{δ^i} 的信息。

定义 6:如果一个签名者在不知道 h 以 g 为底的离散对数的情况下,能给出签名 $\mathrm{E\text{-}SKROOTREP}[(\alpha, \beta): v = h^\alpha g^{\beta^e}](m)$ 和 $\mathrm{SPKEP}\{\gamma: z = g^\gamma\}(m)$,则可以认为签名者给出了关于消息 m 的 z 以 g 为底的离散对数的 e 次方根的知识签名,表示为:$\mathrm{E\text{-}SKROOTLOG}[\delta: z = g^{\delta^e}](m)$,因为签名者不知道 h 以 g 为底的离散对数时能给出两个签名,说明 $z = h^\alpha g^{\beta^e}$ 中的指数 $\alpha = 0$。由此就相当于一个关于离散对数 e 次方根的知识签名,在 e 较小时这是一个比较高效的签名。

5.4　身份鉴别方案

在一个安全的身份认证协议中,我们希望被认证者 P 能向验证者 V 证明他的身份,而又不向 P 泄露他的认证信息,这十分类似于零知识证明的思想。根据零知识证明的思想,在构建基于零知识证明的身份认证体制时,被认证方 P 向验证方 V 证明自己的身份,若通过交互

式协议来实现,协议中应按如下要求进行:

(1) P 向 V 传送满足一定条件的承诺随机数;

(2) V 向 P 传送满足一定条件的询问随机数;

(3) P 按一定的算法计算后,将相关信息传送给 V,V 得不到任何 P 的身份的信息;

(4) V 接收到 P 的信息后按一定的算法验证 P 的身份;

(5) P 欺骗 V 的概率为 $2^{-k}(k=1,2,3,\cdots)$;

(6) 协议可重复执行 t 次,P 欺骗 V 的概率为 $2^{-tk}(k,t=1,2,3,\cdots)$。

在构建基于零知识证明的身份认证体制时,协议中需要考虑的内容如下。

(1) 通信量:含交换信息次数和总的传送比特数。

(2) 计算量:证明者和验证者各需做的模乘次数(可分为联机的和脱机的计算量)。

(3) 存储量:存储秘密密钥所需的容量。

(4) 安全性:抗伪造攻击能力,泄露秘密信息的可能性(零知识特性),是否是可证明安全性。

(5) 对第三方的依赖性:在有第三方参与下,不同的体制对第三方的依赖性要求不同。

5.4.1 身份的零知识证明

假设 P 为被认证方,V 为认证方,我们把合法用户的个人信息看作是 P 的秘密,P 通过零知识证明向 V 证实自己的身份就是零知识身份证明。

下面我们举一个零知识证明的例子。选定一个数 n,作为一个中心系统的公钥,其中 $n=p\times q$, p、q 是两个大素数,并且只有中心系统知道它们的信息。对于每一个申请该项服务的用户,系统产生一个 j,再加上用户的身份信息 I(包括姓名、住址、最喜欢的电视节目等),经过一个单向函数 f,使 $Y=f(I,j)$ 为 mod n 的二次剩余。系统计算出 Y 最小的平方根 S,并把它发送给用户。以后我们将把 S 作为用户的身份证明。

如果 Alice 想要向 Bob 证明她的身份,她可以履行如下协议。首先,她告诉 Bob 她的身份信息 I 和 j,Bob 计算出与 I 和 j 相对应的 Y 值。然后,按如下步骤执行:

(1) Alice 选取两个随机数 R_1 和 R_2,$R_1 R_2 = S \pmod n$,Alice 计算 $X_1 = R_1^2 \pmod n$ 和 $X_2 = R_2^2 \pmod n$,并将 X_1 和 X_2 发给 Bob。

(2) Bob 检查 $X_1 X_2 = Y \pmod n$,Bob 随机选择 X_1 或 X_2 发给 Alice 并要求提供平方根。

(3) Alice 发送平方根给 Bob,Bob 验证该平方根的正确性。

为了减少 Alice 欺骗的可能性,我们可以将该过程重复多次以确保其安全性。接下来,我们看一下攻击身份的零知识证明的一些例子。

1. 象棋大师问题

一个有预谋的用户 Alice 想使其他人相信她是一个象棋高手,她可以通过这样的方法来实现:她找到两位世界顶尖级象棋高手 Bob 和 Carol,向他们提出挑战,并定于同一时间、在同一地点的不同房间和他们进行比赛。在比赛的过程中,每当 Bob 或 Carol 下一步棋,Alice 就跑到隔壁的房间如法炮制,走同一步棋。也就是说,尽管 Bob 和 Carol 以为他们都在和 Alice 对弈,但实际的情况是 Bob 和 Carol 在彼此对弈。无论最后是 Bob 和 Carol 哪个赢,Alice 总会是某一局棋的得胜者,从而向其他人证明她的确是一名象棋高手。该过程是对身份的零知识证明的一种攻击。想要解决该问题,我们可以强迫下棋的双方一直坐在各自的位置上,直至对弈结束。

2. 黑手党骗局

Alice 正在 Bob(黑手党)的餐厅吃饭。此时,Carol(黑手党)按照计划来到一家 Dave 开的高档珠宝店买东西。Bob 和 Carol 随时可以通过一条秘密的无线电路保持联系,而 Alice 和 Dave 都对即将到来的骗局一无所知。

当 Alice 准备结账并对 Bob 证明其身份时,Bob 立刻发信号给 Carol 让她准备行动,此时的 Carol 早已挑好了许多名贵的钻石,于是她也唤来 Dave 准备对其证明她的身份。当 Dave 开始提问时,Carol 用无线电把问题传给 Bob,Bob 则向 Alice 询问同样的问题,得到了答复后 Bob 再把答案通过无线电传给 Carol。我们可以看出,其实是 Alice 在对 Dave 证明她的身份,并买了一些贵重的钻石。

防止这一骗局发生的一种方法是让所有的交易行为都在法拉第罩内进行,这样可以阻止所有的电磁辐射。另一种方法是使用一个很精确的时钟,规定协议中的每一步都必须在一个给定的时间内发生,这样就使得同谋者之间无法进行通信。

5.4.2 简化的 Feige-Fiat-Shamir 身份鉴别方案

Feige、Fiat 和 Shamir 设计了一个零知识身份认证协议——Feige-Fiat-Shamir 零知识身份认证协议。可信赖仲裁方选定一个随机模数 $n=p_1 \times p_2$,p_1、p_2 为两个大素数。实际中 n 至少 512 bit,尽量长达 1 024 bit。仲裁方可实施公钥和私钥的分配。他产生随机数 v(v 为对模 n 的二次剩余)。换言之,选择 v 使得 $x^2=v \bmod n$ 有一个解并且 $v^{-1} \bmod n$ 存在。以 v 作为被验证方的公钥,而后计算最小的整数 $s:s \equiv \mathrm{sqrt}(v^{-1}) \bmod n$,将它作为被验证方 P 的私人密钥而分发给他。实施身份证明的协议如下:

(1) 用户 P 取随机数 $r(r<m)$,计算 $x=r^2 \bmod n$,发送给验证方 V。

(2) V 将随机比特 b 发送给 P。

(3) 若 $b=0$,则 P 将 r 发送给 V;若 $b=1$,则将 $y=rs \bmod n$ 发送给 V。

(4) 若 $b=0$,则 V 验证 $x=r^2 \bmod n$,从而证明 P 知道 $\mathrm{sqrt}(x)$;若 $b=1$,则 V 验证 $x=y^2 v \bmod n$,从而证明 P 知道 s。

这是一轮认证,P 和 V 可将此协议重复 t 次,直到 V 确信 P 知道 s 为止。

安全性讨论如下:

(1) P 欺骗 V 的可能性。P 不知道 s,他也可选取随机数 r,将 $x=r^2 \bmod n$ 发给 V,V 发送随机比特 b 给 P,P 可将 r 送出。当 $b=0$ 时,则 V 让 P 通过检验而受骗;当 $b=1$ 时,则 V 可发现 P 不知道 s。V 受骗的概率为 1/2,但连续 t 次受骗的概率将仅为 2^{-t}。

(2) V 伪装 P 的可能性。V 和其他验证者 W 开始一个协议。第一步他可用 P 用过的随机数 r,若 W 所选的 b 值恰与以前发给 P 的一样,则 V 可将在第(3)步所发的 r 或 y 重发给 W,从而可成功地伪装 P。但 W 可能随机地选 b 为 0 或 1,故伪装成功的概率为 1/2,执行 t 次,则伪装成功的概率为 2^{-t}。

5.4.3 Feige-Fiat-Shamir 身份鉴别方案

可信赖仲裁方选 $n=p_1 \times p_2$,p_1、p_2 为两个大素数,并选 k 个不同的随机数 $v_1, v_2, \cdots, v_k$,各 v_i 是 $\bmod n$ 的平方剩余,且有逆。以 $v_1, v_2, \cdots, v_k$ 为被验证方 P 的公钥,计算最小正整数 s_i,使 $s_i = \sqrt{1/v_i} \bmod n$,将 $s_1, s_2, \cdots, s_k$ 作为 P 的私人密钥。协议如下:

(1) P 选随机数 $r(r<m)$,计算 $x=r^2 \bmod n$ 并发送给验证方 V。

（2）V 选 k 比特随机二进制串 $b_1,b_2,\cdots,b_k$ 发送给 P；

（3）P 计算 $y=r\times(s_1^{b_1}\times s_2^{b_2}\times\cdots\times s_k^{b_k})\bmod n$，并发送给 V；

（4）V 验证 $x=y^2\times(v_1^{b_1}\times v_2^{b_2}\times\cdots\times v_k^{b_k})\bmod n$。

此协议可执行 t 次，直到 V 相信 P 知道 $s_1,s_2,\cdots,s_k$，P 欺骗 V 的机会为 2^{-kt}。

5.4.4 Guillo-Quisquater 身份鉴别方案

Guillo 和 Quisquater 给出一种身份认证方案，这个协议需要三方参与、三次传送，利用公钥体制实现。可信赖仲裁方 T 先选定 RSA 的秘密参数 p 和 q，生成大整数模 $n=pq$。公钥指数 $e\geqslant3$，其中 $\gcd(\varphi,e)=1,\varphi=(p-1)(q-1)$。计算出秘密指数 $d=e^{-1}\bmod\varphi$，公开 (e,n)，各用户选定自己的参数。用户 A 的唯一性身份 I_A，通过散列函数 H 变换得出相应散列值 $J_A=H(I_A),I<J_A<n,\gcd(J_A,\varphi)=1$，T 向 A 分配密钥函数 $S_A=(J_A)^{-d}\bmod n$。

单轮 $(t=1)$ GQ 协议三次传输的消息为

（1）A→ B：$I_A,x=r^e\bmod n$，其中 r 是 A 选择的秘密随机数。

（2）B→ A：B 选随机数 $u,u\geqslant1$。

（3）A→ B：$y=r\cdot S_A^u\bmod n$。

具体协议描述如下：

（1）A 选择随机数 $r,1\leqslant r\leqslant n-1$，计算 $x=r^e\bmod n$，A 将 (I_A,x) 送给 B。

（2）B 选择随机数 $u,1\leqslant u\leqslant e$，将 u 送给 A。

（3）A 计算 $y=r\cdot S_A^u\bmod n$，送给 B。

（4）B 收到 y 后，从 I_A 计算 $J_A=H(I_A)$，并计算 $J_A^u\cdot Y^e\bmod n$。

若结果不为 0 且等于 x，则可确认 A 的身份；否则拒绝 A。

5.4.5 Schnorr 身份鉴别方案

以上方案有一定的缺陷：实时计算量、消息交换量和所需存储量较大。Schnorr 提出一种安全性基于计算离散对数困难性的鉴别方案，可以做预计算来降低实时计算量，所需传送的数据量也减少许多，特别适用于计算能力有限的情况。

Claus Schnorr 的认证方案的安全性建立在计算离散对数的难度上。为了产生密钥对，首先选定系统的参数：素数 p 及素数 q,q 是 $p-1$ 的素数因子。$p\approx2^{1024},q>2^{160}$，元素 g 为 q 阶元素，$1\leqslant g\leqslant p-1$。令 a 为 GF(p) 的生成元，则得到 $g=a^{(p-1)/q}\bmod q$。由可信赖的第三方 T 向各用户分发系统参数 (p,q,g) 和验证函数（即 T 的公钥），用此验证 T 对消息的签字。

对每个用户给定唯一身份 I，用户 A 选定秘密密钥 $s,0\leqslant s\leqslant q-1$，并计算 $v=g^{-s}\bmod p$；A 将 I_A 和 v 可靠地送给 T，并从 T 获得证书，$C_A=(I_A,v,S_T(I_A,v))$。协议如下：

（1）选定随机数 $r,1\leqslant r\leqslant q-1$，计算 $x=g^r\bmod p$，这是预处理步骤，可在 B 出现之前完成。

（2）A 将 (C_A,x) 送给 B。

（3）B 以 T 的公钥解 $S_T(I_A,v)$ 实现对 A 的身份 I_A 和公钥 v 的认证，并传送一个 0 到 2^t-1 之间的随机数 e 给 A；

（4）A 验证 $1\leqslant e\leqslant2^t$，计算 $y=(se+r)\bmod q$，并将 y 送给 B。

（5）B 验证 $x=g^yv^e\bmod p$，若该等式成立，则认可 A 的身份合法。

安全性基于参数 t,t 要选得足够大以使正确猜对 e 的概率 2^{-t} 足够小。Schnorr 建议 t 为

72 位，p 大约为 512 位，q 为 140 位。

此协议是一种对 s 的零知识证明，在认证过程中没有暴露有关 s 的任何有用信息。

5.5 NP 语言的零知识证明

在计算机学科中，存在多项式时间算法的一类问题，称为 P 类问题；存在至今没有找到多项式时间算法解的一类问题（如旅行商问题、命题表达式可满足问题），称为 NP 类问题。

NP 类问题中最难的称为 NP 完全问题。如旅行商问题：某推销员要从城市 v_1 出发，访问其他城市 $v_2,v_3,\cdots,v_n$ 各一次且仅一次，最后返回 v_1。$\boldsymbol{D}$ 为各城市间的距离矩阵。问：该推销员应如何选择路线，才能使总的行程最短？

Goldreich 指出每个 NP 问题都可以转化为可计算的交互零知识证明。这里我们不妨用"三色图（G3C）"问题进行说明。

假设被认证方希望向认证方证实某输入图是三色可见的，但不泄露他知道的颜色，他使用了下面这个协议（需要重复执行 $|E|^2$ 次）。

（1）被认证方随机变换三个颜色（如可以将所有红点变成蓝点，所有的蓝点变成黄点，所有的黄点变成红点）。

（2）被认证方对每个点的颜色加密（每个点使用不同的加密算法），并告诉认证方所有的加密算法以及相应的密文。

（3）认证方随机选择图的一条边。

（4）被认证方用相应的解密密钥对这条边两点的颜色的密文进行解密。

（5）认证方证实解密是正确的，这条边的两点是两种不同的颜色。

如果这个图确实是三色可见的，那么认证方将不会再检查任何未被正确标注的边。不过，如果这个图不是三色可见的，那么被认证方在每次执行协议时，至少有 $1/|E|$ 的概率被发现他在欺骗认证方。在 $|E|^2$ 次执行过程中，被认证方不被发现他在欺骗认证方的概率是很低的。

下面我们来证明它是零知识证明。

（1）完备性

令 $G \in$ G3C，u 和 v 是边的两个端点，可以得到 u 和 v 是不同色的，因此，诚实的认证方会在协议执行 $|E|^2$ 次后接受图是三色可见的。

（2）正确性

令 $G \notin$ G3C，那么 G 至少有一条边没有被正确着色，因此，诚实的认证方在每次协议中拒绝的可能性为 $1/|E|$。

（3）零知识性

协议的每次执行过程中，唯一泄露的信息是 $\pi(\phi(u))$ 和 $\pi(\phi(v))$，其中 u 和 v 是边的两个端点，π 是随机选择的边。这样输出结果便是不可计算的，被认证方在交互过程中不会泄露边的颜色的任何信息。

这个例子很好地说明了零知识证明在 NP 问题中的应用，不难发现，每一个 NP 问题都存在这样一个零知识证明。

习 题 5

1. 零知识证明与最小泄露证明有什么不同？什么是交互零知识证明和非交互零知识证明？它们之间有什么不同？

2. 下面给出的是 Alice 使 Bob 相信她知道 Carol 的私人密钥的一个零知识协议。Carol 的公开密钥是 e，私人密钥是 d，RSA 模数是 n。

（1）Alice 和 Bob 商定一个随机的 k 和 m，使得 $km \equiv e \pmod{n}$。他们应当随机选择这些数：使用一种硬币抛掷协议来产生一个 k，然后计算 m。如果 k 和 m 两个都大于 3，协议继续；否则，重新选择。

（2）Alice 和 Bob 产生一个随机密文 C，他们应当再一次使用硬币抛掷协议。

（3）Alice 使用 Carol 的秘密密钥来计算 $M = C^d \bmod n$，然后计算 $X = M^k \bmod n$，并将 X 发给 Bob。

（4）Bob 证明 $X^m \bmod n = C$，如果成立，他相信 Alice 所说的事是真的。

为什么说该协议是零知识的？

3. 给出语言 G3C（无向图的 3 着色问题）的交互零知识证明系统。

4. 有数字签名提供的不可否认服务意味着如下的一个知识证明：签名者有一个私钥（知识），使他（她）能发布签名。这种意义上的知识证明和零知识证明有何区别？

5. 查阅资料，列举几个 NP 完全问题。

6. 在图论的数学领域中，Hamiltonian 路径是一个无向图中每个顶点只访问一次的路径。Hamiltonian 回路是一个 Hamiltonian 路径。确定图中是否存在 Hamiltonian 路径和回路是 NP 完全问题。Peggy 知道一个大图 G 的 Hamiltonian 回路，Victor 知道 G，但不知道这个回路。Peggy 将证明她知道这个回路而不透露它。她怎样做？

7. 结合自己的理解，解释什么是知识签名。

第 6 章

选择性泄露协议

在电子商务中为了建立信任关系,我们需要互相认证对方。在一个封闭的系统中,传统的认证方法是参与者提前互相认识,他们一般基于身份认证,比如用户名和密码。但 Internet 是一个开放系统,参与者一般互相不认识,这个时候,为了建立信任关系,参与者通常需要通过一定的形式(如数字证书)来泄露一些关于他们自己或者相关组织的信息。但糟糕的是,证书中可能含有一些敏感信息,这些信息的泄露往往会对个人隐私、商业机密或者组织秘密造成一定的威胁。如果双方的通信不是在一种保密的状态下进行,那么偷听者还可以窃取相关信息。更严重的是,接收者可能会误用相关信息或者泄露信息。那么如何最低程度地泄露信息,即仅泄露和当前交易相关的信息,而隐藏无关信息便成为关键所在。选择性泄露协议便是在这种情况下提出来的。

6.1 选择性泄露的概念

选择性泄露就是在不影响通信双方会话的前提下,让证书持有者可以有选择地泄露证书和当前会话的有关信息,而隐藏无关信息,来保护双方的隐私。

实现数字证书的选择性泄露必须包含以下几个特性。

(1)保密性:想从证书中获取任何私有属性的信息,这在计算上是不可行的。

(2)完整性:当证书持有者决定泄露证书私有属性信息的时候,泄露出来的值确实是 CA 认证过的。

(3)访问控制:从证书泄露出来的私有属性的值必须是证书持有者自己愿意泄露的。

(4)性能:证书私有属性值的计算量不能太大,也不能需要太多的存储空间。

(5)实用性:可以很方便地把私有属性嵌入现有证书标准中,并且一般系统都可以识别出来。

这里,我们把数字证书的选择性泄露分为两种:单一数字证书内容泄露和多个数字证书内容泄露。

6.1.1 单一数字证书内容泄露

单一证书的优点是一张证书上面含有很多信息,这样对证书持有者来说,管理证书比较方便。缺点是含有的信息较多,需要考虑每个属性的安全性,而且实际验证的时候,有些信息可能会缺乏一定的权威性。比如现在需要证书持有者的住址信息,他可以把驾驶证上面的住址信息泄露出来,虽然也可以信任签发该证书的 CA,但不如公安机关 CA 签发的证书权威。

单一数字证书内容泄露是指一个证书中包含多个属性，这些属性首先处于隐藏状态。在具体会话时，根据需要，逐步地展示必要信息，而无关的属性仍然处于隐藏状态，从而保护了证书持有者的隐私。

举例来说，Bob 经营一个网上商店，Alice 从 Bob 的商店订购了一些物品并准备结账，结账时 Bob 需要 Alice 出示证书，需要从她的证书中找到姓名和 E-mail。Alice 同意出示相应的信息，但证书上的扩展字段中也包含了她的生日和性别，而这些她是不想出示给 Bob 的。Alice 希望用一种方法能够有选择性地泄露相关信息给 Bob，同时能够隐藏无关信息。这就可以用单一数字证书内容泄露来实现，如图 6.1 所示。

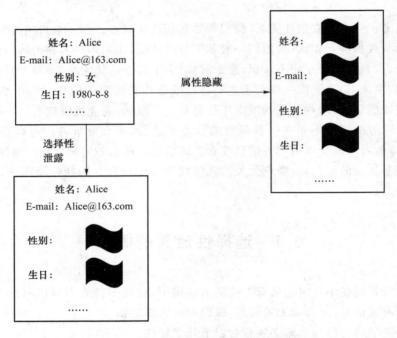

图 6.1　单一数字证书信息的隐藏与泄露

6.1.2　多个数字证书内容泄露

多个证书的优点是每个证书的属性比较单一，重点比较突出。例如，驾驶证、身份证、工作证等都是侧重于证书持有者某个方面的信息。实际应用的时候，可以根据需要，灵活地出示相应证书。缺点就是因为证书较多，管理起来比较麻烦，而且有时候，单个证书中也可能含有敏感信息，这就还需要用到单一证书泄露来保护相关的属性。

多个数字证书内容泄露是指通信双方之间互相展示的证书比较多，均多于一个，而每个证书上包含的属性比较少。展示证书的时候，需要满足一定的策略后方可展示。这时候需要多个步骤才能完成会话。举例来说，Alice 是一个药剂师，也是 Visa 信用卡公司的用户；Bob 经营一家网上药店，销售各种药品。现在 Alice 想从 Bob 那里订购一些药品。Bob 收到订单后，希望 Alice 能够展示两种证书：药剂师证书（因为有些药品只允许销售给药剂师）和 Bob 网站的会员证书（如果没有，也可以出示信用卡）。Alice 同意把她的药剂师证书展示给 Bob，但她不是 Bob 网站的会员，而且也不愿意把信用卡信息展示给陌生人（除非是同一个组织的成员，比如都是 Visa 用户）。这时就可以用多数字证书泄露来实现，如图 6.2 所示。

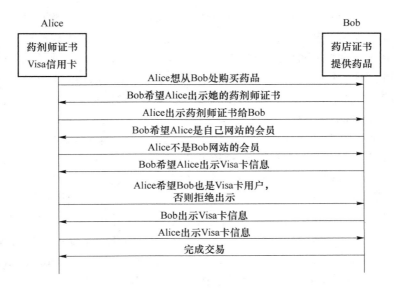

图 6.2 多个数字证书选择性泄露

6.2 使用 Hash 函数的选择性泄露协议

这是一个单一数字证书泄露。单一数字证书泄露就是单证书属性字段的选择性泄露,重点就是在实际使用过程中展示必要属性字段,隐藏无关属性字段。具体步骤如下(如图 6.3 所示)。

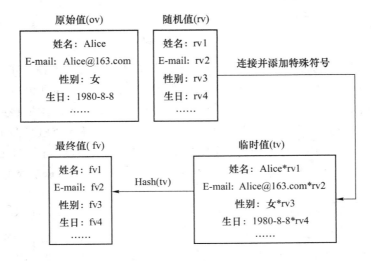

图 6.3 单一数字证书的选择性泄露协议

(1) Alice 产生随机值 rv。

(2) Alice 把原始值 ov 和随机值 rv 做连接,产生临时值 tv(tv 又称为 pre-image),即 tv＝ov‖rv,符号"‖"表示连接。

(3) Alice 调用单向 Hash 函数产生最终值 fv,即 fv＝Hash(tv)。

Alice 把临时值 tv 和最终值 fv 及其他相关信息发给 CA。CA 检测 tv、fv 的每一个值，确保它们——对应。然后签名，并用 fv 替换掉初始值 ov，fv 就显示在最终的证书上面。

产生随机值 rv 的目的是抵抗"字典攻击"。如果不添加随机值 rv，那么有一些字段的值很容易被猜出来，比如性别，因为只有两个，要么是男，要么是女。具体编程时需要在原始值和随机值之间加上特殊标志符号（比如 *）以作区分。例如，原始值为 Alice，随机值为 abcd，那么临时值 tv＝Alice * abcd。

下面几步用来检测协议，可以使 Alice 任意泄露她愿意泄露的信息给 Bob。

（1）Alice 把含有敏感信息的证书发送给 Bob，Bob 验证证书。

（2）当 Alice 认为 Bob 可以访问相关信息的时候就把敏感信息和相关随机数发送给 Bob。

（3）Bob 调用 Hash 函数。

（4）Bob 把 Hash 后的值与证书上的信息相比较。

举例来说，比如 Bob 需要 Alice 展示姓名和 E-mail。Alice 把值 Alice * rv1、Alice@163.com * rv2 给 Bob，Bob 调用 Hash 函数，计算 fv1'＝Hash(Alice * rv1)，fv2'＝Hash(Alice@163.com * rv2)，然后把 fv1'、fv2' 与证书上的 fv1、fv2 作比较。因为证书上面保存的是经过 Hash 后的值，由于 Hash 函数的特性，这样就避免了 Alice 修改数据，也无法从当前值反推回初值；而使用特殊标志符号"*"，可以很容易地找出原始数据。这样既隐藏了证书持有人 Alice 的部分敏感信息（如性别、生日等），也满足了 Bob 的要求。图 6.4 展示了具体步骤。

图 6.4　检测协议

从数字证书选择性泄露设计的目标来看，证书中私有属性的机密性是由单向 Hash 函数的强度和 pre-image（就是上面提到的临时值 tv）来保证的。在私有属性值后面添加一个随机数就创建了 pre-image。添加随机数直至全部长度达到 128 bit，那么就足够可以抵抗字典攻击。如果不添加随机数，那么攻击者可以在可能的范围内寻找每一个值来匹配。举一个简单的例子，如果在性别这一栏没有添加随机数，那么攻击者只需要两次调用 Hash 函数，就可以知道真正的性别；而添加了随机数后，攻击者需要调用 2^{128} 次 Hash 函数才能识别出真正的性别。

证书中每个属性的完整性也是由单向 Hash 函数的强度来保证的。以 SHA-1 来说，只要输入小于 2^{64}，那么可以产生 160 bit 的摘要。从计算角度来看，很难找到相同的碰撞。那么，证书持有者不可能找到一个不同的 pre-image，使得 Hash 过后结果却一样。构建 pre-image 时，必须要保证可以很清楚地区分属性值 V 和随机数 R。举例来说，或者可以预先决定好随机数的长度，或者 V 和 R 有个明确的界定符号。我们采用界定符号的方式。

证书持有人可以在确保 pre-image 安全的情况下，通过授权的方式来选择性地泄露相关信息，从而达到访问控制的目的。但这种方法也有限制，因为一旦授权实体可以访问 pre-image，那么证书中没有机制可以阻止那个实体更进一步地泄露信息给其他人。除此以外，为了防止窃听者窃取私有属性的值,检测协议必须是机密的。在信任协商中结合私有属性允许证书持有者直接控制 pre-image,而不需要把个人信息存放在数据库中。

　　私有属性的性能可以通过计算量的大小和存放空间来分析。在计算量方面,单向 Hash 函数(如 SHA-1)和公钥算法签名证书所需要大量的操作相比较,它产生的计算量是比较小的。存放私有属性的空间也是比较小的,当使用 SHA-1 时,只需要 20 个字节大小。这和证书数字签名所需要的空间相比较是非常小的。在一些情况下,采用 Hash 后的值可以明显地缩小证书所需要的空间,比如图像或者生物数据。

6.3　改进的选择性泄露协议

　　使用 Hash 函数的选择性泄露协议的特点是算法比较简单,容易实现,验证容易,因此也具有较强的实用性。不过,这个方案存在着一个不足,它没有考虑证书的存储空间问题。因为现有的解决方案需要把每个属性字段的散列值保存在证书的扩展字段中,当证书上面的属性字段的数目比较多,而实际使用中又对存储空间有较高的要求时,这个方案就不行了。这里,我们介绍两种改进方案。

6.3.1　Merkle 树方案

　　Merkle Hash 树也是一个 Hash 树,每一个叶子存放经过 Hash 后的散列码 $H(M)$,而根和内部节点的值都是它们孩子相连接后的 Hash 值。因为 Hash 树是二叉树,所以每一个父亲节点最多只能有两个孩子节点。具体构造 Merkle Hash 树时,首先每两个叶子节点相连接,然后进行单向 Hash 函数,生成的值就是它们的父亲节点,如此反复最后生成根。图 6.5 展示了构造 Merkle Hash 树的步骤。

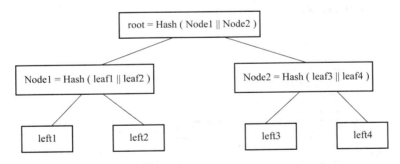

图 6.5　Merkle Hash 树

　　下面我们对 Merkle 树方法进行描述和分析。假设 Alice 的证书上仍然只有 4 个属性:姓名(Alice)、E-mail(Alice@163.com)、性别(女)、生日(1980-8-8)。然后进行如下步骤。

　　(1) 首先生成 4 个随机数 rv1、rv2、rv3、rv4,然后和每一个属性字段作连接并添加特殊标志符号“ * ”,这样就生成 4 个临时值 tv1＝Alice * rv1,tv2＝Alice@163.com * rv2,tv3＝女 * rv3,tv4＝1980-8-8 * rv4,对这 4 个值 Hash,生成 4 个叶子节点:leaf1＝Hash(tv1),leaf2＝Hash(tv2),leaf3＝Hash(tv3),leaf4＝Hash(tv4)。

　　(2) 每两个叶子节点相连接,再 Hash,生成中间节点 node1、node2。node1＝Hash(leaf1 ‖ leaf2),node2＝Hash(leaf3 ‖ leaf4),符号“ ‖ ”表示前后两个值作连接,这里不需要添加特

殊符号"＊"。

（3）最后 node1、node2 相连接，再 Hash 生成 root。root＝Hash(node1 ‖ node2)。

通过上述 3 个步骤产生了 root，root 将替换证书上的 4 个属性。

如果 Bob 需要 Alice 出示姓名和 E-mail，Alice 需要发送 tv1、tv2、node2。Bob 通过下面几个步骤进行判别（符号"‖"表示前后两个值作连接）：

（1）计算 leaf1′＝Hash(tv1)，leaf2′＝Hash(tv2)，node1′＝Hash(leaf1′ ‖ leaf2′)；

（2）计算 root′＝Hash(node1′ ‖ node2)；

（3）比较 root′ 和 root，确认无误后，再通过特殊标志"＊"从 tv1、tv2 中取得所需信息。

通过和原来的方案作比较，我们可以看到，使用现有方案需要在原始证书上存放每一个属性的散列值，这就要求证书有比较大的存储空间，而使用 Merkle 树，无论有多少个属性，证书上只需要存放最终的 root 就可以了。因为证书上面最终只展示 root，所以用 Merkle 树极大地节约了证书的存储空间。

Merkle 树方案实际是对已有方案的进一步扩展，因此完全可以实现数据的保密性、完整性、访问控制，也具有较高的性能。但使用 Merkle 树也有一定的不足，就是它的效率和现有方案相比有所下降。在原来的解决方案中，验证方需要什么信息，被验证方只需要发送相应的验证信息就可以了。而采用 Merkle 树方案，被验证方除了要发送相关的验证信息外（比如上面的 tv1、tv2），还要发送一些无关信息（比如上面的 node2），随着证书属性的增加，无关信息也就随着增加，这就增加了计算量，效率也就下降了。

6.3.2　Huffman 树方案

由于 Merkle 树存在效率低下的缺点，因此有必要作改进。因为在实际的应用中证书上每一个属性字段被出示的概率是不一样的。根据调查（如图 6.6 所示），不同字段出示的概率是不一样的。一般来说 E-mail、姓名等被展示次数是比较多的，而体重、性别、住址等被展示次数相对来说比较少。因此，根据这个特点，我们用 Huffman 树对 Merkle 树进行进一步的修改。

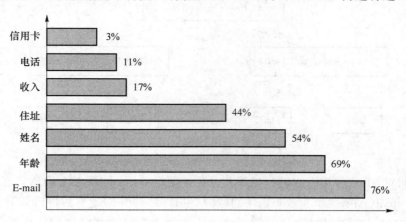

图 6.6　实际应用中不同字段出现概率的统计

Huffman 树是一个有权二叉树，其生成算法如下。

（1）由给定的 n 个权值 $\{w_0, w_1, w_2, \cdots, w_{n-1}\}$，构造具有 n 棵扩充二叉树的森林 $F = \{T_0, T_1, T_2, \cdots, T_{n-1}\}$，其中每一棵扩充二叉树 T_i 只有一个带有权值 w_i 的根节点，其左右子树均为空。

（2）重复以下步骤，直到 F 中仅剩下一棵树为止：

① 在 F 中选取两棵根节点的权值最小的扩充二叉树作为左右子树，构造一棵新的二叉树，置新的二叉树的根节点的权值为其左右子树上根节点权值之和；

② 在 F 中删去这两棵二叉树，把新的二叉树加入 F。

为了说明的简单，我们假定 Alice 的证书上仍然只有 4 个属性：姓名（Alice）、E-mail（Alice@163.com）、性别（女）、生日（1980-8-8）。假定在 20 次会话中，E-mail 需要出示 20 次，姓名需要出示 12 次，性别需要出示 5 次，而生日需要出示 1 次。那么根据 Huffman 编码算法，E-mail、姓名、性别、生日相应的权值就是{20,12,5,1}，生成相应的 Huffman 树，如图 6.7 所示。图中 4 个叶子节点代表着不同属性的权值，生成的方法与原来的方案类似，即先生成 4 个随机数 rv1、rv2、rv3、rv4，然后和每一个属性字段作连接并添加特殊标志符号"＊"，这就生成 4 个临时值 tv1＝Alice＊rv1；tv2＝Alice@163.com＊rv2；tv3＝女＊rv3；tv4＝1980-8-8＊rv4，对这 4 个值 Hash，就生成 4 个叶子节点，这 4 个叶子节点再根据 Huffman 编码算法构造成 Huffman 树。

如果 Bob 需要 Alice 的 E-mail，Alice 将发送 tv1、node2。Bob 需要下面两个步骤：

（1）计算 leaf1′＝Hash(tv1)，root′＝Hash(leaf1′ ‖ node2)；

（2）比较 root′ 和 root，确认无误后，再通过特殊标志"＊"从 tv1 中取得 E-mail 信息。

如果使用 Merkle 树，Alice 要发送 tv1、leaf2、node2（如图 6.7 所示）。Bob 需要下面 3 个步骤：

（1）计算 leaf1′＝Hash(tv1)，node1′＝Hash(leaf1′ ‖ leaf2)。

（2）计算 root′＝Hash(node1′ ‖ node2)。

（3）比较 root′ 和 root。

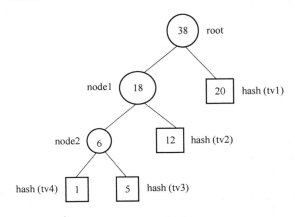

图 6.7　Huffman 树解决方案

因为 Merkle 树没有考虑节点出示的概率问题，因而每一个属性在树中的深度是一样的；而 Huffman 树考虑到了每个节点出示的概率，这就使得出示概率高的节点在树中的深度要比出示概率低的节点要低，从而减少了树的搜索路径长度，提高了效率。但不足之处是应用 Huffman 树构建时，每个节点的权值（出示概率）是根据长期统计得来的，因而在一些统计和实际并不相符合的情况下，效率不一定比 Merkle 树高。

表 6.1 是 3 种方案的简单比较。

表 6.1　三种方案的比较

解决方案	优点	缺点
Hash 函数	算法简单，容易实现	需要比较大的存储空间
Merkle 树	需要很少的存储空间	效率随着字段的增加而下降
Huffman 树	需要很少的存储空间，效率较高	统计和实际并不是很符合的情况下效率可能下降

6.4　数字证书出示中的选择性泄露

6.4.1　签名证明

Alice 要出示数字证书给 Bob，那么她需要发送数字证书和 CA 的数字签名给 Bob。为了防止重放攻击，她可以选择性地泄露一些信息，并用她的秘密密钥进行签名。

我们采用知识证明来进行数字签名，也就是说 Alice 必须向 Bob 证明她知道与公钥 $h = g_1^{x_1} \cdots g_l^{x_l} h_0^{\alpha}$ 相对应的秘密密钥 $(x_1, \cdots, x_l, \alpha)$，其中，$\alpha \in Z_q, g_1, \cdots, g_l \in G_q$。图 6.8 所示的协议中使用了不泄露 Alice 秘密密钥的知识证明。其中，$\in_R Z_q$ 表示变量的选择是随机的，sign(h) 表示 CA 的签名是基于数字证书公钥的，n 是 Bob 的挑战，$r_1, \cdots, r_{l+1}$ 表示 Alice 的响应。很容易看出如果 Alice 知道 $(x_1, \cdots, x_l, \alpha)$ 并且遵循协议，那么就可以验证 $r_1, \cdots, r_{l+1}$ 成立。我们称 α 为初始证明。

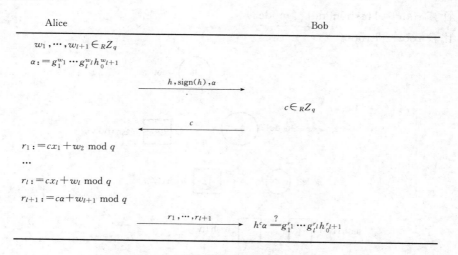

图 6.8　数字证书公钥的知识证明

在这个协议中，Bob 不能计算 Alice 的秘密密钥以及任何 h 对应的秘密密钥。

（1）冒充者能够在不知道秘密密钥的情况下参与协议。挑战 c 是随机产生的，$(r_1, \cdots, r_{l+1})$ 也是随机的，计算 α 就能够进行验证。这和 Bob 参与协议产生的结果是一样。Bob 能选择一个不可能被冒充的 c，但不能证明 Bob 不知道 Alice 的秘密密钥。如果 c 来自一个小的挑战序列，而不是 Z_q，那么无论 Bob 如何产生 c 冒充都是可能发生的。冒充者猜测一个挑战 c，并使 Bob 产生 $\alpha := h^{-c} g_1^{r_1} \cdots g_l^{r_l} h_0^{r_{l+1}}$ 进行随机的响应。冒充者重复进行这个步骤直到他正确猜出 c。这就说明从小的挑战序列中 Bob 不能获得任何信息，因为他从 Alice 处得到的都是他自己产生的。协议中挑战序列是很大的,冒充者需要相当长的时间才能攻破协议,但我们还是建议 Alice 的秘密密钥不要被泄露。

(2)如果 Bob 不知道所有 x_i 的先验值,那么我们可以证明 Alice 的秘密密钥没有被泄露。也就是说,Bob 不能获悉 Alice 在协议中使用的秘密密钥。我们已经知道 h 本身不会泄露信息,因此,如果在协议执行若干步后,Bob 能够计算一个秘密密钥,这个密钥是 Alice 知道的密钥的可能性也不大。这就为 Alice 和 Bob 联合产生一个数字证书公钥提供了一种方法,即他们可以拥有多个秘密密钥。

而且,Alice 不可能在 Bob 没有她的数字证书秘密密钥情况下让 Bob 接受响应。假设 Alice 有一个初始证明 α,通过 α 她能够为两个不同的挑战 c 和 c' 提供正确的响应,响应序列分别为 $(r_1, \cdots, r_{l+1})$ 和 $(r_1', \cdots, r_{l+1}')$。从 $h^c\alpha = g_1^{r_1} \cdots g_l^{r_l} h_0^{r_{l+1}}$ 和 $h^{c'}\alpha = g_1^{r_1'} \cdots g_l^{r_l'} h_0^{r_{l+1}'}$ 得到

$$h = g_1^{(r_1-r_1')/(c-c')} \cdots g_l^{(r_l-r_l')/(c-c')} h_0^{(r_{l+1}-r_{l+1}')/(c-c')}$$

$((r_1-r_1')/(c-c'), \cdots, (r_l-r_l')/(c-c'), (r_{l+1}-r_{l+1}')/(c-c'))$ 是与数字证书公钥 h 相对应的秘密密钥,Alice 可以通过计算两次响应以及相应的响应序列得到。换句话说,Alice 不能响应多于一次的挑战,除非她知道与数字证书公钥相对应的秘密密钥。Alice 要进行欺骗只有一种方法,猜测 c,对任意的响应 $(r_1, \cdots, r_{l+1})$ 都是发送 $\alpha := h^{-c} g_1^{r_1} \cdots g_l^{r_l} h_0^{r_{l+1}}$ 给 Bob。这种方法能够成功的可能性为 $1/q$(q 很大)。

为了把知识证明转化成 Alice 的数字签名,挑战是由虚拟的验证者(Bob)实施。Alice 设置 $c := H(h, a, m)$,$H()$ 是公开的强单向 Hash 函数,m 是能够防止 Bob 的重放攻击的任意消息,$H()$ 的输出小于 q。我们假设可以找到 $H()$ 的碰撞。元组 $(a, r_1, \cdots, r_{l+1})$ 是 Alice 对消息 m 的数字签名。协议如图 6.9 所示,因为 Alice 的数字签名基于知识证明,所以我们称它为签名证明。

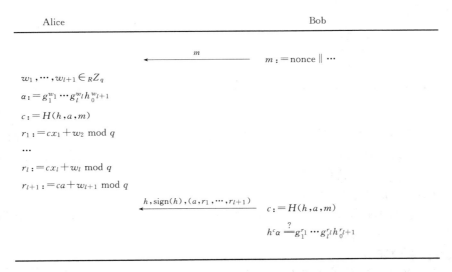

图 6.9 Alice 对 Bob 的消息 m 的数字签名

形成 c 时,a 被 Hash 了,这是为了保证不能在 c 的基础上构造 a。用数字证书公钥 h 产生数字签名的唯一方法是知道秘密密钥,而这通过分析以前产生的数字签名是无法得到的,这样就防止了重放攻击。

6.4.2 选择性泄露签名证明

上面的数字签名方案不支持选择性泄露,如果 Alice 在她的数字证书中声明一个属性,Bob 如何知道这个声明是正确的呢? Alice 的数字签名不仅证明她知道一个秘密密钥,而且证明证书中的属性与她的声明是一致的。一般的零知识证明在这里没有作用,因为声明的属性必须编码成门电路,辅助的属性必须用于每个门中。Brands 提出了一个解决方案,图 6.9 中的知识证明在这里仍然起作用,我们把$(x_1,\cdots,x_l,\alpha)$叫作 h 关于底元组为$(g_1,\cdots,g_l,h_0)$的表示法。

举一个例子。假设要进行电子交易,Alice 想隐藏纸质证明中的一个数据。她发送 h 以及 CA 的数字签名给 Bob,并泄露与 x_1 等价的 $y_1 \in Z_q$。如果 Alice 的声明是合法的,那么 $h/g_1^{y_1} = g_2^{x_2}\cdots g_l^{x_l}h_0^a$,$h/g_1^{y_1}$ 是关于底元组$(g_2,\cdots,g_l,h_0)$的一个表示法。反之,如果 Alice 能够证明 $h/g_1^{y_1}$ 是关于底元组$(g_2,\cdots,g_l,h_0)$的一个表示法,就表示她知道$(y_2,\cdots,y_{l+1})$,这样就得到 $h/g_1^{y_1} = g_2^{y_2}\cdots g_l^{y_1}h_0^{y_{l+1}}$,$h = g_1^{y_1}g_2^{y_2}\cdots g_l^{y_l}h_0^{y_{l+1}}$。$(y_1,\cdots,y_{l+1})$ 必须是 Alice 的秘密密钥,因为她不知道数字证书公钥的其他秘密密钥,因此 $x_1 = y_1 \bmod q$。

为了证明 $h/g_1^{y_1}$ 是关于底元组$(g_2,\cdots,g_l,h_0)$的一个表示法,Alice 采用图 6.9 中的知识证明,但是用 $h/g_1^{y_1}$ 代替 h,用$(g_2,\cdots,g_l,h_0)$代替$(g_1,\cdots,g_l,h_0)$。协议如图 6.10 所示。

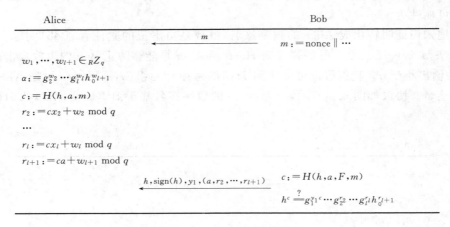

图 6.10 $x_1 = y_1$ 的签名证明

F 的 Hash 表示对 Alice 要证明的属性的描述是唯一的。如果可能被证明的属性都是 $x_1 = y_1 \bmod q$ 的形式,那么它与 y_1 一起进行 Hash。如果没有 F,Alice 会以图 6.9 中的方式形成 a 和 $r_2,\cdots,r_{l+1}$,结果就是证明 $y_1 = x_1 + (w_1/H(h,a,m)) \bmod q$。$F$ 与 y_1 一起 Hash 保证了 y_1 不可能在 c 形成之后被重构。

在这个协议中,不管 $x_1,\cdots,x_l$ 是以何种方式选取的,Bob 在 $x_1 = y_1 \bmod g$ 的形式下都不能获知 Alice 属性的任何信息。

1. 线性关系的证明

如果 Alice 想要一次使 Bob 确信她的多个属性,只需将上面的方案做些改变即可,Alice 甚至可以通过 AND 证明形成线性关系的属性规则,而这是很有实际意义的,原因有两点。

假设一个数字证书包含三个属性,$h = g_1^{x_1} g_2^{x_2} g_3^{x_3} h_0^a$,Alice 想向 Bob 证明属性 F:($x_1 = 2x_3 + 3 \bmod q$) AND ($x_2 = 4x_3 + 5 \bmod q$)。如果这个公式是正确的,那么 $h/(g_1^3 g_2^5) = (g_1^2 g_2^4 g_3)^{x_3} h_0^a$。因此,Alice 能够证明 $h/(g_1^3 g_2^5)$ 是关于元组$(g_1^2 g_2^4 g_3, h_0)$的表示知识,这样 Alice 就能够让 Bob 相信她。将图 6.9 中的证据替换成 $h/(g_1^3 g_2^5)$,新的底元组为$(g_1^2 g_2^4 g_3,$

h_0），协议如图 6.11 所示。

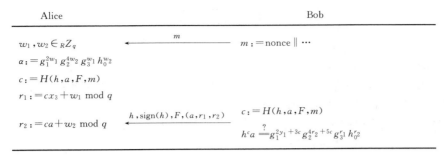

图 6.11　$(x_1 = 2x_3 + 3 \bmod q)$ AND $(x_2 = 4x_3 + 5 \bmod q)$的签名证明

2. 否认证明

这是另一种选择性泄露方案，是为了证明数字证书中的一个属性值不等于一个固定值。假设 Alice 拥有一个包含单一属性的数字证书，即 $h = g_1^{x_1} h_0^a$，她想证明 $x_1 \neq y_1 \bmod q$。如果确实 $x_1 \neq y_1 \bmod q$，那么存在一个 $\varepsilon \neq 0 \bmod q$ 使得 $x_1 = y_1 - \varepsilon \bmod q$，于是 $g_1 = (g_1^{y_1}/h)^{1/\varepsilon} h_0^{a/\varepsilon}$。另外，如果 Alice 知道 z_1、z_2，那么 $g_1 = (g_1^{y_1}/h)^{z_1} h_0^{z_2}$，可以得到 $h^{z_1} = g_1^{y_1 z_1 - 1} h_0^{z_2}$。如果 $z_1 = 0 \bmod q$，那么 Alice 知道 g_1 关于 h_0 的离散对数；它与 z_2 等价。因此，$z_1 \neq 0 \bmod q$，$h = g_1^{y_1 - 1/z_1} h_0^{z_2/z_1}$。但是它满足 $x_1 = y_1 - 1/z_1 \bmod q$，与 y_1 不等价，这就是 Alice 要证明的。换句话说，通过证明 g_1 关于$(g_1^{y_1}/h, h_0)$的表示知识，Alice 能够证明 $x_1 \neq y_1 \bmod q$。

最后再次强调一下，为了公式描述的安全性，构造 c 时要进行 Hash 运算。

3. AND 和 NOT 属性证明

假设一个数字证书包含单个属性，$h = g_1^{x_1} g_2^{x_2} g_3^{x_3} h_0 a$，下面的式子表示 F：

$$\text{NOT }(x_1 + 3x_2 + 5x_3 = 7 \bmod q) \text{ AND } (3x_1 + 10x_2 + 18x_3 = 23 \bmod q)$$

用 ε 表示 $7 - (x_1 + 3x_2 + 5x_3) \bmod q$，这个式子等价于存在一个 $\varepsilon \neq 0 \bmod q$ 使得$(x_1 = 1 + 4x_3 - 10\varepsilon)$ AND $(x_2 = 2 - 4x_3 + 3\varepsilon)$。通过替换我们得到

$$g_1^{10} g_2^{-3} = (g_1^1 g_2^2/h)^{1/\varepsilon} (g_1^4 g_2^{-3} g_3)^{x_3/\varepsilon} h_0^{a/\varepsilon}$$

因此，如果 F 是正确的，那么 Alice 能够证明 $g_1^{10} g_2^{-3}$ 是关于$(g_1^1 g_2^2/h, g_1^4 g_2^{-3} g_3, h_0)$的表示知识。协议如图 6.12 所示。

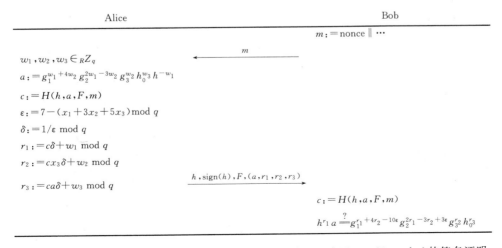

图 6.12　NOT$(x_1 + 3x_2 + 5x_3 = 7 \bmod q)$ AND $(3x_1 + 10x_2 + 18x_3 = 23 \bmod q)$的签名证明

习 题 6

1. 什么是选择性泄露？主要有哪些特性？
2. 单个数字证书的内容泄露与多个数字证书的内容泄露的主要区别是什么？
3. 利用 Huffman 树改进的选择性泄露协议有什么优点？
4. 描述一下签名证明协议的过程，并给出相应的应用实例。
5. 如何用选择性泄露协议进行线性关系的证明？

第 7 章

数字签名变种

普通的数字签名具有广义可验证性,即任何人都可验证某个签名是否是对某个消息的签名。然而在某些情形下,特别是为了保护签名者或接收者的隐私时,并不希望让所有人都能验证签名。这就是数字签名体制中广义可验证性和隐私性之间的矛盾。本章介绍具有一些特殊性质的数字签名。

7.1 不可否认签名

普通数字签名可以容易地进行复制,这对于公开声明、宣传广告等需要广泛散发的文件来说是方便的和有益的。但是对于需要保护知识产权的软件来说,却不希望容易地进行复制,否则其知识产权和经济利益将受到危害。例如,软件开发者可以利用不可否认签名对他们的软件进行保护,使得只有授权用户才能验证签名并得到软件开发者的售后服务,而非法复制者不能验证签名,从而不能得到软件的售后服务。Chaum 和 Van Antwerprn 于 1989 年提出了不可否认签名的概念,它拓展了普通签名的概念,使签名者能够限制签名的验证权,即不可否认签名的验证必须在签名者的帮助下完成。这一性质有效地防止了签名者滥用签名,使得不可否认签名可以被应用到某些特殊的场合,如银行用户保险箱。

不可否认签名与普通数字签名最本质的不同在于,对于不可否认签名,在得不到签名者配合的情况下其他人不能正确进行签名验证,从而可以防止非法复制和扩散签名者所签署的文件。这对于保护软件等电子出版物的知识产权有积极意义。

一个不可否认的签名方案由三个部分组成:签名算法、验证协议以及否认协议。这里我们假设 q 和 p 是大素数,p 是安全素数,即 $p=2q+1$,有限域 GF(p)的乘法群 Z_p^* 中的离散对数问题是困难的。α 是 Z_p^* 中的一个 q 阶元素,a 是 Z_p^* 中的一个元素,$1 \leqslant a \leqslant q-1$。$\beta = \alpha^a \bmod p$,参数 α 和 p 可以公开,β 为用户的公开钥,以 a 为用户的秘密钥,要由 β 求出 a 是求解有限城的离散对数问题,这是极困难的。

(1) 签名算法

设待签名的消息为 M,$1 \leqslant M \leqslant q-1$,则用户的签名为

$$S = \mathrm{Sig}(M, a) = M^a \bmod p$$

签名者把签名 S 发送给接收者。

(2) 验证算法

① 接收者接收签名 S。

② 接收者选择随机数 e_1、e_2,$1 \leqslant e_1, e_2 \leqslant p-1$。

③ 接收者计算 c,并把 c 发送给签名者。

$$c = S^{e_1} \beta^{e_2} \bmod p$$

④ 签名者计算

$$b = a^{-1} \bmod q$$
$$d = c^b \bmod p$$

并把 d 发送给接收者。

⑤ 当且仅当

$$d = M^{e_1} \alpha^{e_2} \bmod p$$

接收者认为 S 是一个真实的签名。

关于上述验证算法的合理性可简单证明如下。

$$d = c^b \bmod p = (S^{e_1})^b (\beta^{e_2})^b \bmod p$$

因为 $\beta = \alpha^a \bmod p, b = a^{-1} \bmod q$，所以有 $\beta^b = \alpha \bmod p$。又因为 $S = M^a \bmod p$，所以又有 $S^b = M \bmod p$。把它们代入 $d = c^b \bmod p = (S^{e_1})^b (\beta^{e_2})^b \bmod p$ 可得

$$d = M^{e_1} \alpha^{e_2} \bmod p$$

因为上述签名验证过程的第③和第④步需要签名者进行，所以没有签名者的参与，就不能验证签名的真伪。这正是不可否认签名的主要特点之一。

现在我们简单说明，攻击者不能伪造签名而使接收者上当。假设攻击者在知道消息 M 而不知道签名者的秘密钥 a 的情况下，伪造一个假签名 S'。那么以 S' 执行验证协议而使接收者认可的概率有多大呢？再假设在执行验证协议时，攻击者能够冒充签名者接收和发送消息，则这一问题变为攻击者成功猜测秘密钥 a 的概率，因为 $1 \leqslant a \leqslant q-1$，所以猜测成功的概率为 $1/(q-1)$，加上其他因素，伪造签名而使接收者认可的概率 $\leqslant 1/(q-1)$。

（3）否认协议

对于不可否认签名，如果签名者不配合便不能正确进行签名验证，于是不诚实的签名者便有可能在对他不利时拒绝配合验证签名。为了避免这类事件，不可否认签名除了普通签名中的签名产生算法、验证签名算法外，还需要另一重要组成部分：否认协议（Disavowal Protocol）。签名者可利用执行否认协议向公众证明某一文件的签名是假的，反过来如果签名者不执行否认协议就表明签名是真实的。为了防止签名者否认自己的签名，必须执行否认协议。

① 接收者选择随机数 e_1、e_2，$1 \leqslant e_1, e_2 \leqslant p-1$。

② 接收者计算 c，并把 c 发送给签名者。

$$c = S^{e_1} \beta^{e_2} \bmod p$$

③ 签名者计算

$$b = a^{-1} \bmod q$$
$$d = c^b \bmod p$$

并把 d 发送给接收者。

④ 接收者验证 $d = M^{e_1} d^{e_2} \bmod p$。

⑤ 接收者选择随机数 f_1, f_2，$1 \leqslant f_1, f_2 \leqslant p-1$。

⑥ 接收者计算 $C = S^{f_1} \beta^{f_2} \bmod p$，并发送给签名者。

⑦ 接收者计算 $D = C^b \bmod p$，并发送给签名者。

⑧ 接收者验证 $D = M^{f_1} \alpha^{f_2} \bmod p$。

⑨ 接收者宣布 S 为假，当且仅当

$$(d\alpha^{-e_2})^{f_1} = (D\alpha^{-f_2})^{e_1} \bmod p$$

上述否认协议的①~④步实际上就是签名的验证协议。⑤~⑧步为否认进行数据准备，

第⑨步进行综合判断。

关于式子 $(d\alpha^{-e_2})^{f_1} = (D\alpha^{-f_2})^{e_1} \bmod p$ 的合理性证明如下：由 $d = c^b \bmod p, c = S^{e_1}\beta^{e_2} \bmod p$ 和 $\beta = \alpha^a \bmod p$ 有

$$(d\alpha^{-e_2})^{f_1} = ((S^{e_1}\beta^{e_2})^b\alpha^{-e_2})^{f_1} \bmod p$$
$$= S^{e_1 f_1}\beta^{e_2 b f_1}\alpha^{-e_2 f_1} \bmod p$$
$$= S^{b e_1 f_1} \bmod p$$

类似的，利用 $D = C^b \bmod p, C = S^{f_1}\beta^{f_2} \bmod p$ 及 $\beta = \alpha^a \bmod p$ 可以得出

$$(D\alpha^{-f_2})^{e_1} \bmod p = S^{b e_1 f_2} \bmod p$$

从而证明式 $(d\alpha^{-e_2})^{f_1} = (D\alpha^{-f_2})^{e_1} \bmod p$ 成立。

执行上述否认协议可以证实以下两点：

① 签名者可以证实接收者所提供的假签名确实是假的；

② 接收者提供的真签名不可能（极小的成功概率）被签名者证实是假的。

7.2　盲　签　名

7.2.1　RSA 盲签名方案

盲签名是由 David Chaum 于 1983 年提出的。盲签名在数字现金、电子投票等领域都有较大的应用价值，特别是目前的数字现金，大部分都是采用盲签名的原理实现的。所谓盲签名是指签名人只是完成对文件的签名工作，并不了解所签文件的内容。而普通的签名都是签名人对所签文件内容是知道的。盲签名的原理可用图 7.1 表示。

图 7.1　盲签名的原理

盲签名与普通签名相比有两个显著的特点：(1) 签名者不知道所签署的数据内容；(2) 在签名被签名申请者泄露后，签名者不能追踪签名。为了满足这两个条件，申请者首先将待签数据进行盲变换，把变换后的盲数据发给签名者，经签名者签名后再发给申请者。申请者对收到的消息进行去盲变换，得出的便是签名者对原数据的盲签名，这样便满足了条件(1)。要满足条件(2)，必须使签名者事后看到盲签名时不能与盲数据联系起来，这通常是依靠某种协议来实现的。

1983 年，Chaum 基于 RSA 公钥密码系统，首次提出基于因子分解问题的盲签名方案，该方案可用于电子支付系统。下面介绍这一算法。

设用户 A 要把消息 M 发送给 B 进行盲签名，e 是 B 的公钥，d 是 B 的私钥，n 是模。

(1) A 对消息 M 进行盲化处理：他随机选择盲化整数 $k, 1 < k < M$，并计算

$$T = Mk^e \bmod n$$

(2) A 把 T 发给 B。

(3) B 对 T 签名：

$$T^d = (Mk^e)^d \bmod n$$

(4) B 把他对 T 的签名发给 A。

（5）A 通过计算得到 B 对 M 的签名。

$$S = T^d / k \bmod n = M^d \bmod n$$

这一算法的正确性可简单证明如下。

因为 $T^d = (Mk^e)^d \bmod n = M^d k \bmod n$，所以 $T^d / k \bmod n = M^d \bmod n$，而这恰好是 B 对消息 M 的签名。

7.2.2 Schnorr 盲签名方案

1992 年，Okamoto 基于 Schnorr 签名体制构造了一个盲签名方案，该方案的安全性依赖于离散对数问题的难解性。签名协议如下。

（1）初始化阶段

签名者选择两个大素数 p 和 q，满足 $q \mid (p-1)$，$p \geqslant 2^{512}$ 及 $q \leqslant 2^{160}$，$g^q = 1 \bmod p$，选取私钥 $x(1 < x < q)$，令 $y = g^x \bmod p$，p、q、g、y 为公钥，h 为具有无碰撞性的 Hash 函数。

（2）签名阶段

步骤 1：签名者 B 随机选择 $k \in Z_p$，计算 $r = g^k \bmod p$，并将 r 发送给消息拥有者 A。

步骤 2：A 接收到 r 后，选择随机数 $\alpha, \beta \in Z_p$，然后计算

$$r' = r g^{-\alpha} y^{-\beta} \bmod p, e = h(r', m) \bmod q, e' = e + \beta \bmod q$$

并将 e' 发送给 B。

步骤 3：B 接收到 e' 后，计算 $s' = k - e'x \bmod q$，并将 s' 发送给 A。

步骤 4：A 接收到 s' 后，计算 $s = s' - \alpha \bmod q$，则 (e, s) 即为消息 m 的盲签名。

（3）验证阶段

计算 $r'' = g^s y^e \bmod p$，若 $e = h(r'', m) \bmod q$ 成立，则接受 (e, s) 是对消息 m 的盲签名，否则拒绝接受。

7.3 部分盲签名

Abe 和 Fujisaki 于 1996 年首次提出了部分盲签名的概念。这里的"部分"就意味着带签名的消息是由签名申请方和签名方共同生成的，即待签名的消息包括签名申请者提交的待签消息和签名者提供的"身份消息"。

部分盲签名较好地克服了盲签名的一些固有的缺点。因为在盲签名中，签名者必须确信 m 是依据正确的方式产生的，且必须含有用户的身份信息，即匿名性和安全性相矛盾。而部分盲签名允许签名者添加一些诸如签名时间、签名有效期和对签署消息性质的说明性信息等内容，这样不仅保证了待签消息对签名者的盲性，而且阻止了签名申请者提供非法信息而滥用签名，进而有效地保护了签名者的合法权益。

部分盲签名方案可以看作是一个集合 $\{x, f(x), c, S(), V(), B(), U()\}$。这里，$x$ 和 $f(x)$ 分别是签名者的私钥和公钥。c 是签名者将在不泄露给发送者的前提下加入签名中的信息。$S(x, c, m)$ 是签名者用私钥 x 对信息 m 的签名。$V()$ 是签名验证函数，它使用输入 $\{f(x), m, S(x, c, m)\}$。$B()$ 是致盲函数，它使得 $B(m, r)$ 与信息 m 及致盲因子 r 统计无关。$U()$ 是脱盲函数，它使 $U(S, r')$ 是脱盲后用户取得的最终签名，而且在脱盲因子 r' 不泄露的前提下 $U(S, r')$ 与 S 统计无关。它的协议如下。

（1）发送方将致盲后的信息 $B(m, r)$ 发送给签名方。

（2）签名方用其私钥对信息进行签名，然后将签名 $S(x,c,B(m,r))$ 发送给发送方。

（3）发送方检查签名是否满足验证函数 $V()$，接着对签名进行脱盲，即计算 $U(S(x,c,B(m,r)),r')$，从而计算得 $S(x,c,m)$，然后可以将签名和被签名信息 m 发送给签名方。

（4）签名方可以检查 $S(x,c,m)$ 和 m 是否满足验证函数 $V()$，但无法获取任何有关用户的身份 c 的信息。

Abe 和 Fujisaki 的部分盲签名可以描述如下。

（1）用户随机选取盲因子 $k \in Z_n^*$，计算消息 m 的盲化消息 $\alpha = r^{\tau(c)}m \pmod{n}$，其中 c 是用户与签名者协商的公共信息，$\tau(c)$ 是 c 的变换，用户把 α 发送给签名者。

（2）签名者计算 t 使得 t 满足 $t^{\tau(c)} = \alpha \pmod{n}$，签名者发送 t 给用户。

（3）用户计算 $s = r^{-1}t \pmod{n}$。

元组 (s,c) 是消息 m 的部分盲签名。任何人可以通过公式 $s^{\tau(c)} \equiv m \pmod{n}$ 是否成立验证签名。

7.4　公平盲签名

盲签名在某种程度上保护了签名申请者的利益，但不幸的是盲签名的匿名性可能被犯罪分子所滥用。为了阻止这种滥用，M. Stadler 等又引入了公平盲签名的概念，它可以在需要的时候让一个可信任第三方发布信息，允许签名人把消息-签名对和签名时的具体内容联系起来，实现对签名申请人的追踪。

公平盲签名比盲签名增加了一个特性，即建立一个可信中心，通过可信中心的授权，签名者可追踪签名。它可以在需要的时候让一个可信任第三方发布信息，允许签名人把消息-签名对和他签名时的具体内容联系起来，揭开签名，实现对签名申请者的追踪。

根据仲裁者从签名者在揭开签名过程中接收到的信息，M. Stadler 等将公平盲签名方案分为两类：

（1）给定协议签名者所看到的视图（即盲化的消息），仲裁者能让签名者（或所有人）有效识别出相应的消息签名对；

（2）给定消息签名对，仲裁者能让签名者有效地鉴别出申请签名的用户，即识别出签名时的盲化消息。

公平盲签名由多个请求者、一个签名者以及一个可信第三方组成，比如一个仲裁者和两个协议（如图 7.2 所示）：一个签名协议（包括一个签名者和一个请求者）和一个链接-恢复协议（包括签名者和仲裁者）。

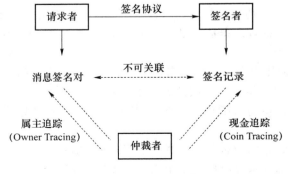

图 7.2　公平盲签名模型

M. Stadler 使用分割-选择技术给出了一个公平盲签名方案。其参数设置如下：(n,e) 是签名者的公钥，$n = pq$（p、q 是两个大素数），e 是与 $\varphi(n) = (p-1)(q-1)$ 相关的整数；$E_j()$ 是仲裁者的公钥加密函数；H 是单向 Hash 函数；k 是安全参数。

用户和签名者首先请求一个会话身份 ID（每次签名需对应不同的 ID），然后执行图 7.3 中的步骤。

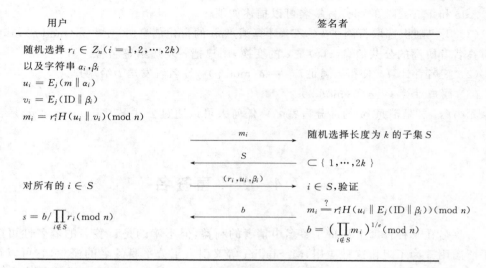

图 7.3 使用分割选择技术的公平盲签名协议

最终的签名由 s 和 $T = \{(\alpha_i, v_i) \mid i \notin S\}$ 组成，可以通过下面的式子进行验证：

$$s^e \overset{?}{=\!=} \prod_{(\alpha, v) \in T} H(E_j(m \parallel \alpha) \parallel v) \pmod{n}$$

- 现金追踪（Coin Tracing）：如果一个可疑者支取现金，该现金可被撤销匿名并在存款时识别出，(r_i, u_i, β_i) 追踪出 m，对 u_i 解密。
- 属主追踪（Owner Tracing）：如果一个可疑者存款，该现金可被撤销匿名并揭示出属主。(m, s, α_i, v_i) 追踪出 ID，对 v_i 解密。

这个方案基本上是安全的，不过因为签名过程中要交换大量的数据，使得最后的签名很长，所以效率不高。

7.5　一次性数字签名

若至多可以用来对一个消息进行签名，否则签名就可能被伪造，我们称这种签名为一次性数字签名。Rabin 的一次签名方案是最早的签名方案之一，但该方案中签名的验证需要签名者和验证者合作才能完成。

1979 年，Lamport 使用单向函数提交密钥的方式构造了一次签名方案，这之后，这种方案被许多人研究。下面简单介绍一个一次性签名的方案。

（1）产生签名密钥。签名方随机产生 $2t$ 个密钥作为签名用的密钥，所以这些密钥需要保密，$2t$ 个密钥为 $K_1, K_2, \cdots, K_{2t}$。

（2）产生用于验证签名的数据信息。首先产生 $2t$ 个随机数：$u_1, u_2, \cdots, u_{2t}$；然后用 K_i 分别加密随机数 $u_i, i = 1, 2, \cdots, 2t$，得到 $2t$ 个密文数据 $U_1, U_2, \cdots, U_{2t}$，其中，$U_i = E(u_i, K_i)$，

$i=1,2,\cdots,2t$。公开这 $2t$ 个随机数和 $2t$ 个密文数据,作为用于验证签名的数据。需要注意的是,公布的 u_i 序列和 U_i 序列的排列顺序应与 $K_1,K_2,\cdots,K_{2t}$ 的顺序一致。

(3) 签名过程。签名分别用 K_i 对报文 M 的压缩码 $C(M)$ 加密获得:$S=(E(C(M),K_1)$,$E(C(M),K_2),\cdots,E(C(M),K_{2t}))$,简记为 $S=(S_1,S_2,\cdots,S_{2t})$,其中,$C$ 表示压缩函数,E 表示加密。签名者把消息和签名 (M,S) 发送给验证者。

(4) 验证方索取 t 个密钥。验证者收到签名消息后,随机产生一个长为 $2t$ 的比特串,要求其中包含 t 个比特 0,t 个比特 1。然后把该比特串发送给签名者。签名者收到该长为 $2t$ 的比特串之后,发送回 t 个密钥。发送原则是:如果比特串的第 i 位为 1,则签名方把 K_i 发送给对方。发送也要求按顺序完成。

(5) 验证签名。验证方收到签名方的 t 个密钥之后,就可以验证签名的有效性。验证方法可以如下表示:
$$\begin{cases} E(u_i,K_i)=U_i \\ E(C(M),K_i)=S \end{cases}, \quad i=j_1,j_2,\cdots,j_t$$
其中,K_i 表示接收方收到签名方的 t 个密钥,$i=j_1,j_2,\cdots,j_t$。如果对于所有的 t 个密钥上面两式成立,则签名有效,否则签名无效。

一次性数字签名在公钥签名体制中要求对每一个消息都使用一个新的公钥来作为验证参数,适用于计算复杂性低的芯片卡中。

7.6　群　签　名

群签名的概念由 Chaum 和 Heyst 在 1991 年提出。在群签名方案中,群的成员可以代表群进行签名,签名可用单一的群公开密钥验证。一旦消息被签名,除了指定的群管理者,没有人能够确定该签名是哪个特定的群成员签署的。群签名应该保证没有其他成员能够对于给定的消息伪造另一个成员的签名,它的有效性主要基于下列参数:群公钥的大小(位数),消息的群签名大小(位数),设置、加入、签名、验证、打开协议的有效性。

一个好的群签名方案一般被认为需具有以下特点。

(1) 正确性:合法成员发出的签名,能通过验证。

(2) 匿名性:给定一个群签名后,除了群管理员之外,确定签名人的身份在计算上是不可行的。

(3) 不可伪造性:只有获得群成员证书和签名密钥的群成员才能够生成合法的群签名。

(4) 不可关联性:在不打开群签名的情况下,确定两个不同的签名是否为同一个成员签署在计算上是不可行的。

(5) 可跟踪性:群管理员在必要的时候可以打开一个签名,确认签名者的身份。

(6) 抗合谋攻击性:即使一些群成员串通在一起也不能产生其他人的合法签名或者是一个不可跟踪的合法签名。

(7) 防陷害攻击:包括群管理员在内的任何人都无法以其他成员身份产生合法的群签名。

群签名包含五个过程。

(1) 设置(Setup):生成群公开密钥 Ψ 和群管理者的私钥 Σ 的一个概率算法。

(2) 加入(Join):群管理者与新群成员 Bob 之间的交互协议,生成 Bob 的私钥 x 和他的成员证书 A。

（3）签名（Sign）：群成员 Bob 与外部用户 Alice 之间的交互协议，输入 Alice 的消息 m 和 Bob 的私钥 x，输出对 m 的签名 s。

（4）验证（Verify）：输入为 (m, s, Ψ) 的一个算法，在群公钥 Ψ 下，确定 s 是否是 m 的有效签名。

（5）打开（Open）：输入为 (m, s, Σ) 的一个算法，确定把消息 m 签名为 s 的群成员身份。

群管理者计算通常的签名方案的密钥对 $(\text{sig}_M, \text{ver}_M)$，计算概率公开密钥加密方案的密钥对 $(\text{encr}_M, \text{decr}_M)$，公布两个公开密钥作为群公开密钥。Alice 以如下方式加入群：选择一个秘密的随机密钥 x 并计算成员密钥 $z = f(x)$，这里 f 是单向函数。Alice 发送 z 给管理者，管理者返回一个成员证书 $v = \text{sig}_M(z)$。Alice 的群秘密密钥是元组 (x, z, v)。

为了代表群对消息 m 签名，Alice 使用群管理者的加密密钥 encr_M 对 (m, z) 加密，即 $d = \text{encr}_M(r, (m, z))$，这里 r 是充分大的随机串。Alice 计算一个非交互最小泄露证明 p 证明她知道 x'、v' 和 r' 满足如下方程：

$$d = \text{encr}_M(r', (m, f(x'))) \text{ 和 } \text{ver}_M(v', f(x')) = \text{correct}$$

Alice 对消息 m 的签名是 (d, p)，该签名可以通过检查证明 p 进行验证。如果要打开这个签名，群管理者解密密文 d 得到成员密钥 z，从而揭示出 Alice 的身份。

7.7 环 签 名

假设 Bob 是国会议员，他想匿名向记者泄露总统的一些消息。在保持匿名的同时，Bob 需要记者确信他的议员身份。如果 Bob 匿名地向记者发送消息，匿名性能够保证，但记者无法相信该消息的来源。如果 Bob 签名发送消息，该消息的来源能够保证，但签名会泄露 Bob 的身份。另外，Bob 也不能使用群签名，因为群签名需要其他群成员的合作。环签名方案是一种没有管理者的类群签名方案，环中任何一个成员都可以代表整个环进行签名，而验证者只知道签名来自这个环，但不知道谁才是真正的签名者。2001 年，Rivest 等人基于大合数分解的难解性提出了第一个环签名方案（简称为 RST 环签名方案）。

环签名建立在公钥密码体制的基础之上，其唯一假设是：所有用户都拥有支持某种标准签名方案的公钥。为产生环签名，签名人任意选择一个包含他本人在内的用户的集合，运用自己的私钥以及其他用户的公钥对消息进行签名。对于验证人而言，只能验证签名出自集合中的某个用户，而不知道具体是哪个。相对于群签名而言，环签名有其自身的优势。

（1）环签名中没有主管，不需要预先建立群组以及撤销环成员等阶段。

（2）在群签名中，如果用户不合作就不能产生签名；而在环签名中，签名人只要知道某个用户的公钥，不需要其同意或者合作就可以将其加入环中对消息进行签名。

（3）在群签名中，群主管可以揭示签名用户的身份；而在环签名中，任何人都不能揭示签名用户的身份，即能保证用户的无条件匿名性。

由于环签名对真实签名者而言是匿名的，因此环签名是一种以匿名方式透露可靠消息的很好的方法。虽然环签名因为其签名隐含的某个参数按照一定的规则组成环状而得名，但在之后提出的许多方案中不要求签名的构成结构为环形，只要签名的形成满足自发性、匿名性和群特性，也称之为环签名。

环签名具有以下特点。

（1）无须设置。签名者不需要其他用户的配合就能独自完成签名。

（2）签名者的完美匿名性。对特定的环签名,环中成员都有能力生成该签名,因此签名者具有完美的匿名性。

环签名假设所有用户都拥有支持某种标准签名方案的公钥。为了产生环签名,签名人任意选择一个包含他本人在内的用户的集合,运用自己的私钥以及其他用户的公钥对消息进行签名。对于验证人而言,只能验证签名出自集合中的某个用户,而不知道具体是哪个。

环签名方案主要由下述算法组成（假定有 n 个用户,每一个用户 u_i 拥有一个公钥 y_i 和与之对应的私钥 x_i）。

（1）生成（Gen）。一个概率多项式时间（PPT）算法,输入为安全参数 k,输出为公钥和私钥。这里假定 Gen 为每一个用户 u_i 产生一个公钥 y_i 和私钥 x_i,并且不同用户的公私钥可能来自不同的公钥体制,如有的来自 RSA,有的来自 DL。

（2）签名（Sign）。一个 PPT 算法,在输入消息 m 和 n 个环成员的公钥 $L=\{y_1,y_2,\cdots,y_n\}$ 以及其中一个成员的私钥 x_s 后,对消息 m 产生一个签名 R,其中 R 中的某个参数根据一定的规则呈环状。

（3）验证（Verify）。一个确定性算法,在输入 (m,R) 后,若 R 为 m 的环签名则输出"True",否则为"False"。

这里介绍 RST 环签名方案。

1. RSA 陷门置换

假设每个环成员 $U_i(i=1,\cdots,n)$ 都拥有一对支持公钥密码体制的密钥,公钥和私钥分别为 $PK_i=(N_i,e_i)$,$SK_i=d_i$,其中 $e_id_i\equiv 1 \bmod \varphi(N_i)$,$\varphi(N_i)$ 为欧拉函数。由此定义 Z_{N_i} 上的单向陷门置换 f_i 如下。

$$f_i(x)=x^{e_i} \bmod N_i$$

显然,在不知道陷门信息 d_i 的情况下计算 $f_i^{-1}(y)=y^{d_i} \bmod N_i$ 是求解 RSA 问题。

对于由不同的 $PK_i=(N,e_i)$ 所定义的单向陷门置换 f_i,输入的取值范围是不同的（即所有模数 N_i 的长度相同）,这给复合函数的构成带来了不便。为使所有陷门置换的输入拥有相同的取值范围 $\{0,1\}^b(2^b>\max\{N_i\})$,对其进行扩展如下。

对 Z_{N_i} 上的单向陷门置换 f_i,定义 $\{0,1\}^b$ 上的陷门置换 g_i 及对任意长 b 比特的输入 m,计算满足 $m=q_iN_i+r_i$ 的 q_i 和 r_i,其中 q_i、r_i 为非负整数,且 $0\leqslant r_i\leqslant N_i$,则

$$g_i(m)=\begin{cases} q_iN_i+f_i(r_i), & \text{if}(q_i+1)N_i\leqslant 2^b \\ m, & \text{else} \end{cases}$$

当选择足够大的 b 时,随机选择的 m 在 g_i 的作用下保持不变的概率可忽略不计,因此 g_i 可视为 $\{0,1\}^b$ 上的单向陷门置换,只有能计算 f_i^{-1} 的成员才能计算 g_i^{-1},即有给定 y,在不知道 d_i 的情况下求 $g_i^{-1}(y)$ 等价于求解 RSA 问题。

2. 复合函数

假设存在公开的对称加密算法 E,对任意长为 l 的密钥 k,函数 E_k 是 $\{0,1\}^b$ 上的置换。$h:\{0,1\}^*\rightarrow\{0,1\}^l$ 是公开的抗碰撞 Hash 函数,将任意长的比特串映射到长为 l 的比特串,以用作 E 的密钥,且 h 的输出是随机的。

复合函数 $C_{k,v}(y_1,y_2,\cdots,y_n)$ 以 E_k 为子函数,输入密钥 k、初始值 v 及 $\{0,1\}^b$ 上的任意值 $y_1,y_2,\cdots,y_n$,输出 $\{0,1\}^b$ 上的值 z,且对于固定的 k 和 v,满足以下性质:

① 对任意 $s\in\{1,2,\cdots,n\}$ 及固定的其他输入 $y_i(i\neq s)$,函数 $C_{k,v}$ 是 $\{0,1\}^b$ 的一一映射。

② 对任意 $s\in\{1,2,\cdots,n\}$,已知的 z、$y_i(i\neq s)\in\{0,1\}^b$,求满足 $C_{k,v}(y_1,y_2,\cdots,y_n)=z$ 的 y_s 是可行的。

③ 当给定输出 z 时,攻击者在不知道任何陷门信息的情况下求解满足等式

$$C_{k,v}(y_1, y_2, \cdots, y_n) = C_{k,v}(g_1(x_1), g_2(x_2), \cdots, g_n(x_n)) = z$$

的任意 $x_i(i=1,2,\cdots,n)$ 都是不可行的,其中 $g_i(i=1,2,\cdots,n)$ 是前面定义的陷门置换。

3. 签名方案

Revist 等人构造环签名方案时使用签名定义的陷门置换和如下复合函数:

$$C_{k,v}(y_1, y_2, \cdots, y_n) = E_k(y_n \oplus E_k(y_{n-1} \oplus E_k(y_{n-2} \oplus \cdots \oplus E_k(y_1 \oplus v) \cdots)))$$

第一,签名过程。给定待签名的消息 m,所有环成员 $U_1, U_2, \cdots, U_n$ 的公钥 $PK_1, PK_2, \cdots, PK_n$,签名成员 $(1 \leq s \leq n)$ 计算环签名如下:

① 计算对称密钥 $k=h(m)$。

② 选择初始值 $v \in_R \{0,1\}^b$。

③ 对 $i=1,2,\cdots,n$,且 $i \neq s$,选择独立、不等的 $x_i \in_R \{0,1\}^b$,计算

$$y_i = g_i(x_i)$$

④ 求解等式 $C_{k,v}(y_1, y_2, \cdots, y_n) = v$ 得到 y_s。

⑤ 通过陷门信息求 g_s 在 y_s 的逆 $x_s = g_s^{-1}(y_s)$。

则关于消息 m 的环签名为 $\sigma = \{v; x_1, x_2, \cdots, x_n\}$。

第二,验证过程。给定关于消息 m 的环签名 $\sigma = \{v; x_1, x_2, \cdots, x_n\}$,验证者计算 $k=h(m)$ 及 $y_i = g_i(x_i)(i=1,2,\cdots,n)$,验证等式 $C_{k,v}(y_1, y_2, \cdots, y_n) = v$ 是否成立,若成立,接受签名;否则拒绝。

由于对于固定的 k 和 v,共有 $(2^b)^{n-1}$ 组 $(x_1, x_2, \cdots, x_n)$ 使得验证等式 $C_{k,v}(g_1(x_1), g_2(x_2), \cdots, g(x_n)) = v$ 成立,且忽略签名用户的主观性,签名算法产生每组 $(x_1, x_2, \cdots, x_n)$ 的概率是相同的,因此产生的签名不会泄露签名用户的身份信息,即该方案能保证签名用户的无条件匿名性。

7.8 代理签名

代理签名是指当某个签名者(原始签名者)由于某种原因不能签名时,将签名权委派给他人(代理签名者)替自己行使签名权。通常一个代理签名分为以下几个步骤。

(1) 初始化过程:选定签名体制的参数、用户的密钥等。

(2) 数字签名权力的委托过程:原始签名人将自己的数字签名权力委托给代理签名人。

(3) 代理签名的生成过程:代理签名人代表原始签名人生成数字签名。

(4) 代理签名的验证过程:验证人验证代理签名的有效性。

代理签名有如下安全需求。

(1) 不可伪造性(Unforgeability):只有代理人可以产生代表授权人的合法代理签名,而授权人和其他人都不能产生一个合法的代理签名。

(2) 可验证性(Verifiability):验证者可以验证代理签名,一旦验证通过,则相信此签名确实是经过授权的合法代理签名。

(3) 可鉴别性(Identifiability):任何人可以由一个代理签名鉴别出代理人。

(4) 不可否认性(Undeniability):一旦代理人代表授权人产生了一个合法的代理签名,他不能否认该签名。

(5) 可区别性(Distinguishability):任何人都可区别代理人产生的代理签名和正常签名。

根据数字签名权力的委托过程的不同方式,代理签名体制可以分为三种基本类型。

（1）完全委托型:在这种类型的代理签名体制中,原始签名人将他的秘密密钥交给代理签名人,使得代理签名人拥有他的全部数字签名权力。

（2）部分委托型:在这种类型的代理签名体制中,原始签名人用他的秘密密钥计算出一个新的秘密密钥,并把这个新密钥秘密地交给代理签名人,使得代理签名人不能根据这个新密钥计算出原始签名人真正的秘密密钥,能利用新密钥生成代理签名,验证代理签名时,必须得到原始签名人的公开密钥。

（3）带委任状的委托型:这种代理签名体制使用一个称为委任状的文件来实现数字签名权力的委托。它又可以进一步分为代表委托型和载体委托型两种子类型。在代表委托型中,委任状由一条声明原始签名人将数字签名权力委托给代理签名人的消息和原始签名人对代理签名人的公开密钥生成的普通数字签名组成,或者委任状仅仅由一条可以证明原始签名人同意将数字签名权力委托给代理签名人的消息构成,代理签名人在得到委任状后,用他自己的在一个普通数字签名体制中的秘密密钥对一个文件生成数字签名,一个有效的代理签名由代理签名人生成的这个数字签名和原始签名人交给他的委任状组成。在载体委托型中,原始签名人首先生成一对新的秘密密钥和公开密钥,委任状由一条声明原始签名人将数字签名权力委托给代理签名人的消息和原始签名人对新公钥生成的普通数字签名组成,原始签名人将新的秘密密钥秘密地交给代理签名人,将委任状交给代理签名人,代理签名人在收到委任状和新秘密密钥后,用新秘密密钥生成普通的数字签名,这个数字签名与委任状一起构成了一个有效的代理签名。

7.9　批验证与批签名

7.9.1　批验证

批验证签名协议最早是由 Naccache 等人在 1994 年提出的。其基本思想是将由同一个签名者签发的多个签名放在一起,形成一个“批”,对该批进行验证,如果该批通过验证,则接受该批中的所有签名,否则,拒绝批中的所有签名。

目前数字签名方案有很多种,下面给出了一种基于 RSA 签名算法的批验证方案。

首先需要对 RSA 签名算法做一些改变,改变后的 RSA* 算法描述如下:$N=pq$,p、q 为大素数。选 $e \in Z_{\varphi(N)}^*$ 并计算出 d,使得 $ed \equiv 1 \bmod N$,$d \in Z_N$。N、e 为公钥,p、q、d 为私钥,H 为公开的 Hash 函数。签名过程:$x = H(M)^d \bmod N$,验证过程:$x^e \equiv H(M) \bmod N$。

给定:$N=pq$,(x,m_1),(x_2,m_2),$\cdots$,(x_n,m_n),$x_i,m_i \in Z_N^*$（这里 $m_i = H(M_i)$）,安全参数 l）。

$$\forall i \in \{1,\cdots,n\}, \quad x_i^e = m_i$$

检测过程:

（1）检查 $(x_i,N)=1$,$\forall i \in \{1,\cdots,n\}$。

（2）随机选取 $s_1,\cdots,s_n \in \{0,1\}^l$。

（3）计算 $x = (\prod\limits_{i=1}^{n} x_i^{s_i})^e \bmod N$,$y = \prod\limits_{i=1}^{n} m_i^{s_i} \bmod N$。

（4）若 $x=y$,则输出 1,并接受 n 个签名,否则输出 0。

7.9.2 批签名

批签名是指能够用一次签名动作完成对若干个不同消息的签名，并且以后可以对每一条消息独立地进行认证。这类签名算法提高了对批量文件签名的效率，有时候会应用在电子商务的某些领域。

1. Batch RSA 方案描述

Amos Fiat 最早提出了批签名的概念，并于 1990 年提出了 Batch RSA 方案。该方案基于 RSA 算法，其产生 RSA 签名结果。该方案中，签名者拥有若干个私钥指数，并且这些指数之间两两互素。

签名可以描述为三个阶段：

（1）把若干个消息合并成一个待签名的消息 M。合并方法是求每个消息的低指数的幂的乘积。

（2）对消息 M 签名。

（3）在总的签名结果上划分出每一条消息的签名。

我们用两个消息为例来理解上述过程。消息为 m_1、m_2，相应的公钥指数为 e_1、e_2。对应上述三个阶段分别如下：

（1）计算公钥 E，就是各个公钥指数之积：$E = e_1 \cdot e_2$，然后合并消息

$$M = m_1^{E/e_1} m_2^{E/e_2} \bmod n$$

（2）对消息 M 签名：$S = M^{1/E} \bmod n$，可以注意到如下事实：$S = m_1^{1/e_1} m_2^{1/e_2} \bmod n$。

（3）划分出每一条消息的签名：先求出 X，满足 $X = 0 \bmod e_1$，$X = 1 \bmod e_2$；那么 m_2 的签名为 $m_2^{1/e_2} \bmod n = S^X / (m_1^{X/e_1} m_2^{(X-1)/e_2}) \bmod n$；$m_1$ 的签名为 $m_1^{1/e_1} \bmod n = S/m_2^{1/e_2} \bmod n$。

上面每一条消息的签名就是 RSA 的签名，故可以用 RSA 的认证算法进行验证。

以两个消息为例，消息为 m_1、m_2，相应的公钥指数为 $e_1 = 3, e_2 = 5$。那么两个消息对应的签名分别为 $m_1^{1/3} \bmod n$、$m_2^{1/5} \bmod n$。按照上述步骤为

$$M = m_1^{E/e_1} m_2^{E/e_2} \bmod n = m_1^5 m_2^3 \bmod n$$

$$S = M^{1/E} \bmod n = M^{1/15} \bmod n$$

然后可以计算出签名为 $X = 6, S^6/(m_1^2 m_2) = m_2^{1/5} \bmod n, S/m_2^{1/5} = m_1^{1/3} \bmod n$。最后给出 Batch RSA 的有关计算复杂性的结论：处理的消息为 b，分别为 $m_1, m_2, \cdots, m_b$；对应的加密公钥指数分别为 $e_1, e_2, \cdots, e_b$，它们两两互素，并与 $\varphi(n)$ 也互素；要产生这 b 个消息的签名：$m_1^{1/e_1} \bmod n, m_2^{1/e_2} \bmod n, \cdots, m_b^{1/e_b} \bmod n$，其需要的模除为 $O(\log b(\sum_{i=1}^{b} \log e_i) + \log n)$。

2. Bi-tree 批签名方案

澳大利亚学者 C. J. Pavlovski 和 C. Boyd 使用 Merkle 哈希树提出的 Bi-tree 批签名方案可以方便地把其他普通数字签名算法改造为批数字签名。相对于以前的批签名，Bi-tree 批签名方案克服了基于某种特定的签名算法、消息数目有一定的限制等缺点。这个方案对消息数目没有限制，方案中可以使用其他普通的签名算法。

（1）方案概况

方案中使用了二叉树和两个特殊的散列函数。签名部分可以分为三部分：对各个消息用散列函数处理出一个最终的总散列值 M；用一般的签名算法对 M 签名；对不同的消息计算其余部（余部作为该消息的签名的一部分）。

认证部分可以划分为两个部分:用该条消息和其签名的余部计算出一个值(也就是上述的总散列值 M);用对应的签名认证算法进行验证。

(2) 求总散列值

方案中使用了两个散列函数 h_0、h_1,当然要求它们是抗冲突的。如果有一个抗冲突的散列函数 h,那么可以简单地构造出两个相互抗冲突的散列函数 h_0、h_1。例如,可以定义:$h_0(x)=h(0\parallel x)$,$h_1(x)=h(1\parallel x)$,其中符号 $\parallel$ 表示连接。如果假设它们不是互抗冲突的,那么可以找到两个值 x 和 y 满足:$h_0(x)=h_1(y)$,就有 $h(0\parallel x)=h(1\parallel y)$,而 h 是抗冲突的,所以假设不成立。

现在有一批消息 $(m_1,m_2,\cdots,m_k)$,下面介绍如何求其总的散列值。

生成一个二叉树,给其每一个叶节点赋予一个消息的散列值。下面计算各父节点的值,左子节点的值连接右子节点的值然后求出对于 h_1 的散列值。如此,从叶节点开始直至根节点,根节点的值就是所求的总散列值。总之,散列函数 h_0 仅仅用于处理叶节点,而其他非叶节点用散列函数 h_1 处理。

图 7.4 显示了一个处理三个消息 m_1、m_2 和 m_3 的情况。

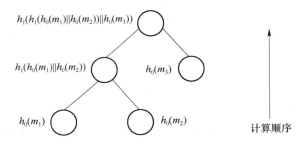

图 7.4　三条消息求散列值的二叉树

注意到图中叶节点使用的是散列函数 h_0。其计算的顺序是从叶节点到根节点从下向上的顺序。根节点的值相当于所有消息的散列值。

(3) 签名过程

① 使用签名的方法求出所有消息的总散列值 M。

② 用一个选定的普通签名算法对总散列值 M 签名,生成 S。

③ 生成各条消息的对应签名余部。

每一条消息的各自签名余部都是不相同的,构成如下:从该叶节点到根节点的路径中各个节点的兄节点,以及该兄节点的左/右标志(可用 L/R 或比特 0/1 表示)。例如图 7.4 中,m_1 消息的签名余部为 $\text{res}_1=((h_0(m_2),R),(h_0(m_3),R))$。

最后签名结果为 S 加上对应的签名余部,例如上面消息 m_1 的签名为 $(S,(h_0(m_2),R),(h_0(m_3),R))$。

下面介绍求取余部的算法。

假设消息 m_1 对应的节点深度为 d_1,其余部假设为 $r_1,r_2,\cdots,r_{d_1}$。为了表述方便,用 $\text{dir}(N)$ 表示节点 N 的左/右标志,而 $\text{sib}(N)$ 表示其兄节点。那么求取余部的算法可以用为代码表示。

$$c \leftarrow h_0(m_1)$$
$$\text{for } j \leftarrow 1 \text{ to } d_1 \text{ do}$$

begin

$r_1 \leftarrow \mathrm{sib}(c)$

if $\mathrm{dir}(c) = L$ do $c \leftarrow h_1(c \parallel r_j)$

else $c \leftarrow h_1(r_j \parallel c)$

end

最终，消息 m_1 的签名为 $(S, r_1, \mathrm{dir}(r_1), r_2, \mathrm{dir}(r_2), \cdots, r_{d_1}, \mathrm{dir}(r_{d_1}))$，其中 $(r_1, \mathrm{dir}(r_1), r_2, \mathrm{dir}(r_2), \cdots, r_{d_1}, \mathrm{dir}(r_{d_1}))$ 为消息余部。

（4）验证过程

验证过程分为两部分：处理签名余部和用普通验证算法验证。接收者在收到消息 m 和签名 $(T, s_1, t_1, s_2, t_2, \cdots, s_d, t_d)$ 之后，验证过程如下。

① 恢复"总散列值 c"。

我们可以通过消息 m 和签名，计算出一个值 c，其相当于签名时计算的总散列值。可以用如下伪代码表示该求值过程。

$c \leftarrow h_0(m)$

for $j \leftarrow 1$ to d do

begin

if $t_1 = R$ do $c \leftarrow h_1(c \parallel s_j)$

else $c \leftarrow h_1(s_j \parallel c)$

end

② 用对应的普通验证算法验证。

签名合法的情形下，总散列值 c 的签名结果就假设为 T，可以如下理解。

先看普通签名人的验证算法，总散列值 c 的描述为形式

$$\mathrm{Ver}(\mathrm{Sig}, M, \mathrm{PubKey}) \rightarrow \{0,1\}$$

其中，Sig 表示签名结果，PubKey 是公钥。那么 Bi-tree 批签名方案的验证就可以表述为

$$\mathrm{Ver}(T, c, \mathrm{PubKey}) \rightarrow \{0,1\}$$

由于该方案利用了已有的数字签名算法，显然其具有数字签名的特点。另外，选用二叉树，可以有效地减少签名余部的尺寸。

批签名应用的一个例子是使用 Merkle 哈希树进行数字证书撤销。在数字证书有效期到期之前，证书由于私钥泄露、员工离职等原因需要撤销。对撤销的证书需要 CA 的签名，如果对每个撤销的证书逐个签名，CA 的工作量过大，因此可以使用 Merkle Hash 树的方式生成证书撤销列表。例如撤销 4 个数字证书，可按图 7.5 构造 Hash 树。这里 h 是哈希函数，C_i 是要撤销的数字证书。根哈希值 $h(1,4)$ 公开，CA 对 $h(1,4)$ 进行签名，签名一次就可以撤销 4 个数字证书。

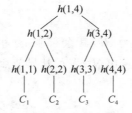

图 7.5　使用 Merkle Hash 树进行数字证书撤销

7.10　聚　合　签　名

2003 年 Boneh 等人提出聚合签名。聚合签名是一种支持聚合特性的数字签名,聚合签名将来自 n 个用户对 n 条不同消息的 n 个签名聚合到单个短签名中,并且对 n 个签名的验证简化为一次验证,有效降低了签名验证和通信开销,减少了签名长度。给定 n 个用户 U_i,对于 n 个消息 M_i 的 n 个签名,聚合签名的生成者(可以不同于 U_i 或是不被信任的用户)可以将这 n 个(单一)签名聚合成一个唯一的短签名 δ。当给定聚合签名、参与生成聚合签名者的身份 U_i 及其签名的原始消息 M_i 时,可以使验证者确信是用户 U_i 对消息 M_i 做的签名。

聚合签名方案包括 5 个算法:密钥生成算法、签名算法、验证算法、聚合算法和聚合验证算法。前 3 个算法是普通的数字签名算法,后两个算法提供聚合能力。聚合出的签名长度与聚合前的独立签名长度相当。聚合实体可以与签名实体完全不同,聚合算法只需获取参与签名用户单独的签名消息对和公钥,即可生成聚合签名。聚合验证算法只需聚合签名、聚合用户公钥和消息集合就能够验证聚合签名是否合法。

(1) 密钥生成算法:对每个用户,生成公钥和私钥。

(2) 签名算法:对于特定的用户 U_i,使用私钥对消息 M_i 签名,生成消息 M_i 的签名 δ_i。

(3) 验证算法:给定用户的公钥、消息 M_i 和签名 δ_i,验证该签名是否正确。

(4) 聚合算法:给定 n 个用户的公钥,n 个用户 U_i 对 n 条不同消息 M_i 的 n 个签名 δ_i,生成聚合签名 δ。

(5) 聚合验证算法:给定聚合签名 δ、参与生成聚合签名者的公钥、签名的原始消息 M_i,验证聚合签名 δ 是否正确。

7.11　认　证　加　密

在认证加密方中,只有指定的接收者能够恢复出消息,然后对消息进行验证,从而可以保护消息以免泄露。认证加密方案不同于数字签名的方面在于:发送者完成一个认证加密签名后,除了指定的接收者之外的其他任何第三方都不能确定这个认证加密签名是发送者所签。

令 p、q 为两个公开的大素数,且 $q \mid p-1$;g 是 Z_p 中一个阶为 q 的生成元,即 $g^q \bmod p = 1$;$H()$ 是一个公开的单向 Hash 函数;发送者 Alice 的私钥为 $x_A \in Z_q^*$,其对应公钥为

$$y_A = g^{x_A} \bmod p$$

接收者 Bob 的私钥为 $x_B \in Z_q^*$,其对应公钥为

$$y_B = g^{x_B} \bmod p$$

1994 年,Hoster、Michels 和 Petersen 提出了认证加密方案,该方案应用消息恢复签名方案,同时具有数据加密和数字签名特性,利用这一方案发送端用户可以对发送的消息进行签名和加密,接收端用户对接收到的消息进行认证和解密。算法描述如下。

(1) 加密算法

为了生成对消息 M 的认证加密签名,发送者 Alice 需要执行以下步骤:

① Alice 从公钥目录中查找到接收者 Bob 的公钥 y_B；

② Alice 随机选取一个整数 $k \in Z_q^*$，并计算

$$r = H(y_B^k)^{-1} m \bmod p, \quad r' = r \bmod q, \quad s = k - r' x_A \bmod q$$

（2）恢复验证算法

收到 (r, s) 后，Bob 通过以下步骤恢复、验证消息：

① Bob 从公钥目录中查找到发送者 Alice 的公钥 y_A；

② Bob 计算 $r' = r \bmod q$；

③ Bob 恢复消息 $m = H(y_B^s y_A^{r'x_B}) r \bmod p$。检查 m 的冗余可以进行认证。

这个方案没有采用数字签名技术，因此，除了 Bob 以外，没有人能够确认所收密文是否为 Alice 的签名。

7.12 签 密

郑玉良于 1997 年在信息安全研讨会上首次提出了签密的概念及方案（基于 DSS 协议），其基本思想是在同一个逻辑步骤内同时完成数字签名和加密两项功能，而且加解密仍可采用效率较高的对称密码算法，因而其代价要远远低于"先签名后加密"，并且同时可实现密钥的安全传输，所以是实现对信息既保密又认证的较为理想的方法。

（1）系统公开参数 p 为大素数；q 为 $p-1$ 的大素因子；$g \in [1, p-1]$ 且在模 p 下的阶为 q；hash 为单向 Hash 函数，其输出至少为 128 bit；KH 为具有密钥 k 的单向 Hash 函数，常取 $KH_k(m) = Hash(k, m)$；(E, D) 为一对对称加密及解密算法。

（2）发送方密钥和接收方密钥

发送方随机选取 $x_A \in [1, q-1]$ 作为私钥，公钥为 $y_A = g^{x_A}$；接收方随机选取 $x_A \in [1, q-1]$ 作为私钥，公钥为 $y_B = g^{x_B}$；最后公开 (y_A, y_B)。

算法过程如表 7.1 所示。

表 7.1　郑玉良的签密及验证算法

发送方对消息 m 的签密	密文	接收方对密文 (c, r, s) 的解密
选 $x \in_R \{1, \cdots, q-1\}$ 计算： 　$(k_1, k_2) = \text{hash}(y_B^x \bmod p)$ 　$c = E_{k_1}(m), r = KH_{k_2}(m)$ 　$s = x / (r + x_A) \bmod q$	(c, r, s)	计算： 　$(k_1, k_2) = \text{hash}((y_A g^r)^{sx_B} \bmod p)$ 　$m = D_{k_1}(c)$ 当且仅当 $KH_{k_2}(m) = r$ 时接受 m

此方案的缺点在于只有接收者才能对所接收的信息进行验证。因此，F. Bao 和 R. H. Deng 在 1998 年对上述方案作了一些改进（如表 7.2 所示），使得第三方验证者在知道消息 m 的情况下可以对签密进行验证。

表 7.2 F. Bao 和 R. H. Deng 改进的签密方案

发送方对消息 m 的签密	密文	接收方对密文 (c,r,s) 的解密
随机选取 $x \in Z_q^*$ $k_1 = \text{hash}(y_B{}^x \bmod p)$ $k = \text{hash}(y^x \bmod p)$ $c = E_{k_1}(m), r = \text{KH}_k(m)$ $s = x / (r + x_A) \bmod q$	(c,r,s)	$t_1 = (y_A g^r) \bmod p$ $t_2 = t_1^{x_B} \bmod p$ $k_1 = \text{hash}(t_2), k = \text{hash}(t_1)$ $m = D_{k_1}(c)$ 当且仅当 $\text{KH}_{k_2}(m) = r$ 时接受 m

在这个方案中,接收者可将 (m,r,s) 发给第三方验证者 V,V 可通过验证 $k = \text{hash}(y_A g^r)^s$ $\bmod p$ 和 $r = \text{KH}_k(m)$ 来判断消息是否来自发送者,但验证者 V 将需要知道 m。这将限制验证者的身份。

所以,C. Gamage、J. Leiwo 和郑玉良在 1999 年对上面的签密方案做了进一步的改进(如表 7.3 所示),使得任何验证者 V 都可以对签密进行验证,即实现了公开验证。

表 7.3 可公开验证的签密方案

发送方对消息 m 的签密	密文	接收方对密文 (c,r,s) 的解密
随机选取 $x \in Z_q^*$ $k = \text{hash}(y^x \bmod p)$ $y = g^x \bmod p$ $c = E_k(m)$ $r = \text{hash}(y,c)$ $s = x / (r + x_A) \bmod q$	(c,r,s)	$y = (y_A g^r)^s \bmod p$ $k = \text{hash}(y^{x_B} \bmod p)$ $m = D_{k_1}(c)$ 当且仅当 $\text{hash}(y,c) = r$ 时接受 m

验证者 V 可由 (c,r,s) 和 $y = (y_A g^r)^s \bmod p$ 来验证,验证通过当且仅当 $\text{hash}(y,c) = r$ 成立,并且验证者不需要知道信息 m,这就达到了公开验证的目的。

7.13 其他数字签名

除了以上介绍的具有特殊功能的数字签名外,还有一些其他的数字签名变种,这里我们简单介绍几种。

7.13.1 失败-终止签名

失败-终止签名(Fail-Stop Signature)是一种经过强化安全性的数字签名,用以防范有强大计算资源的攻击者。使用防失败数字签名,签名者不能对自己的签名进行抵赖,同时即使攻击者分析出密钥,也难以伪造签名者的签名。

失败-终止签名的基本原理是:对每个可能的公开密钥,对应着很多私有密钥,它们都可以正常工作,而签名者仅仅持有并知道众多私有密钥中的一个,所以强大的攻击者恢复出来的私有密钥刚好是签名者持有的私有密钥的情况出现的概率是非常小的。而不同的私有密钥产生的签名是不相同的,以此鉴别出伪造者的签名。

Pfitzmann 和 Waidner 于 1991 年首先提出了失败-终止数字签名的概念,随后,van Heijst 等人给出了第一个有效的失败-终止签名方案。

（1）构造参数：产生参数需要签名者和可信的第三方（TTP）参与。第三方产生公开的全局参数，签名者自己产生签名用的私钥与公钥。全局参数包括：p、q 都是大素数，且 $q|(p-1)$，要求在 Z_q^* 中求解离散对数困难；$\alpha \in Z_p^*$，α 的阶数为 q，也就是 α 是生成元；选取随机数 a_0，$1 \leq a_0 \leq q-1$，a_0 作为秘密数；$\beta = \alpha^{a_0} \bmod p$。第三方公开 (p,q,α,β) 作为全局参数使用；a_0 对所有人保密。签名者产生私钥参数 (a_1,a_2,b_1,b_2)。a_1,a_2,b_1,b_2 是 4 个随机数，属于区间 $[0,p-1]$。签名者产生公钥参数 (r_1,r_2)，根据私钥参数计算：$r_1 = \alpha^{a_1} \beta^{a_2} \bmod p$，$r_2 = \alpha^{b_1} \beta^{b_2} \bmod p$。

（2）签名过程：对消息 M 的签名过程如下，$M \in Z_q$。计算 $y_1 = (a_1 + M b_1) \bmod q$，$y_2 = (a_2 + M b_2) \bmod q$。消息 M 的签名为 $S = (y_1,y_2)$。

（3）验证过程：接收者收到消息 M 和签名 S 之后，可以如下验证签名的有效性。获取签名者公钥和相关参数 (p,q,a,β,r_1,r_2)。计算 v_1、v_2：$v_1 = r_1 r_2^M \bmod p$，$v_2 = \alpha^{y_1} \beta^{y_2} \bmod p$。比较 v_1、v_2，相等表示签名有效，否则签名无效。

7.13.2　指定验证者签名

在 1996 年的欧洲密码学会议上，Jakobsson、Sako 和 Impagliazzo 首次提出了具有指定验证者的签名概念。在这种体制中，签名者选择一个具体的验证者，只有这个验证者可以验证签名的有效性，其他任何人都不能确信这个签名是否有效，因为验证者自己可以独立生成一个签名副本，这个副本和真正的原始签名不可区分。这样的签名体制在电子商务、电子政务中有很多用途，有效地解决了验证性和隐私性的冲突。指定验证者签名方案的算法步骤主要由以下几个部分组成。

（1）系统参数生成：密钥生成中心（KGC）选取一个安全参数作为输入，生成系统参数并公开。

（2）密钥的生成：输入安全参数，输入参与方的密钥对 $(PK_i,SK_i)(i=A,B)$，A 和 B 分别表示签名者和指定的验证者。

（3）指定验证者签名生成：存在一个确定性算法，输入签名者的私钥和验证人的公钥以及待签名消息 m，可以生成签名 S，即 $S \leftarrow \text{Sign}(SK_A,PK_B,m)$。

（4）指定验证者签名验证：存在一个确定性算法，输入签名者的公钥和验证者的私钥以及消息 m，并进行验证，若验证通过，返回 True，指定验证者接受签名 S；否则，返回 False，拒绝该签名。即 $\{\text{True},\text{False}\} \leftarrow \text{Verify}(PK_A,SK_B,m,S)$。

7.13.3　记名签名

一般情况下，一个普通的数字签名具有公开验证性，即任何人都可根据签名者的公钥验证签名的合法性。然而，许多情况下，这种公开验证性并不适用。例如，当签名涉及一些商业敏感信息或者对于签名接收者而言比较敏感的信息时，签名的接收者希望签名仅仅能够由自己进行验证。同时，为防止签名者抵赖，签名的接收者还可向权威机构证明签名的合法性。为此，Kim、Park 和 Won 提出了记名签名方案，并指出该签名可满足以上的验证特点。

一个记名签名方案由以下算法组成。

（1）密钥生成算法 $(G_{\text{nominator}},G_{\text{nominee}})$。$G_{\text{nominator}}$ 是一个概率多项式时间算法，其输入一个安全参数 1^n，输出一对字符串（记名者的公钥，记名者的私钥），即 $G_{\text{nominator}}(1^n) = (G_{1\text{nominator}}(1^n),G_{2\text{nominator}}(1^n))$。$G_{\text{nominee}}$ 是一个概率多项式时间算法，其输入一个安全参数 1^n，输出一对字符串（被记名者的公钥，被记名者的私钥），即 $G_{\text{nominee}}(1^n) = (G_{1\text{nominee}}(1^n),G_{2\text{nominee}}(1^n))$。

（2）签名算法（Sign）。Sign 是一个概率多项式时间算法，其输入一个安全参数 1^n、消息 m、记名者的私钥、被记名者的公钥，输出一个字符串（记名签名），可用 $Sign(1^n, m, G_{1\text{nominator}}(1^n), G_{2\text{nominee}}(1^n))$ 表示这个算法（简写为 $Sign(m)$）。

（3）验证算法（Verify）。Verify 为一个概率多项式时间算法，其输入一个安全参数 1^n、消息 m、$Sign(m)$、记名者的公钥、被记名者的私钥。若 $Sign(m)$ 为 m 的一个合法签名，则其输入为 1，即 Verify $(1^n, m, Sign(m), G_{2\text{nominator}}(1^n), G_{1\text{nominee}}(1^n)) = 1$；否则，Verify$(1^n, m, Sign(m), G_{2\text{nominator}}(1^n), G_{1\text{nominee}}(1^n)) = 0$。

（4）确认算法（Conf$_{(\text{nominee, third party})}$）。Conf$_{(\text{nominee, third party})}$ 是一个由被记名者和第三方（Third Party）参与的交互式证明算法，其以安全参数 1^n、消息 m、$Sign(m)$、记名者的公钥、被记名者的公钥为公共输入，输出为 1（true）或 0（false）。其中，被记名者扮演一个证明者的角色，其辅助输入为私钥 $G_{1\text{nominee}}(1^n)$；第三方扮演一个验证者的角色，对所有的消息 m、任意的常数 c 以及足够大的 n 成立；若 $Sign(m)$ 为 m 的一个合法签名，则概率 $Pr(Conf_{(\text{nominee, third party})}(1^n, m, Sign(m), G_{2\text{nominator}}(1^n), G_{2\text{nominee}}(1^n)) = 1) > 1 - 1/n^c$；否则，概率 $Pr(Conf_{(\text{nominee, third party})}(1^n, m, Sign(m), G_{2\text{nominator}}(1^n), G_{2\text{nominee}}(1^n)) = 0) > 1 - 1/n^c$。

同时，一个记名签名应该满足以下要求。

（1）只有被记名者才能验证记名者生成的签名 S（即使记名者也无法验证 S）；

（2）只有被记名者才能向第三方证明签名 S 是由记名者生成的签名，并且 S 是有效的（即使记名者也无法证明 S 是有效的）。

7.13.4 具有消息恢复功能的数字签名

消息可恢复签名是指合法的签名接收者能够通过所得到的数字签名自行恢复出被签名的消息。被恢复出来的消息的正确性一般用消息冗余方案进行检测，并且使用单向 Hash 函数和消息冗余方案来保证方案的可抵抗伪造攻击性。RSA 数字签名具有消息恢复的特性，最初的 ElGamal 签名方案没有这一特性。Nyberg 和 Rueppel 对原始的 ElGamal 签名方案进行了改进，并提出 6 种具有消息恢复功能的签名方案，这些方案对短消息具有较小签名计算量和通信量等多种优点。

Neberg-Rueppel 签名方案包含系统初始化过程、签名过程和验证过程，具体步骤如下。

（1）系统初始化过程。设 p 是一个大素数，q 也是一个大素数，且 $q \mid p-1$；整数 $g \in Z_p$ 且 $g^q \equiv 1 \mod p$。用户 A 的私钥为 $x(1 < x < p-1)$，公钥为 $y = g^x \mod p$。

（2）签名过程。对于待签消息 m，签名者 A 计算出 $\overline{m} = R(m)$，其中 R 是一个单一映射，且容易求逆；任意选取一个随机数 $k(1 < k < q)$，计算 $r = g^{-k} \mod p$，计算 $e = (\overline{m}r) \mod p$，$s = (xe + k) \mod q$。以 (e, s) 作为消息 m 的签名。

（3）验证过程。接收方在收到数字签名 (e, s) 后，进行如下计算：验证 $0 < e < p, 0 \leqslant s < q$；计算 $v = (g^s y^{-e}) \mod p, m' = (ve) \mod p$；验证 $m' \in R(M)$，其中 $R(M)$ 表示 R 的值域；验证成功后恢复 $m = R^{-1}(m')$。证明过程如下：

$$m' = (ve) \mod p = (g^s y^{-e} e) \mod p = (g^{xe+k-xe} e) \mod p = (g^k e) \mod p = \overline{m}$$

7.13.5 多重签名

多重签名技术是签名技术中研究的比较频繁的一种。早在 1983 年 K. Itakura 和 K. Nakamura 就提出了多重数字签名的概念，设计了适合多重数字签名的公钥密码体制。

多重数字签名方案是一种能够实现多个用户对同一消息签名的数字签名方案。根据签名过程不同，多重数字签名方案可分为广播多重数字签名方案和有序多重数字签名方案，这两类方案都包含消息的发送者、消息的签名者和签名的验证者。在广播多重数字签名方案中还包括签名的收集者。

假设 A 和 B 签署文件，C 为签名验证者。A 和 B 都各自有自己的公私钥 (J_A,S_A)，(J_B,S_B)；公开参数为 (n,e)。

(1) A 选取随机数 r_A，$1 < r_A < n-1$，计算 $T_A = r_A^e \bmod n$；把 T_A 发送给 B。

(2) B 选取随机数 r_B，$1 < r_B < n-1$，计算 $T_B = r_B^e \bmod n$；把 T_B 发送给 A。

(3) A 和 B 分别计算 $T = T_A T_B \bmod n$。

(4) A 和 B 分别对消息 M 计算 $d = H(M,T)$，H 为散列函数。

(5) A 计算 $D_A = r_A S_A^d \bmod n$，发送 D_A 给 B。

(6) B 计算 $D_B = r_B S_B^d \bmod n$，发送 D_B 给 A。

(7) A 和 B 分别计算 $D = D_A D_B \bmod n$。

(8) 至此，消息 M 的签名为 (d,D,J_A,J_B)。

验证过程如下。

(1) 验证者收到消息 M 和签名 (d,D,J_A,J_B)。

(2) 验证者计算 $J = J_A J_B \bmod n$。

(3) 验证者计算 $T' = D^e J^d \bmod n$。

(4) 验证者计算 $d' = H(M,T')$。

(5) 比较 d 和 d'，相等表示签名有效；否则，签名无效。

这个协议可以推广到多个人的情况。多人时，签名算法的步骤(3)是所有签名者的 T_i 相乘；步骤(7)是所有的 D_i 相乘。验证时，步骤(2)是所有的 J_i 相乘。最后，签名若有效，则所有签名者的签名都有效；否则，只要有一个签名者的签名无效，就会导致整个签名无效。

7.13.6　前向安全签名

前向安全签名的概念在 1997 年由 Anderson 引入，解决了通常数字签名的一些缺陷：一旦秘密密钥丢失（或被窃取），由这个密钥生成的以前所有签名都变得无效。为了减少这样的损失，Anderson 提出把密钥的有效期分成时段，在每个时段的最后签名者以一个单向的模式，从当前时段的秘密密钥得到一个新的下一个时段秘密密钥，并且安全地删除不再使用的秘密密钥。而在整个密钥的生命周期里公钥不改变，这种方法确保了泄露秘密的时段以前的所有签名的有效性。

具体方案如下（密钥生成算法 GEN，签名生成算法 SGN，签名验证算法 VF）：签名者首先产生 T 个密钥对 $(p_1,s_1),\cdots,(p_T,s_T)$，并产生一个附加的密钥对 (p,s)。令 $\delta_j = \mathrm{SGN}_s(j \parallel p_j)$ $(j=1,2,\cdots,T)$ 是对时段 j 及第 j 个公钥 p_j 的一个签名，然后删除 s。方案的公开密钥是 p，初始秘密密钥是 $(s_0,\delta_0,s_1,\delta_1,\cdots,s_T,\delta_T)$，其中 s_0、δ_0 为空串。秘密密钥的进化过程如下：一旦进入 j 阶段，签名者完全删除 s_{j-1}、δ_{j-1}，j 时段的秘密密钥为 $(s_j,\delta_j,\cdots,s_T,\delta_T)$。$j$ 时段对消息 m 的签名为 $\langle j,(\mathrm{SGN}s_j(m),p_j,\delta_j)\rangle$，对消息 m 的签名 $\langle j,(\alpha,q,\delta)\rangle$ 的验证为检验 $\mathrm{VF}_p(m,\alpha)=1$ 和 $\mathrm{VF}_p(j \parallel q,\delta)=1$ 是否同时成立。这是一个短公钥长秘密密钥的前向安全方案。

7.13.7 门限签名

门限签名方案最初是由 Desmedt 和 Frankel 引进的,其方法是将一个群体的签名密钥分发给群体中的每个成员,使得任何成员个数不少于门限值的子集都可以产生签名;而任何成员个数少于门限值的子集都无法产生签名。门限签名是最普通、最常用的群体签名。其方法是将一个群体的签名密钥分发给群体中的每个成员,使得任何成员个数不少于门限值的子集都可以产生签名,而任何成员个数少于门限值的子集都无法产生签名。

7.13.8 基于多个难题的数字签名方案

数字签名广泛应用于电子商务,是实现验证、不可否认、数据完整性的有效工具,其最本质的安全属性是不可伪造性。通常,签名方案的安全性是建立在一个公认的数学难题基础上的,如果这个难题被攻破,攻击者就可以伪造签名。因此,增强数字签名方案安全性的一种途径是构造基于多个难题的数字签名方案,安全目标是只要其中一个难题未被攻破,方案就是安全的。由于多个数学难题全部被攻破的概率远小于一个难题被攻破的概率,因此基于多个难题的签名方案比基于一个难题的方案具有更高的安全性。

1988 年,McCurley 基于离散对数和因子分解难题提出了密钥分发算法。1994 年,Harn、He 和 Kiesler 提出了基于双难题的签名方案。之后,基于双难题的签名方案不断被提出并被分析改进。

习 题 7

1. 考虑下面的数字签名方案。

(1) 密钥产生:p、q 是两个大素数,$g \in Z_p^*$,$\mathrm{ord}(g) = q$,私钥 $x \in Z_q$,公钥 $y = g^x \bmod p$。

(2) 签名产生:Alice 对消息 m 进行签名时,她计算 $h = \mathrm{hash}(m) \bmod q$,$z = xh^{-1} \bmod q$,$s = g^z \bmod p$ 即为 m 的签名。

(3) 签名验证:Bob 对签名验证,他计算 $h = \mathrm{hash}(m) \bmod q$,$y' = s^h \bmod p$,验证 $y' \overset{?}{=} y$。如果成立,Bob 接受签名,否则拒绝签名。

回答下列问题:

(1) 说明该签名方案的执行过程,即在签名合法的条件下证明 $y' = y$。

(2) 说明窃听者如何伪造签名。

2. 下面给出的是一个部分盲签名协议,它由五部分组成:初始化、盲化、签名、消盲以及验证。

(1) 初始化:签名者随机选择两个不同的大素数 p_1、p_2,$p_1 \equiv p_2 \equiv 3 \pmod 4$,签名者计算 $n = p_1 p_2$ 并公开 n。H 是公开的单向 Hash 函数。

(2) 盲化:某个用户选择明文 m 以及两个随机整数 (r, u),并根据事先与所有用户以及签名者商量的格式准备一个字符串 $a' \neq a$,用户将 a 传给签名者;签名者验证 a 是否是事先定义的个数,如果是则随机选择一个 $x \in Z_n^*$ 满足 $xH(a) \bmod n$ 是 $\in Z_n^*$ 的二次剩余,并发送整数 x 给用户;收到 x 后,用户计算 $c = u^2 x \bmod n$,$a = r^2 u H(m \| c) \bmod n$,并将 a 发送给签名者。

（3）签名：收到 α 之后，签名者选择 $t\in Z_n^*$，$t^4\equiv(\alpha^2 x)^{-1}H(a)\pmod n$。因此，整数 t 是 $((\alpha^2 x)^{-1}H(a)\bmod n)(\in Z_n^*)$ 的一个四次根。签名者发送 t 给用户。

（4）消盲：接收到 t 之后，用户计算 $s=(r\,t)\bmod n$，(s,c) 即为签名者对明文 m 的签名（满足实现定义的信息 a）。

（5）验证：为了验证 (s,m,c,a)，需要检查等式 $(s^2 H(m\parallel c))^2 c\equiv H(a)\pmod n$ 是否成立。

上面这个协议存在一个攻击，攻击者可以将约定的格式 a 替换为 a'。用户选择一个消息 m 以及两个随机整数 (r,u)，并根据事先约定的格式准备一个字符串 $a'\neq a$。用户将 a 传送给签名者。签名者随机选择 $x\in Z_n^*$ 使得 $xH(a)\bmod n$ 是 $\in Z_n^*$ 的二次剩余，然后发送 x 给用户。收到 x 之后，用户计算 $c=u^2 x H^{-1}(a)H(a')\bmod n$，$\alpha=r^2 u H(m\parallel c)\bmod n$，并将 α 传给签名者。收到 α 之后，签名者选择 $t\in Z_n^*$ 使得 $t^4\equiv(\alpha^2 x)^{-1}H(a)\pmod n$，用户获得在消盲阶段 $s=(r\,t)\bmod n$。

试证明 (s,c) 是签名者对明文 m（满足共同信息 $a'\neq a$）的签名。

3. 群签名与环签名有何区别？

4. 下面给出的是一个代理签名方案。

（1）Alice 向 Bob 委托签名权：Alice 选取随机数 $k\in_R Z_n^*$，利用 Bob 的身份码 $\mathrm{ID_B}$ 计算 $R=kG=(X_R,Y_R)$，$r=X_R(\bmod n)$，$s=x_A H(\mathrm{ID_B}\parallel r)+k\pmod n$，然后将 (R,s) 送给 Bob。Bob 收到 (R,s) 后，计算 $r=X_R(\bmod n)$，检验 $s G=(H(\mathrm{ID_B}\parallel r)\bmod n)P_A+R$ 是否成立，如果成立，则接受 (R,s)，否则要求 Alice 重新产生此二元组或终止协议。

（2）代理签名密钥对产生：代理人 Bob 计算代理签名密钥对 (x_P,P_P)：$x_P=s\,x_B^{-1}(\bmod n)$，$P_P=x_P\times P_P=(H(\mathrm{ID_B}\parallel r)\bmod n)P_A+R(\equiv s G)$（此方案中为授权方程）。

（3）Bob 利用代理私钥进行代理签名：随机选取 $t\in_R Z_n^*$，计算 $U=t P_B=(X_U,Y_U)$，$u=X_U\bmod n$，$v=t+x_P H(m\parallel u)\bmod n$，签名为 (m,R,u,v)。

（4）接收者利用代理公钥验证代理签名：接收者计算 $r=X_R(\bmod n)$。验证方程为 $U'=v P_B-H(m\parallel u)((H(\mathrm{ID_B}\parallel r)\bmod n)+R)=(X_{U'},Y_{U'})$，$u'=X_{U'}(\bmod n)$。检验 u' 与 u 是否相等，如果相等，则 (m,R,u,v) 是合法签名。

该方案存在原始签名人伪造攻击，假设攻击者就是原始签名人 Alice，她想伪造代理人的签名私钥，使第三方认为代理签名是由代理人 Bob 产生的。那么 Alice 在代理签名人 Bob 的签名密钥对确定之后，也就是 CA 为代理人 Bob 颁发签名公钥后，可以向 CA 谎称自己的原有私钥丢失，利用更新证书的办法进行攻击。具体过程如下。

（1）Alice 选取随机数 $\bar{x}_P$、w，计算 $\bar{R}=\bar{x}_P P_B-wG=(X_{\bar{R}},Y_{\bar{R}})$，那么 $\bar{x}_P P_B=wG+\bar{R}$。

（2）Alice 计算 $\bar{r}=X_{\bar{R}}(\bmod n)$，以及 $H^{-1}(\mathrm{ID_B}\parallel\bar{r})$。

（3）Alice 重新选择 $H^{-1}(\mathrm{ID_B}\parallel\bar{r})w$ 作为自己的私钥，并求出公钥 $\bar{P}_A=H^{-1}(\mathrm{ID_B}\parallel\bar{r})w\times G$，请求 CA 为新的公钥颁发证书。

（4）Alice 用她选择的随机数 $\bar{x}_P$ 作为代理签名的私钥，相应的代理签名公钥为 $\bar{P}_P=\bar{x}_P\times P_B$。

（5）Alice 利用伪造的代理签名密钥对产生合法签名。

（6）接收者的验证过程不改变，仍然使用原先的验证方程进行验证。

这里伪造的 $(\bar{x}_P,\bar{P}_P)$ 以及 $\bar{R}$ 就成为合法代理签名密钥对，因为满足验证等式。请验证该过程。

5. 简单叙述前向安全签名方案的目的，并给出它的定义。

6. 回顾代理签名、批验证协议、多重数字签名的概念及各自所满足的安全特性。

7. 设 p 为一个大素数，且 $p-1$ 有两个大的素因子 p_1 和 q_1，$n=p_1 q_1$。设 g 为有限域 GF(p) 中阶为 n 的元素，公开 p、n、g。用户 A 选取 $x \in [1, n]$ 使得 $\gcd(x, p-1)=1$，对应的公钥 $y=g^x \bmod p$，$z=g^{x^2} \bmod p$。对 m 签名，A 执行：选择 $t \in Z_n$ 使得 $\gcd(t, p-1)=1$，计算 $k=g^{t^2} \bmod p$，$r=g^k \bmod p$ 且保证 $r \neq 1$，f 是 Hash 函数。计算 s 满足 $f(m, r)=xr+ts \pmod{p-1}$。元组 (r, s) 是消息 m 的签名。签名验证公式是 $r^{s^2} y^{2f(m,r)r}=g^{f^2(m,r)} z^{r^2} \bmod p$。

该签名方案在离散对数问题可解的情况下，存在伪造攻击，试描述该攻击的过程。

8. 聚合签名有什么用途？

第 8 章

非否认协议

随着互联网和开放式网络的迅猛发展,安全服务,比如说非否认服务等成为很多实际应用的紧迫需求。而非否认服务往往由非否认协议提供,非否认协议是一种十分重要的安全协议,国际标准化组织(ISO)制定了一系列非否认协议的标准。非否认协议是电子商务的基础,同时,它本身也在安全协议乃至信息安全中占据重要的地位。

8.1 非否认协议的基本概念

非否认协议是为了防止不诚实者否认他们参与了某项事务而拒绝承担相应的责任而设计的协议。它在设计目标和现实功能上具有如下两个要求:

(1)确保通信主体不能对通信事件抵赖。

(2)确保在协议执行的任何阶段,任何通信主体不能获得优于其他主体的好处。

实现第一个要求通常使用的方法是,通过使协议通信各方获得可证明通信事件或动作发生过的证据,以防止利益方抵赖;实现第二个要求也就是保证协议的公平性。

8.1.1 非否认服务

非否认服务的目的是为某一特定事件的参与双方提供证据,使他们对自己的行为负责。非否认服务可以通过协议的形式提供。这些协议基于某些安全机制,如数字签名、时间戳、数据完整性保护等。

为了使通信的参与方对他们的行为负责,非否认服务需要达到以下要求:

(1)发送方非否认,即提供一种保护使得发送方不能否认他发送过某条消息。

(2)接收方非否认,即提供一种保护使得接收方不能否认他接收过某条消息。

一个非否认服务除了满足上述要求外,还应当满足公平性的要求,即如果服务在任何一步异常终止,则发送方和接收方都不能得到额外的利益。

一旦通信双方发生了争执,就需要由仲裁中心解决争端,例如,判定某一消息在消息交换的过程中是否按时送达。

非否认服务收集、维护、公布和验证那些与某个事件或动作相关的不可抵赖的证据,并将这些证据用于解决参与通信的双方的争执。

非否认服务的两个基本目标是提供发送方和接收方的非否认证据。

(1)发送方非否认证据(Evidence Of Origin,EOO),非否认服务向接收方提供不可抵赖的证据,证明接收到的消息的来源。

（2）接收方非否认证据（Evidence Of Receipt，EOR），非否认服务向发送方提供不可抵赖的证据，证明接收方已收到了某条信息。

8.1.2 非否认协议的步骤和性质

非否认协议必须提供无可辩驳的证据快速解决纠纷。非否认协议中，一个可信的第三方（TTP）帮助完成这个目标。为了实现非否认服务，非否认协议必须包含如下步骤：

（1）服务请求。一个计划好的非否认服务的应用必须在关键行为发生之前被承认。

（2）证据产生。证据产生与关键行为相关联，而且由一方或操作一致的某几方组成的群体来完成。关键行为的潜在否定者那一方需要参与证据产生，可信第三方也应该参与。

（3）证据传递和保存。关键行为发生后，证据已经产生，证据要被传递到最终需要使用的一方或几方，或被可信第三方保存作为将来的参考。

（4）证据验证。为了让各方信任证据将会足以应付纠纷引发的事件，有必要核对被传递的或被可信第三方保存着的证据。

（5）纠纷解决。纠纷可发生在那些阶段之后不久（如在同一个通信会话中），但更可能发生在之后很久（如几年以后）。如果这一阶段发生的话，必须找回证据，重新核实它，然后解决纠纷。这里需要一个仲裁者，假定为一个第三方，如法庭。

非否认协议相对一般的安全协议，必须要满足一些安全性质，比如非否认性、可追究性、公平性、时限性、非滥用性等。

1. 非否认性

在电子交易中经常产生如下具有两种可能性的情况：消息可能是真实的或伪造的；消息可能是发送给接收方或者根本没有发送；消息可能到达接收方或者在发送过程中丢失；消息到达接收方时可能是完整的或者被破坏的；消息可能到达或者被延迟发送。如果这些情况中的任何一个不能被正确区分，那么参与电子交易的一方可以做到如下某一种否认：

（1）否认拥有某个消息；

（2）否认发送过某个消息；

（3）否认接收到某个消息；

（4）否认在规定的时间内收到或发送过消息。

非否认服务的目的是为特定事件的参与双方提供证据，非否认服务可以由非否认协议提供。这些协议一般基于一些安全机制，比如数字签名、公证、数据完整性保护、时间戳等。

2. 可追究性

可追究性在某些情况下可以看作是对非否认性的另一个角度的陈述。比如，一个主体不能向其他方否认自己曾经参与通信事件 A 的话，如果它否认参与事件 A，而这样的否认又影响了其他方的利益，那么其他方就可以追究它参与过事件 A 的责任。可以保证这种追究有效的协议我们称之为具有可追究性。

3. 公平性

定义 1：一个协议是公平的，当协议结束时它提供给消息发送方和接收方合法的不可反驳的证据，公平性又分为强公平性和弱公平性。

定义 2：一个协议是强公平的，是指无论在执行过程或者执行完毕后，都不会让通信各方获得优于其他方的好处。

定义 3：一个协议是弱公平的，是指协议或者到达到强公平协议的结果，或者协议中的通信方有机会通过不正当的行为获得优于其余各方的好处，但其余的通信方可以向仲裁机构证明对方的不正当行为或可以通过正当行为抵消对方已经获得的优势。

定义4：一个非否认协议是概率公平的，是指协议或者达到弱公平协议的结果，或者通信方仅有无穷小机会通过不正当行为获得优于其他方的好处。

这里总结了五条关于公平性的结论。

结论1：同步协议至多只能达到概率公平。

结论2：无第三方的异步协议的公平性与对传输的消息是否进行分割无关。

结论3：异步协议无第三方不能保证公平。

结论4：异步协议使用离线第三方至多只能达到弱公平。

结论5：异步协议若要达到强公平，必须存在在线第三方。

4. 时限性

如果参与一次通信的各方主体中，至少有一方是诚实的，那么协议应该在有限的时间内完成。时限性如果不能得以满足，可能会影响到公平性。

由于非否认协议中往往要求参与通信的各方保留一定的证据，而通信方的计算和存储资源是有限的，因此，任何的通信方都不可能永远保存一些尚未完成的通信所产生的部分证据，相反，通信方需要在一定期限后能够删除这些部分证据，而又不能损害己方的利益。这样的效果需要具有时限性的协议来保证。

5. 非滥用性

非滥用性即协议中的通信方没有权利在任何时刻向协议以外的实体证明他可以随意选择终止或完成协议。打个比方，甲方想通过数字合同来卖房子给乙方，乙方已经签订，但是甲方仍未签订，甲方此时将乙方的订单给丙方看，欲以此来显示自己可以将房子以合同中的价格卖给乙方，而游说丙方以高于乙方的价格来买房子。这是乙方不愿意看到的情况。如果合同协议能杜绝这样的情况，那么我们称该合同协议具有非滥用性。

8.1.3 一个非否认协议的例子

在介绍协议之前，首先介绍该协议用到的特殊符号。

- r_{AB}：请求发起本次非否认协议的标志，如序列号；
- r_1：EOO标志；
- r_2：EOR标志；
- i_1：A拥有K_{AB}的标志；
- i_2：B拥有K_{AB}且A发送M的标志；
- i_3：B收到M的标志；
- $SENV_A()$：主体A的安全封装。SENV表示数据项的一种具有特殊构造的集合，使接收方可以验证其来源与完整性。

这里需要强调的是，标志r_{AB}、r_1和r_2是通常意义下的标志。标志i_1、i_2和i_3用来表示消息的发送者相信该标志所指明的事实，只有可信第三方TTP才能在他发送的消息中使用这些特殊的标志i_1、i_2和i_3。因此，主体A收到TTP发送的i_1标志时，他也相信i_1指明的事实。

下述非否认协议由6步构成。

（1）A→ TTP：r_{AB}，N_A

A向TTP请求发起非否认协议。

（2）TTP→ A：$\text{SENV}_A(i_1, N_A, N_{\text{TTP}}, K_{AB})$

TTP 通过安全封装向 A 发送会话密钥 K_{AB}。

（3）A→ B：$\{M\}K_{AB}, \text{EOO} = \text{SENV}_A(r_1, N_{\text{TTP}}, \{M\}K_{AB})$

A 向 B 发送 EOO 及 $\{M\}K_{AB}$。如果 B 由于某种原因不同意接收消息 M，他可以在此终止协议的运行，不会引起任何争议。

（4）B→ TTP：$\text{EOO}, \text{EOR} = \text{SENV}_B(r_2, N_B, \{M\}K_{AB})$

如果 B 在第（3）步后同意继续执行协议，就将收到的 EOO 转发给 TTP，并向 TTP 发送 EOR。

（5）TTP→ B：$\text{SENV}_B(i_2, N_B, K_{AB})$

如果 TTP 证实 EOO 与 EOR 的正确性，就通过安全封装协议向 B 发送 K_{AB}，并通知 B：TTP 相信 A 在协议的本次运行中发送了消息 M。否则，TTP 终止协议的执行，不会引起协议的任何争议。

（6）TTP→ A：$\text{SENV}_A(i_3, N_A)$

如果 TTP 证实 EOO 与 EOR 的正确性，就通知 A：TTP 相信 B 收到了消息 M。否则，TTP 终止协议的执行，不会引起任何争议。

上述非否认协议执行结束时，主体 A 通过可信第三方 TTP 发送的新鲜的会话密钥 K_{AB}，成功地发送 $\{M\}K_{AB}$ 给主体 B。B 解密 $\{M\}K_{AB}$ 之后，成功地收到消息 M。并且，A 不能否认他发送过消息 M；B 也不能否认收到过消息 M。协议执行结束后如果发生争议，可以通过 TTP 或裁判 ADJ 进行公平的仲裁。TTP 和 ADJ 既可以是两个不同的角色，也可以是同一个角色，根据具体的应用环境决定。

8.2　无 TTP 参与的非否认协议

无 TTP 参与的非否认协议的实现不需要 TTP 参与，通过逐步交换信息来保证非否认性。早期的无须 TTP 且能实现不可否认的协议是在效率低下的公平交换协议的框架中给出的。这里我们给出两个无 TTP 参与的非否认协议的方案，协议中所使用的符号和记法如下。

- $X→ Y$：从 X 到 Y 的传输；
- $H()$：抗冲突的单向 Hash 函数；
- $E_k()$：用密钥 k 进行加密的对称加密函数；
- $D_k()$：用密钥 k 进行解密的对称解密函数；
- $E_X()$：使用 X 的公钥加密的公钥加密函数；
- $D_X()$：使用 X 的私钥解密的公钥解密函数；
- $S_X()$：用 X 进行签名的函数；
- m：从 A 发送到 B 的消息；
- k：用于加密 m 的会话密钥；
- $c = E_k(m)$：用会话密钥 k 加密后的消息 m；
- $l = h(m, k)$：区分 (A, B) 通信协议的标签；
- f：消息传递目标的标记。

8.2.1　Markowitch 和 Roggeman 协议

假设 Alice 想发送消息 m 和起源的非否认证据给 Bob 来交换 Bob 接收的非否认证据,在这个协议中,在协议结束之前,Alice 不会发现对自己不利而中止协议。类似地,如果 Bob 在最后一次发送时中止了协议,他不会得到任何利益。Bob 进行欺骗的唯一方法是获取 Alice 的消息和相应的起源非否认证据来猜测协议中交换的次数。这个交换次数是由 Alice 随机选取的。

在这个协议中会产生如下的证据:

- 密文 c 来源的证据:$\mathrm{EOO} = \mathrm{Sig_A}(f_{\mathrm{EOO}}, B, l, c), c = E_k(m)$;
- 密文 c 接收的证据:$\mathrm{EOR} = \mathrm{Sig_B}(f_{\mathrm{EOR}}, A, l, c)$;
- 值 v_i 来源的证据:$\mathrm{EOO}_{k,i} = \mathrm{Sig_A}(f_{\mathrm{EOO},i}, B, l, v_i)$;
- 值 v_i 接收的证据:$\mathrm{EOR}_{k,i} = \mathrm{Sig_B}(f_{\mathrm{EOR}_{k,i}}, A, l, v_i)$;
- 起源证据的非否认:$\mathrm{NRO} = \{\mathrm{EOO}, \mathrm{EOO}_{k,n}\}$;
- 接收证据的非否认:$\mathrm{NRR} = \{\mathrm{EOR}, \mathrm{EOR}_{k,n}\}$。

上面这个过程中,n 决定了协议交换的次数,n 的值是保密的,在协议进行过程中这个值是不被 Bob 知晓的。

协议流程如下。

1. $\mathrm{A} \rightarrow \mathrm{B}: f_{\mathrm{EOO}}, B, l, c, \mathrm{EOO}$

2. $\mathrm{B} \rightarrow \mathrm{A}: f_{\mathrm{EOR}}, A, l, \mathrm{EOR}$

3. $\mathrm{A} \rightarrow \mathrm{B}: f_{\mathrm{EOO}_{k,i}}, B, l, 1, r_1, \mathrm{EOR}_{k,1}$

4. $\mathrm{B} \rightarrow \mathrm{A}: f_{\mathrm{EOR}_{k,i}}, A, l, \mathrm{EOR}_{k,1}$

...

$2n-1.$　$\mathrm{A} \rightarrow \mathrm{B}: f_{\mathrm{EOO}_{k,n-1}}, B, l, n-1, r_{n-1}, \mathrm{EOO}_{k,n-1}$

$2n.$　$\mathrm{B} \rightarrow \mathrm{A}: f_{\mathrm{EOR}_{k,n-1}}, A, l, \mathrm{EOR}_{k,n-1}$

$2n+1.$　$\mathrm{A} \rightarrow \mathrm{B}: f_{\mathrm{EOO}_{k,n}}, B, l, n, k, \mathrm{EOR}_{k,n}$

$2n+2.$　$\mathrm{B} \rightarrow \mathrm{A}: f_{\mathrm{EOR}_{k,n}}, A, l, \mathrm{EOR}_{k,n}$

任何时候,如果 Alice 或者 Bob 收到不正确的消息,他们中止协议的进行。甚至,如果 Bob 不通过发送相应的 EOR_i 直接回应 Alice 的消息,Alice 也会认为 Bob 试图欺骗而终止协议。

8.2.2　Mitsianis 协议

Alice 首先发送消息 m 的密文 c 给 Bob,该密文使用会话密钥 K_0。如果 Bob 承认收到了这个密文信息,Alice 添加 w 到 K_0 构成新的密钥 K_0'。w 的大小取决于 Alice,Alice 用与 Bob 共享的会话密钥 K_x 加密这个新密钥,得到密钥 K_s。

Alice 随机选取一个数 n,并把 K_s 分成大小不同的 n 份 K_i,然后分 n 次发送 K_i,Bob 每接收到一个 K_i,必须返回一个确认信息。当 Bob 接收到第 n 个 K_i 时,Alice 同时拥有了消息 m 的非否认接收信息,Bob 可以通过会话密钥恢复 m 的原文。

即使 Bob 知道 K_0 的大小,也只有在获得了所有的 K_i 后才能够恢复 K_0,因为使用的是密钥 K_0',而且他不知道 w 的长度。

8.3　基于 TTP 参与的非否认协议

基于 TTP 参与的非否认协议的实现需要 TTP 参与,协议的非否认性和公平性通过与 TTP 的交互来保证。

8.3.1　TTP 的角色

理论上,第三方可信度越高,其参与协议后对协议安全性的保证就越强。但是,现实中往往很难找到这样的第三方。通常在安全电子商务协议中,TTP 所能担当的角色如下。

1. 证书中心

证书中心负责为参加认证的主体颁发公开密钥证书,公开密钥证书中包含主体名、主体的公开密钥、公开密钥的有效期等。

2. 公证中心

参与协议的主体相信公证中心能够提供正确的证据,并为他们验证数据的正确性和数据交换的正确性。

3. 交付中心

作为交付中心,参与协议的主体相信 TTP 能正确地将消息传送给对方并提供相应的证据。

4. 仲裁中心

可信第三方服务的最终目的是解决有关某一事件是否发生的争议。仲裁中心能够根据争议双方提供的证据作出正确的判断。除非争议发生,仲裁中心一般不参与可信第三方服务。

5. 时戳中心

可信第三方提供在非否认证据中加入可信时戳的服务。

下面通过一个简单的例子,说明 TTP 如何担任交付中心的角色。在该协议中,假设通信信道是可靠的(在实际应用中,这种假设显然是过强了)。协议如下。

- f_{EOO}：EOO 字段,说明该消息发送 EOO 证据。
- f_{EOR}：EOR 字段,说明该消息发送 EOR 证据。

$EOO = \{f_{EOO}, TTP, B, m\}K_A^{-1}$

$EOD = \{f_{EOR}, A, B, m\}K_{TTP}^{-1}$

（1）A $\rightarrow$ TTP：f_{EOO}, TTP, B, m, EOO

（2）TTP $\rightarrow$ B：f_{EOO}, TTP, B, m, EOO

（3）TTP $\rightarrow$ A：f_{EOD}, A, B, EOD

在上述协议中,TTP 作为交付中心,忠实地将 A 发送的消息传送给 B,并向 A 提供非否认交付证据 EOD。当然,EOD 与 EOR 是不同的。

8.3.2　Zhou-Gollman 协议

第一个利用 TTP 设计的非否认协议是 Zhou-Gollman 协议,这个协议是 Zhou 和 Gollman 在 1996 年提出的一个基于数字签名的非否认协议,它适用于信道不可靠的情况。该协议主要由下述 5 步构成(如图 8.1 所示)。

（1）A $\longrightarrow$ B：$S_A(f_{NRO} \| B \| l \| c)$

（2）B $\longrightarrow$ A：$S_B(f_{NRR} \| A \| l \| c)$

（3）A $\longrightarrow$ T：$S_A(f_{SUB} \| B \| l \| K)$

（4）B $\longleftrightarrow$ T：$S_T(f_{CON} \| A \| B \| l \| K)$

（5）A $\longleftrightarrow$ T：$S_T(f_{CON} \| A \| B \| l \| K)$

其中 A 为发送方，B 为接收方，T 为可信第三方 TTP，是在执行协议的过程中，发送方、接收方和仲裁方都信任的实体。$S_x()$ 表示用 x 的私有密钥签名。m 为 A 要发送给 B 的数据，c 为使用 K 对 m 加密形成的密文 $E_K(m)$。l 是协议运行的标签，f_{NRO}、f_{NRR}、f_{SUB}、f_{CON} 为协议每一步执行时产生的特殊标识。步骤叙述如下。

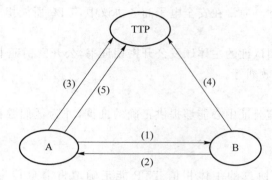

图 8.1 非否认协议示意图

（1）A 发送密文 $c=E_K(m)$、标签 l、接收者名字 B 的签名。B 将使用这个信息作为 A 在协议标识 l 下发送了 $E_K(m)$ 的证据。

（2）B 使用一个签名作为响应，表示在协议标识 l 下接收到了 $E_K(m)$。A 将使用这个信息作为 B 在协议标识 l 下接收到了 $E_K(m)$ 的证据。

（3）A 接着把密钥 K 与协议标识 l 发送给可信服务器。如果 A 进行欺骗而发送一个错误的密钥 K'，他就不能得到他需要的证据，因为 $E_K(m)$ 与 K' 不能提供证据说明 A 发送了 m。

（4）、（5）A 与 B 都可以从可信第三方获取密钥。

本协议设计的目标是：A 可证明 B 对消息 M 的正确性负责，且 B 可以证明 A 对消息 M 的正确性负责。

8.3.3 Online TTP 非否认协议——CMP1 协议

CMP1 协议是 Deng 和 Gong 提出的电子邮件非否认协议，它借助于可信第三方 TTP 为电子邮件的安全传输提供非否认服务，具体描述如下（协议的示意如图 8.2 所示）。

$EOO=\{A,B,TTP,M\}K_A^{-1}$

$EOR=\{A,B,TTP,h(M)\}K_B^{-1}$

$EOD=\{B,M,EOR\}K_{TTP}^{-1}$

（1）A $\longrightarrow$ B：$A,B,TTP,h(M),\{K\}K_{TTP},\{EOO\}K$

（2）B $\longrightarrow$ TTP：$EOR,\{K\}K_{TTP},\{EOO\}K$

（3）TTP $\longrightarrow$ B：$\{EOO\}K_{TTP}^{-1}$

（4）TTP $\longrightarrow$ A：EOD

其中，A 和 B 表示邮件发送方与接收方，K 为会话密钥，K_A、K_A^{-1}、K_B、K_B^{-1}、K_{TTP}、K_{TTP}^{-1} 为

发送方与接收方 A、B 可信第三方 TTP 的公钥、私钥。协议执行过程解释如下。

第一步，电子邮件发送方 A 选择一个会话密钥 K，把消息 M 的摘要 $h(M)$、签名后的消息 M 用 K 加密的 $\{\{M\}K_A^{-1}\}K$ 以及加密的会话密钥 $\{K\}K_{TTP}$ 发送给 B。

第二步，B 对 $h(M)$ 签名，并连同后两部分转发给 TTP。TTP 收到后，通过解密获取 $\{M\}K_A^{-1}$。

第三步，TTP 将 $\{M\}K_A^{-1}$ 用自己的私有密钥签名后传送给 B。

第四步，TTP 将 B 签过名的摘要和 $\{B,M\}$ 用自己的私有密钥签名后传送给 A。

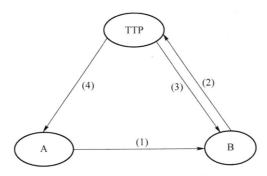

图 8.2　CMP1 协议示意图

在挂号电子邮件协议中，至少需要交换 4 条消息。事实上，邮件发送方 A 至少需要发送一条包含 (M,EOO) 的消息，邮件接收方 B 至少需要发送一条包含 EOR 的消息。作为可信投递方的 TTP，担任交换 (M,EOO) 和 EOD 的角色，至少需要发送两条消息：一条发送给 A，另一条发送给 B。由以上分析可见，CMP1 协议在协议步数上达到最优。

当协议正常结束时，B 获得 EOO，A 获得 EOR 与 EOD。因此 CMP1 协议满足可追究性。

在通信信道可靠的情形下，最终协议将正常终止。此时，B 通过 EOO 可以证明 A 发送了 M。A 通过 EOR 可以证明 B 收到了 $h(M)$；通过 EOD 可以证明 TTP 向 B 交付了 M。二者结合，A 可以证明 B 收到了 M。此时，CMP1 协议满足公平性。

但是，如果通信信道不可靠，则协议的第三步或第四步有可能未成功执行。或者 B 收到 EOO 但 A 未收到 (EOR,EOD)，或者 A 收到 (EOR,EOD) 但 B 未收到 EOO。此时，CMP1 协议不满足公平性。

通过上面的分析可以发现，在协议的第三步，用 TTP 的公开密钥对 EOO 签名是多余的，因为 EOO 本身就足以满足成为发送 M 的非否认证据。

CMP1 协议通过让主体传递对方不能单独解密而必须通过 TTP 才能识别的消息来保证和通信对方的直接通信，从而尽量减轻 TTP 的负担。

习　题　8

1. 非否认协议的安全性质有哪些？

2. 在分析 Coffey-Saidha 协议的安全性与实用性缺陷的基础上，对 Coffey-Saidha 协议进行改进。

3. 为什么说 Asokan-Shoup-Waidner 协议是一种"乐观"协议？它与其他协议有何不同？

4. 为什么说"非否认性与认证性有关，但非否认性比认证性有更强的证明需求"？非否认协议与认证协议的主要区别是什么？

5. 在下列情形下，分别设计最基本的非否认协议：

（1）通信信道可靠，且参与协议的主体都"诚实地"执行协议；

（2）通信信道可靠，但参与协议的主体未必"诚实地"执行协议；

（3）通信信道不可靠，但参与协议的主体都"诚实地"执行协议；

（4）通信信道不可靠，且参与协议的主体未必"诚实地"执行协议。

第 9 章

公平交换协议

公平交换协议用来保证交易公平进行。伴随着计算机网络和通信技术的发展,人们逐渐通过网络来进行交流,交换各自的信息。在网络环境下的电子支付、挂号邮件、数字签名、电子合同的签订等都是需要公平交换的典型例子。

9.1 公平交换协议的基本概念

通过使用电子商务,处于网络两端的公司或者个人可以实现有形商品或者无形服务的交换。交换的一个很基本的要求就是要能实现交换双方的公平性。所谓公平性就是指在交换结束后,要么每一方都得到他所期待的信息或者物品,要么每一方都没有得到任何有意义的东西。

9.1.1 公平交换协议的定义

首先来看一个例子。假设 Alice 想在 Bob 公司购买一张机票。Alice 首先发出一个预订请求,Bob 公司确认后向 Alice 发出一个通知。如果 Alice 和 Bob 公司不能相互信任,那么将可能存在以下问题:Alice 发出了预订请求,但后来没有购买机票,Bob 公司因为没有卖出机票而受损;Bob 公司虽然收到了预订请求,却将机票卖给了别人,那么 Alice 只好延期旅行。所以,如果只有一方诚实地执行协议,就无法保证双方的利益不受损失。即使 Alice 的请求和 Bob 公司的通知都具有不可否认性,也不能完全解决协议的公平性问题,这是因为双方的行为不具有同时性。若 Alice 首先发出一个不可否认请求,而 Bob 没有进行响应,于是 Alice 就面临风险;如果她在别处预订,就有可能买到两张机票;如果不预订,则有可能面临没有机票的风险。

所以,当一个系统涉及两个或者多个互不信任的主体时,就必须要考虑满足所有主体的安全性。从主体利益的角度考虑,如果一个系统不会损害其中任何一个诚实主体的利益,那么该系统具有公平性。从交换的结果考虑,如果在交换结束后,要么每一方都得到了他所期待的信息或者物品,要么每一方都没有得到任何有意义的东西,我们也认为系统具有公平性。

对于上述公平交换的形式和参与方的安全要求,都需要存在相应的安全机制来保证交换顺利进行。这种安全机制就是公平交换协议。

9.1.2 公平交换协议的基本模型

N. Asokan 提出了公平交换协议的基本模型,并且这个模型得到了广泛使用。下面对这个模型进行介绍。

假设 desc() 为交换商品的描述函数（对输入的任何一个交换商品，返回一个对该物品的描述），P、Q 为参与双方，他们的交换物品用 i_P、i_Q 表示，期望得到的对方交换物品描述为 d_P、d_Q。公平交换问题描述如下。

交换之前 P 输入 i_P、d_Q、Q，Q 输入 i_Q、d_P、P，代表 P 想用 i_P 跟 Q 交换描述为 d_Q 的交换物品，Q 想用 i_Q 跟 P 交换描述为 d_P 的交换物品。交换之后 P 输出 i_Q，Q 输出 i_P。具体过程如图 9.1 所示。

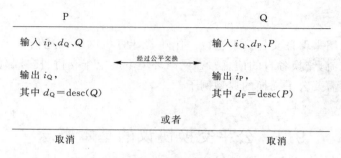

图 9.1 公平交换协议基本模型

9.1.3 公平交换协议的基本要求

公平交换协议应该满足如下几条性质。

（1）有效性：如果两个参与者行为正确，在不涉及第三方的情况下，仍能获得各自所需的东西。

（2）秘密性：交换必须保护用户的隐私信息。

（3）高效实用性：协议的效率要高，以保证实用性。

（4）不可否认性：在进行有效的交换后，交换的任何一方都不能对他所传递和收到的信息进行否认。

（5）公平性：在交换结束后，要么每一方都得到他所期望的物品（或服务），要么每一方都没有得到任何有意义的东西。公平性又分为强公平性和弱公平性。

- 强公平性：在协议的任何阶段，参与协议的任何诚实的主体都不处于劣势。交换结束后，参与交换的各方或者得到自己想要得到的东西，或者都没有得到任何有用的东西。
- 弱公平性：在协议执行的某个阶段，即使诚实的主体处于某种程度的不公平，在以后的争论中，诚实的主体可以向仲裁者提供协议中的证据恢复公平性。

（6）终止性：在协议执行的任何时间，每个参加者可以单方面中止协议而不破坏公平性。

（7）第三方可验证性：发生纠纷时第三方可以进行仲裁，对不诚实的一方进行制裁。

（8）无滥用性：在多方公平交换模型中，参与交换的任意子集在协议的任何时刻，都无法向第三者证明他们有能力中止（或完成）协议。

9.2 同时签约

如果签约双方同意合约，双方都希望同时签署，这和实际生活是相符合的。但是在网络环境中,签约双方不可能如日常生活中两者面对面的签约,所以需要特定的技术加以解决。这就产生了同时签约技术。

9.2.1　带有仲裁者的同时签约

Alice 和 Bob 想订立一个合约。他们已经同意了其中的措辞,但每个人都想等对方签名后再签名。如果是面对面的,这很容易:两人一起签。如果距离远,他们可以用一个仲裁者。

(1) Alice 签署合约的一份副本并发送给 Trent。

(2) Bob 签署合约的一份副本并发送给 Trent。

(3) Trent 各发送一份消息给 Alice 和 Bob,指明彼此都已签约。

(4) Alice 签署合约的两份副本并发送给 Bob。

(5) Bob 签署合约的这两份副本,自己留下一份,并把另一份发送给 Alice。

(6) Alice 和 Bob 都通知 Trent 他们每个人都有了一份有他们两人合签的合约副本。

(7) Trent 撕毁在每一份上只有一个签名的两份合约副本。

这个协议奏效是因为 Trent 防止了双方中的某一方进行欺骗。如果在步骤(5)中 Bob 拒绝签约,Alice 可以向 Trent 要求一份已经由 Bob 签署的合约副本。如果在步骤(4)中 Alice 拒绝签名,Bob 也可以这么做。在步骤(3)中 Trent 指明他收到了两份合约,Alice 和 Bob 知道彼此已受到和约的约束。如果 Trent 在步骤(1)和(2)中没有收到这两份合约,他便撕掉已收到的那份,则两方都不受合约约束。

9.2.2　无仲裁者的同时签约(面对面)

如果 Alice 和 Bob 正面对面坐着,那么他们可以如下签约。

(1) Alice 签上她名字的第一个字母,并把合约递给 Bob。

(2) Bob 签上他名字的第一个字母,并把合约递给 Alice。

(3) Alice 签上她名字的第二个字母,并把合约递给 Bob。

(4) Bob 签上他名字的第二个字母,并把合约递给 Alice。

(5) 这样继续下去,直到 Alice 和 Bob 都签上他们的全名。

如果忽视这个协议的一个明显问题(Alice 的名字比 Bob 长),这个协议照样有效。在只签了一个字母之后,Alice 知道法官不会让她受合约条款约束。但签这个字母是有诚意的举动,并且 Bob 回之以同样有诚意的举动。

在每一方都签了几个字母之后,或许可以让法官相信双方已签了合约,虽然如此,细节却是模糊的。当然在只签了第一个字母后他们确实不受约束,正如在签了全名之后他们理所当然受合约约束一样。在协议中哪一点上他们算是正式签约呢? 在签了他们名字的一半之后、三分之二之后、四分之三之后?

因为 Alice 或 Bob 都不能指出她或他受约束的准确点,他们每一位至少有些担心她或他在整个协议上都受合约约束。Bob 在任一点上都无法说:"你签了四个字母而我只签了三个,你受约束,但我不受。"Bob 也没有理由不继续这个协议。而且,他们继续得越久,法官裁决他们受合约约束的概率越大。另外,也不存在不继续执行这个协议的理由。毕竟他们都想签约,他们只是不想先于另一方签约。

9.2.3　无仲裁者的同时签约（非面对面）

这个协议使用了同一类型的不确定性，Alice 和 Bob 轮流采用小步骤签署，直到双方都签约为止。

在这个协议中，Alice 和 Bob 交换一系列下面这种形式的签名消息："我同意我以概率 p 接受这个合约约束。"

消息的接收方可以把它提交给法官，法官用概率 p 考虑被签署的合约是否有约束力。

（1）Alice 和 Bob 就签约应当完成的日期达成一致意见。

（2）Alice 和 Bob 确定一个双方都愿意用的概率差。例如，Alice 可以决定她不愿以超过 Bob 概率 2% 以上的概率受合约约束。设 Alice 的概率差为 a，Bob 的概率差为 b。

（3）Alice 发送给 Bob 一份 $p=a$ 的已签消息。

（4）Bob 送给 Alice 一份 $p=a+b$ 已签署的消息。

（5）令 p' 为 Alice 在前一步中从 Bob 那里收到消息的概率。Alice 发送给 Bob 一份 $p=p'+a$ 或 1 中较小的已签署消息。

（6）令 p' 为 Bob 在前一步中从 Alice 那里收到消息的概率。Bob 发送给 Alice 一份 $p=p'+b$ 或 1 中较小的已签署消息。

（7）Alice 和 Bob 继续交替执行步骤（5）和步骤（6），直到双方都收到 $p=1$ 的消息，或者已到了在第（1）步中达成一致的日期。

随着协议的进行，Alice 和 Bob 都以越来越大的概率同意接受合约约束。例如，Alice 定义她的 a 为 2%，Bob 可以定义他的 b 为 1%。Alice 的第一份消息可能声明她以 2% 的概率受约束，Bob 可能回答他以 3% 的概率接受约束。Alice 的下一份消息可能声明她以 5% 的概率受约束……直到双方都以 100% 的概率受约束。

如果这个协议不能顺利完成，任何一方都可以把合约拿给法官，并同时递上另一方最后签的消息，法官看合约之前在 0 或 1 之间随机选择一个。如果这个值小于另一方签名的概率，则双方都受合约约束。如果这个值大于那个概率，则双方都不受约束（法官接着保存这个值，以防需判定涉及同一合约的其他事件）。这就是以概率 p 受合约约束的意思。

这是一个基本的协议，但还可以有更复杂的协议。法官可在一方缺席的情况下作出判决，法官的判决可约束双方或哪一方都不受约束；不存在一方受约束而另一方不受约束的情况。

9.2.4　无须仲裁者的同时签约（使用密码技术）

这种密码协议使用了同样的小步进方法。在协议描述中使用了 DES，但也可以用任一种对称加密算法。

（1）Alice 和 Bob 二者随机选择 $2n$ 个 DES 密钥，分成一对对的，共 n 对。

（2）Alice 和 Bob 都产生 n 对消息，如 L_n 和 R_n："这是我的第 i 个签名的左半部分"和"这是我的第 i 个签名的右半部分"。标识符 i 从 1 取到 n。每份消息可能也包含合约的数字签名以及时间戳。如果另一方能产生一个单签名对的两半 L_i 和 R_i，那么就认为合约已被签署。

（3）Alice 和 Bob 二者用每个 DES 密钥对加密他们的消息对，左半消息用密钥对中的左密钥，右半消息用密钥对中的右密钥。

（4）Alice 和 Bob 相互发送给对方 $2n$ 份加密消息，弄清哪份消息是哪对消息的哪一半。

（5）Alice 和 Bob 利用每一对的不经意传输协议相互送给对方,即 Alice 送给 Bob 或用于独立地加密 n 对消息中每一对左半消息的密钥,或用于加密右半消息的密钥。Bob 也这样做。他们可以交替地发送这些"半消息"或者先送 100 对,接着再送其余的——这都没有关系。现在 Alice 和 Bob 都有每一对密钥中的一个密钥,但都不知道对方有哪一半。

（6）Alice 和 Bob 用收到的密钥解密他们能解的那一半消息。他们确信解密消息是有效的。

（7）Alice 和 Bob 都把所有 $2n$ 个 DES 密钥的第一个比特发送给对方,并验证正确性。

（8）Alice 和 Bob 对所有 $2n$ 个 DES 密钥的第二个比特、第三个比特重复步骤（7）,如此继续下去,直到所有 DES 密钥的所有比特都被传送出去。

（9）Alice 和 Bob 解密剩余一半消息对,合约被签署。

（10）Alice 和 Bob 交换在第（5）步的不经意传输中使用的私钥,并且各方验证对方没有欺骗。

这里 Alice 和 Bob 必须通过所有步骤,为什么呢？让我们假设 Alice 想要欺骗,看看会发生什么。在第（4）步和第（5）步中,Alice 可以通过送给 Bob 一批毫无意义的比特字符串来破坏这个协议。Bob 能在第（6）步中发现这一点,即在他试图解密他收到的那一半时,Bob 就可以安全地停止执行协议,此后 Alice 便不能解密 Bob 的任何消息对。

如果 Alice 非常聪明,她可能只破坏协议的一半。她可以正确地送出每对的一半,但送一个毫无意义的字符串作为另一半。Bob 只有 50% 的机会收到正确的一半,故 Alice 在一半的时间里可以进行欺骗。但是,这只能在只有一对密钥的情况下起作用。如果有两对密钥,这类欺骗可在 25% 的时间里成功。这就是 n 必须很大的原因。Alice 必须正确地猜出 n 次不经意传输协议的结果；她有 $1/2^n$ 的机会成功。如果 $n=10$,Alice 有 $1/1\,024$ 的机会欺骗 Bob。

Alice 也可以在第（8）步中给 Bob 发送随机比特。也许 Bob 直到收到了全部密钥并试图解密余下的一半消息时才知道 Alice 送给他的是随机比特。但是,Bob 这边也有机会发现。他已经收到了密钥的一半,并且 Alice 不知道是哪一半。如果 n 足够大,Alice 确实送给他一个无意义的比特到他已收到的密钥中,则他能立即发现 Alice 在试图欺骗他。

也许 Alice 将继续执行第（8）步直到她有足够多的密钥比特使用穷举攻击,然后再停止传送比特。DES 有一个 56 比特长的密钥。如果她收到 56 比特中的 40 个比特,她只需试验 2^{16}（65 536）个密钥便能读出这份消息——这个任务对计算机来说当然是轻而易举的。但是 Bob 有同样多数量的密钥比特（或最坏是少一个比特）,故他也可以读出消息。Alice 除了继续这个协议外别无选择。

基本点是 Alice 必须公正地进行这个协议,因为要欺骗 Bob 的机会太小。在协议结束时,双方都有 n 个签名消息时,其中之一就足以作为一个有效的签名。

有一个 Alice 可以进行欺骗的办法,即她可以在第（5）步中发给 Bob 相同的消息。Bob 直到协议结束都不能察觉这一点,但是他可以使用协议副本让法官相信 Alice 的欺骗行为。

这类协议有两个弱点。第一,如果一方有比另一方强大得多的计算能力,就会产生一个问题。例如,如果 Alice 使用穷举攻击的速度比 Bob 快,那么她能在第（8）步中较早地停止发送比特,并自己推算出 Bob 的密钥。Bob 不能在一个合理的时间内同样做到这一步,将会很不幸。

第二,如果一方提前终止协议,也会产生一个问题。如果 Alice 突然终止协议,双方都面对同样的计算量,但 Bob 没有任何实际合法的追索权,例如,如果合约要求 Bob 在一周内做一些事,要求 Alice 在两年内做一些事,Alice 在某一时刻终止协议,假设双方穷举密钥的时间为一年,那么就有了一个问题,Bob 必须在一周内完成合约,而此时 Bob 没有获得 Alice 的签名。

9.3　数字证明邮件

假设 Alice 要把一条消息送给 Bob,但如果没有签名的收条,她就不让他读出。

(1) Alice 用一个随机的 DES 密钥加密她的消息,并把它发送给 Bob。

(2) Alice 产生 n 对 DES 密钥。每对密钥的第一个密钥是随机产生的;每对密钥的第二个密钥是第一个密钥和消息加密密钥的异或。

(3) Alice 用她的 $2n$ 个密钥的每一个加密一份假消息。

(4) Alice 把所有加密消息都发送给 Bob,保证他知道哪些消息是哪一对的哪一半。

(5) Bob 产生 n 对随机 DES 密钥。

(6) Bob 产生一对指明一个有效收条的消息。比较好的消息可以是"这是我收条的左半"和"这是我收条的右半",再附加上某种类型的随机比特串。他做了 n 个收条对,每个都编上号。如同先前的协议一样,如果 Alice 能产生一个收条的两半(编号相同)和她的所有加密密钥,这个收条被认为是有效的。

(7) Bob 用 DES 密钥对加密他的每一对消息,第 i 份消息用第 i 个密钥,左半消息用密钥对中的左密钥,右半消息用密钥对中的右密钥。

(8) Bob 把他的消息对发送给 Alice,保证 Alice 知道哪些消息是哪一对的哪一半。

(9) Alice 和 Bob 利用不经意传输协议发送给对方每个密钥对。那就是说,对 n 对中的每一对而言,Alice 或者送给 Bob 用来加密左半消息的密钥,或者送给 Bob 用来加密右半消息的密钥。Bob 也同样这么做。他们可以或者交替传送这些一半,或者一方发送 n 个,然后另一方再发送 n 个,这都没有关系。现在 Alice 和 Bob 都有了每个密钥对中的一个密钥,但是都不知道对方有哪些一半。

(10) Alice 和 Bob 都解密他们能解的那些一半,并保证解密消息是有效的。

(11) Alice 和 Bob 送给对方所有 $2n$ 个 DES 密钥中的第一个比特(如果他们担心窃听者可能会读到这个邮件消息,那么他们应当对相互的传输加密),并验证正确性。

(12) Alice 和 Bob 对所有 $2n$ 个 DES 密钥中的第二比特、第三比特都重复第(11)步,如此继续下去,直到所有 DES 密钥的所有比特都传送完。

(13) Alice 和 Bob 解密消息对中的余下一半。Alice 有了一张来自 Bob 的有效收条,而 Bob 能异或任一密钥对以得到原始消息加密密钥。

(14) Alice 和 Bob 交换在不经意传输协议期间使用的私钥,同时每一方验证另一方没有进行欺骗。

Bob 的第(5)至第(8)步和 Alice 和 Bob 的第(9)至第(12)步都和签约协议相同。Alice 的假消息用于第(10)步中 Bob 检查 Alice 的不经意传输的有效性。这可以迫使 Alice 在第(11)至第(13)步期间保持诚实。并且与同时签约协议一样,完成协议要求 Alice 的一个消息对的左右两半。

9.4　秘密的同时交换

假设 Alice 知道秘密 A，Bob 知道秘密 B。如果 Bob 告诉 Alice 秘密 B，Alice 就告诉 Bob 秘密 A；如果 Alice 告诉 Bob 秘密 A，Bob 就告诉 Alice 秘密 B。他们都想知道对方的秘密，但是在谁先说出自己知道的秘密的问题上他们出现了矛盾。他们都担心在说出自己知道的秘密后，对方不再说出他知道的秘密。因此，要设计一个协议，这个协议允许 Alice 和 Bob 同时进行通信，过程如下。

（1）Alice 用一个随机的 DES 密钥加密她的消息，并把它发送给 Bob。

（2）Alice 产生 n 对 DES 密钥。每对密钥的第一个密钥是随机产生的；每对密钥的第二个密钥是第一个密钥和消息加密密钥的异或。

（3）Alice 用她的 $2n$ 个密钥的每一个加密一份假消息。

（4）Alice 把所有加密消息都发送给 Bob，保证他知道哪些消息是哪一对的哪一半。

（5）Bob 产生 n 对随机 DES 密钥。

（6）Bob 产生一对指明一个有效收条的消息。比较好的消息可以是"这是我收条的左半"和"这是我收条的右半"，再附加上某种类型的随机比特串。他做了 n 个收条对，每个都编上号。如同先前的协议一样，如果 Alice 能产生一个收条的两半（编号相同）和她的所有加密密钥，这个收条被认为是有效的。

（7）Bob 用 DES 密钥对加密他的每一对消息，第 i 份消息用第 i 个密钥，左半消息用密钥对中的左密钥，右半消息用密钥对中的右密钥。

（8）Bob 把他的消息对发送给 Alice，保证 Alice 知道哪些消息是哪一对的哪一半。

（9）Alice 和 Bob 利用不经意传输协议发送给对方每个密钥对。这就是说，对 n 对中的每一对而言，Alice 或者送给 Bob 用来加密左半消息的密钥，或者送给 Bob 用来加密右半消息的密钥。Bob 也同样这么做。他们可以或者交替传送这些一半，或者一方发送 n 个，然后另一方再发送 n 个，这都没有关系。现在 Alice 和 Bob 都有了每个密钥对中的一个密钥，但是都不知道对方有哪些一半。

（10）Alice 和 Bob 都解密他们能解的那些一半，并保证解密消息是有效的。

（11）Alice 和 Bob 送给对方所有 $2n$ 个 DES 密钥中的第一个比特（如果他们担心窃听者可能会读到这个邮件消息，那么他们应当对相互的传输加密）。

（12）Alice 和 Bob 对所有 $2n$ 个 DES 密钥中的第二比特、第三比特都重复第（11）步，如此继续下去，直到所有 DES 密钥的所有比特都传送完。

（13）Alice 和 Bob 解密消息对中的余下一半。Alice 有了一张来自 Bob 的有效收条，而 Bob 能异或任一密钥对以得到原始消息加密密钥。

（14）Alice 和 Bob 交换在不经意传输协议期间使用的私钥，同时每一方验证另一方没有进行欺骗。

Alice 使用 A 作消息完成第（1）至第（4）步。Bob 用 B 作他的消息完成类似的步骤。Alice 和 Bob 在第（9）步中执行不经意传输，在第（10）步中解密他们能解密的那些一半消息，并在第（11）步和第（12）步中处理完那些迭代。如果要防范窃听，他们应当加密他们的消息。最后，Alice 和 Bob 解密消息对余下的一半，并异或任一密钥对来得到原始消息加密密钥。

这个协议使 Alice 和 Bob 可以同时交换秘密，但没有谈到所交换秘密的质量。Bob 将得到 Alice 送给他的任何秘密。Alice 可以允诺给 Bob 一种迷宫的解法，但实际上送给他一张北京地铁交通图。

习　题　9

1. 什么是公平交换协议？它的基本要求是什么？
2. 公平交换协议需要满足哪些安全需求？
3. 秘密的同时交换协议能够同时交换秘密，但也存在一些不足之处。试分析这些不足之处。
4. 试对使用密码技术的无须仲裁者的同时签约协议的安全性进行分析。
5. 什么是数字证明邮件协议？

第10章

···

安全协议的应用

随着因特网技术的普及与计算技术的新发展,安全协议在各领域得到了广泛应用。本章将介绍一些有代表性的协议,并对它们的安全性、实用性等进行分析。

10.1 电 子 选 举

与传统的选举相比,利用电子手段进行选举更加安全、高效和便捷。电子选举协议是电子选举系统的核心,目前已经提出了很多方案,其中具有代表性的是 1992 年 Atsushi Fujioka、Tatsuaki Okamoto 和 Kazuo Ohta 提出的 FOO 协议。

一般理想的选举协议至少应满足以下六点要求:

(1) 只有经授权的投票者才能投票。

(2) 每个人投票不得超过一次。

(3) 任何人都不能确定别人投谁的票。

(4) 没有人能复制其他人的选票。

(5) 没有人能修改其他人的选票。

(6) 每个投票者都可以保证他的选票在最后的选举计数中被计算在内。

10.1.1 简单投票协议

(1) 每个投票者利用中央制表机构(Central Tabulating Facility,CTF)的公开密钥加密他们的选举结果。

(2) 每个投票者把他们的选票送给 CTF。

(3) CTF 将选票解密,制表,公布结果。

这个协议问题很多。CTF 不知道选票从何而来,它甚至不知道选票是否来自合格的投票者。它也不知道这些合格的投票者是否投了一次以上的票。虽然没有人能改变其他人的选票,但是当可以容易地将选择结果投无数次时,也就没有人试图去修改其他人的选票了。

我们对这个协议进行一些改进。

(1) 每个投票者用他的私钥在选票上签名。

(2) 每个投票者用 CTF 的公开密钥加密他们签了名的选票。

(3) 每个投票者把他的选票送给 CTF。

(4) CTF 解密这些选票,检查签名,将选票制表并公布结果。

这个协议满足了:只有被授权的投票者才能投票,并且任何人都不能投一次以上的票。

CTF 在第（3）步中记录收到的选票。每张选票都用投票者的私钥签名，故 CTF 知道谁投了票，谁没有投票以及每个投票者投了多少次。如果出现没有由合格投票者签名的选票，或者出现另一张由一个已投过票的投票者签名的选票，那么机构可以不计这张选票。没人能改变其他任何人的选票，即使他们在第（2）步截获了它。这个协议的问题在于签名附在选票上，故 CTF 知道谁投了谁的票。用 CTF 的公开密钥加密选票阻止了任何人在协议进行中窃收，并了解谁投了谁的票，但是需要完全信任 CTF。它类似于有一个选举监督员在背后盯着选民把票投入票箱。

10.1.2 使用盲签名的投票协议

如果需要以某种办法切断投票者与选票的关系，同时仍能保持鉴别，就需要使用盲签名协议。

（1）每个投票者产生 10 个消息集，每个集合对每一种可能结果都有一张有效选票（例如，如果选票是一个"Yes"或"No"，则每个集合中包含两张选票，一张"Yes"且另一张"No"）。在同一个集合中，每条消息也包含一个相同的随机产生的识别号，这个数要大到足以避免和别的投票者重复。

（2）每个投票者使用盲因子隐蔽所有的消息，并把它们送给 CTF。

（3）CTF 检查它的数据库以保证投票者先前不曾以他们的签名提交过隐蔽好的选票。它打开 9 个集合，并索取对应的盲因子，以检查它们是否正确形成，然后它分别签名余下的那个集合中的每一条消息。接着把它们送还给投票者，并把投票者的名字存在它的数据库中。

（4）投票者除去这些消息的隐蔽，留下由 CTF 签名的一组选票（这些选票签了名，但未加密，故投票者能轻易地知道哪张选票是"Yes"及哪张是"No"）。

（5）投票者选择其中一张选票，并用 CTF 的公开密钥对它加密。

（6）投票者投出他们的选票。

（7）CTF 将选票解密，检查签名，检查它的数据库是否有重复的识别号，保存这个序号并将选票制表。公布选举结果和每个序号及其相关的选票。

一个恶意的投票者，我们不妨称之为 Mallory，他不可能欺骗这个系统。盲签名协议确保他的选票是独一无二的。如果他试图在同一次选举中投两次票，则 CTF 将会在第（7）步中发现重复的识别号并把第二张选票扔掉。如果他试图在第（2）步中得到多张签了名的选票，则 CTF 将在第（3）步中发现这一点。因为 Mallory 不知道这个机构的私钥，故他也不能产生他自己的选票。同样他也不能截取和改变其他人的选票。

第（3）步的分割—选择协议是为了保证选票的唯一性。没有这一步，Mallory 可以制造出大量相同的选票，除了识别号不同，这些选票全都有效。

一个恶意的 CTF 不可能了解个人如何投票。因为盲签名协议防止了这个机构在人们投票前看到选票上的识别码，所以 CTF 无法把它签名的隐蔽好的选票与最终投出的选票联系起来。公布系列号清单和它们的相关选票使得投票者能肯定他们的选票被正确地统计制表。

这里仍然有问题。如果第（6）步不是匿名的，CTF 能记录下谁投了哪张选票，那么它就能知道谁投谁的票。但是，如果它收到的选票在一个锁着的选票箱里，并且随后把它们制表，则它就不能记录谁投了哪张选票。另外，虽然 CTF 不能把选票同个人联系起来，但它能产生大量签名的有效选票，供它自己进行欺骗。而且如果 Alice 发现 CTF 修改了她的选票，她没有办法证明。

10.1.3 带两个中央机构的投票协议

下面这个协议使用一个中央合法机构(CLA)来证明投票者,以及一个单独的 CTF 来计票。

(1) 每个投票者发送一条消息给 CLA 要求得到一个有效数字。

(2) CLA 送还给投票者一个随机的有效数字。CLA 保持一张有效数字的列表,CLA 也保留一张有效数字接收者的名单,以防有人试图再次投票。

(3) CLA 把有效数字的列表送给 CTF。

(4) 每个投票者选择一个随机识别号。他们用该识别号、从 CLA 收到的有效数字和他们的选票一起产生一条消息,把这条消息送给 CTF。

(5) CTF 对照它在第(3)步中从 CLA 收到的列表来检验有效数字。如果数字存在,CTF 就把它划掉(防止任何人投票两次)。CTF 把识别号加到投了某位候选者的人员名单上,并在记数中加 1。

(6) 在收到了所有的选票后,CTF 公布结果、识别号以及这些识别号所有者投了谁的票。

就像前面的协议一样,每个投票者能够看到识别号的列表,并在其中找到他自己的识别号,这就证明他的选票被计了数。当然,协议中各方之间传递的所有消息应当加密并签名,以防一些人假冒另一些人或截取传送。

因为每个投票者都要寻找他们的识别字符串,故 CTF 不能修改选票。如果投票者找不到他的识别号,或者发现他的识别号在不是他们所投票的记录中,他会立即知道这中间有舞弊行为。因为 CTF 受 CLA 监督,所以它不能把假选票塞进投票箱。CLA 知道有多少个投票者正被证明及他们的鉴别数字,并会检测到任何篡改。

Mallory 不是一个合格的投票者,他可以试图通过猜测有效数字来进行欺骗。但通过可能的有效数字数目比实际有效数字数目大得多的方法可使这种威胁降到最低限度。例如,对于系统,有效数字为 100 位的十进制数字。当然,有效数字必须是随机产生的。

尽管这样,CLA 在一些方面仍是一个可信任的机构,它能验证出不合格的投票者,它能对合格投票者进行多次验证。通过让 CLA 公布被验证的投票者(但不是他们的鉴别数字)的清单可使这种风险最小化。如果这个清单上投票者的数目小于已造表的选票的数目,那么肯定其中有诈。如果被验证的投票者比已造表的选票多,可能意味着一些被验证的人未投票。很多人注册投票,但却没有将选票投进票箱。

这个协议也易受 CLA 和 CTF 的合谋攻击,如果它们两个串通一气,那它们可以将数据库联系起来并知道谁投了谁的票。

10.1.4 FOO 协议

FOO 共有三个参与实体:选民、管理机构和计票机构。其中管理机构和计票机构组成投票中心。协议采用了比特承诺技术和盲签名技术。

协议中使用的参数如下。

- 系统选择并发布两个公共参数:单向杂凑函数 H,比特承诺算法 f。
- 选民 V_i 的参数:唯一的身份标志 ID_i,用于比特承诺的随机数 k_i,盲化因子 r_i,签名方案 δ_i。
- 管理机构参数:加密算法的公钥 (e_o, n_o) 和私钥 d_o,签名算法。
- 计票机构的参数:加密算法的公钥 (e_c, n_c) 和私钥 d_c。

FOO 协议分六个阶段进行，描述如下。

（1）预备

选民 V_i 选择并填写一张选票，其内容为 v_i，选择一个随机数 k_i 作为比特承诺的密钥，使用比特承诺方案 f 加密选票内容：$x_i = f(v_i, k_i)$；V_i 再选一个随机数 r_i 作为盲化因子对 x_i 进行盲化处理：$e_i = r_i^e H(x_i) \bmod n$。接着对 e_i 签名：$S_i = \delta_i(e_i)$；然后，V_i 将 $(\mathrm{ID}_i, e_i, S_i)$ 发送给投票管理机构 A。

（2）管理机构授权

管理机构 A 接收到 V_i 发送来的签名请求后，先验证 ID_i 是否合法。如果 ID_i 非法，则拒绝给 V_i 颁发投票授权签名证书。如果 ID_i 合法，则检查 V_i 是否是首次申请投票证书。如果 V_i 已经提交过申请，则拒绝为其颁发证书。如果 V_i 是第一次申请投票证书，A 首先检查 S_i 是否是 V_i 对 e_i 的合法签名，如果签名合法，则 A 对 e_i 签名：$D_i = e_i^d \bmod n$。A 将 D_i 作为投票授权证书发给 V_i。然后，A 修改自己已颁发的证书总数，并在电子公告牌上公布 $(\mathrm{ID}_i, e_i, S_i)$。

（3）投票

选民 V_i 对 D_i 进行脱盲处理，得到关于 x_i 的签名 y_i：$y_i = r_i^{-1} D_i \bmod n$。$V_i$ 检查 y_i 是否是 A 对 x_i 的合法签名，如果不是，V_i 通过向 A 证明 (x_i, y_i) 的不合法性并选用另一个 r_i 值重新获取投票授权证书。如果 y_i 的确是 A 对 x_i 的合法签名，则 V_i 匿名地将 (x_i, y_i) 发送给计票机构 C。

（4）收集选票

计票机构 C 通过使用 A 的签名验证算法来验证 y_i 是否是 A 对 x_i 的合法签名，如果是，则 C 对 (x_i, y_i) 产生一个序号 w，并将 (w, x_i, y_i) 保存在合法选票列表中，同时修改自己保存的合法选票数目。在投票结束后，C 将在电子公告牌上公布此列表。

（5）公开验证

任何关心选举的人都可以验证 A 公布的选民数目和 C 公布的选票数目是否相等。如果不等，则选举中心会要求选民公布那些缺少的选票在加密时所使用的盲因子。

选民 V_i 检查他的选票是否在表中，如果不在，他公开 (x_i, y_i) 即合法选票及其签名，并要求投票中心将其选票正确统计。

（6）统计并公布选举结果

选民 V_i 通过匿名信道将 (w, k_i) 发送给 C。C 根据序号 w 的对应关系，用 k_i 打开经过比特承诺的选票，恢复出选票内容 v_i，并检查 v_i 的格式以及内容是否有效。最后对所有有效票进行统计，并在电子公告牌上公布统计结果。

下面我们对 FOO 协议的安全性进行分析。FOO 协议中使用了比特承诺、盲签名、公钥加密、数字签名以及匿名通信等技术，以确保该协议能够较好地满足电子选举协议的安全性要求。

（1）完全性

如果协议的各参与方都诚实，选举结果将是可信的。由于投票者在投票之前必须得到管理者的投票授权，这样就确保了只有合法的投票者才能进行投票。并且由于设立了公告牌等跟踪机制，确保了所有关心选举结果的人都可以通过这些跟踪机制对选举结果进行跟踪验证，保证了选举结果的诚实、可靠。因此所有的有效选票都会被正确统计，从而能够满足完全性。

（2）准确性

投票者扰乱选举的唯一途径是不断发送无效选票，但是我们可以在计票阶段发现这些干扰行为,因为使用位承诺技术可以确保对于两张不同的选票不可能产生两个相同的选票位承诺,出现多个相同的位承诺只能认为是投票者一票多投。

但是投票者有可能发送了不能打开选票位承诺的无效密钥,这样我们就无法区分不诚实投票者和不诚实计票者。另外,当投票者弃权而不进行投票时,管理者可能冒充投票者进行投票而不被发现。

因而只有在投票者不会发送不能打开选票的无效密码和不会弃权进行投票时,FOO 协议才满足准确性。

（3）秘密性

由于使用了盲签名技术,投票者将选票发送给管理者进行签名认证时,管理者能看到的只是投票者的身份号 ID_i,而看不到其选票的真实内容,因而没有办法将投票者的身份号 ID_i 与选票 x_i 联系起来,因而不能确定某个投票者所投选票的真实内容。而选票 x_i 与密钥 k_i 又是通过匿名信道传送的,所以没有能够跟踪其通信过程而知道选票的内容。此外,当投票者发现管理者或计票者冒充自己投票而予以指出时,他并不需要公开其选票 v_i 的内容,只需出示 $\langle x_i, y_i \rangle$。这样保证了选票内容的保密,满足秘密性。

（4）不可重用性

同一个人要投两次票,他必须拥有两个有效的〈选票,管理者的盲签名〉对(每个合法的投票者只有一个)。如果他要进行两次投票,就需要破解盲签名方案或者与管理员合谋,但这时也需要有人弃权。因而该协议满足不可重用性。

（5）合法性

如果非合法人员想冒充合法人员投票,他必须获得管理者的授权,而管理者授权前必须确认该人是否合法。非合法人员想冒充合法人员投票就必须破解合法人员的数字签名,这一般不太可能。因而该协议满足合法性。

（6）公平性

FOO 协议分为投票和计票两个阶段进行。投票阶段投票者发送的是加密过的选票,计票者收到位承诺后要将其公布。到了计票阶段投票者再次发送可以解密位承诺的密钥,计票者用该私钥解开该位承诺,并将私钥和选票的真实内容一起公布。这样做避免了计票者在计票阶段开始前泄露选举的中间结果。因而满足公平性。

（7）可验证性

在投票的相应阶段都会公布一些必要的信息供人们进行查询和验证,主要包括以下几点:在颁发投票验证签名阶段,管理者公布进行登记的投票人名单和签名申请 $\langle ID_i, e_i, s_i \rangle$;在收集选票阶段,计票者公布选票的位承诺和各个管理者的签名 $\langle w, x_i, y_i \rangle$;在统计选票阶段,计票者公布真正的选票和用于位承诺解密的随机数 $\langle x_i, y_i, k_i, v_i \rangle$。

通过公布这些信息,公众可以检验有关信息的真实性。进行验证所需要的信息都是公开的,因此任意公众都可以对投票过程进行监督。

虽然 FOO 协议在一定程度上满足了电子选举协议的安全性要求,但还是存在一些缺陷。

（1）该协议不允许合法选民弃权。否则,管理机构可以假冒合法投票者进行投票。因为管理机构单独负责选民的身份验证,选票的合法性完全由管理机构决定。所以,如果有合法选民弃权,管理机构可以冒充弃权选民投票。

（2）没有解决选票碰撞问题。在 FOO 协议中,仅通过比特承诺算法来区分不同选民的选票。如果两个选民选择的承诺密钥以及选票内容恰好相同,那么将出现两张完全相同的选票,这使得计票中心将不得不舍弃一张合法选票。由于比特承诺的密钥没有任何要求，因此出现选票碰撞的概率是不可忽略的。

（3）协议在匿名性方面存在缺陷。如果管理机构伪造选票并进行投票，为了表明自己的选票是合法的，合法投票者需要出示其盲化因子以及管理机构的盲签名。提交盲化因子的过程破坏了匿名性。

10.1.5　无须投票中心的投票协议

FOO 协议需要管理机构和计票机构，这里我们将介绍一个无须这两个机构的协议。在这个协议中，投票者互相监督，但由于操作困难，一般只适用于少数几个人的投票。

假设 Alice、Bob、Carol 和 Dave 正在对一个特殊问题进行是或否（0 或 1）的投票。假设每个投票者都有一个公开密钥和一个私钥，且每个人都知道其他人的公开密钥。

（1）每个投票者选择一张选票并做以下事情。

① 在他们的选票上附一个随机字符串。

② 用 Dave 的公开密钥加密步骤①的结果。

③ 用 Carol 的公开密钥加密步骤②的结果。

④ 用 Bob 的公开密钥加密步骤③的结果。

⑤ 用 Alice 的公开密钥加密步骤④的结果。

⑥ 在步骤⑤的结果中附上一个新的随机字符串，并用 Dave 的公开密钥对它加密。他们记下这个随机字符串的值。

⑦ 在步骤⑥的结果中附上一个新的随机字符串，并用 Carol 的公开密钥对它加密。他们记下这个随机字符串的值。

⑧ 在步骤⑦的结果中附上一个新的随机字符串，并用 Bob 的公开密钥对它加密。他们记下这个随机字符串的值。

⑨ 在步骤⑧的结果中附上一个新的随机字符串，并用 Alice 的公开密钥对它加密。他们记下这个随机字符串的值。

如果 E 是加密函数，R 是一个随机字符串，且 V 是选票，则选票看起来像：$E_A(R_5, E_B(R_4, E_C(R_3, E_D(R_2, E_A(E_B(E_C(E_D(V, R_1))))))))$。

所有的投票者记下计算中每一点的中间结果。在协议中后面将会用这些结果来确定他们的选票是否被计数。

（2）每个投票者把他的选票送给 Alice。

（3）Alice 用她的私钥对所有的选票解密，接着将那一级中所有随机字符串删去。

（4）Alice 置乱所有选票的秩序并把结果送给 Bob。每张选票现在看起来像这个样子：$E_B(R_4, E_C(R_3, E_D(R_2, E_A(E_B(E_C(E_D(V, R_1)))))))$。

（5）Bob 用他的私钥对所有的选票解密，查看他的选票是否在选票集中，删去那一级中所有随机字符串，置乱所有的选票然后把结果送给 Carol。每张选票现在看起来像这个样子：$E_C(R_3, E_D(R_2, E_A(E_B(E_C(E_D(V, R_1))))))$。

（6）Carol 用她的私钥对所有的选票解密，查看她的选票是否在选票集中，删去那一级所有的随机字符串，置乱所有的选票，然后把结果送给 Dave。每张选票现在看起来像这个样子：$E_D(R_2, E_A(E_B(E_C(E_D(V, R_1)))))$。

（7）Dave 用他的私钥对所有的选票解密，查看他的选票是否在选票集中，删去那一级中所有随机字符串,置乱所有的选票,并把结果送给 Alice。每张选票现在看起来像这个样子: $E_A(E_B(E_C(E_D(V,R_1))))$。

(8) Alice 用她的私钥对所有选票解密,查看她的选票是否在选票集中,签名所有选票,并把结果送给 Bob、Carol 和 Dave。每张选票现在看起来像这个样子: $S_A(E_B(E_C(E_D(V,R_1))))$。

(9) Bob 验证并删去 Alice 的签名。他用他的私钥对所有的选票解密,查看他的选票是否在选票集中,对所有的选票签名,然后把结果送给 Alice、Bob 和 Dave。每张选票现在看起来是这个样子: $S_B(E_C(E_D(V,R_1)))$。

(10) Carol 验证并删去 Bob 的签名。她用她的私钥对所有选票解密,查看她的选票是否在选票集中,对所有的选票签名,然后把结果送给 Alice、Bob 和 Dave。每张选票现在看起来是这个样子: $S_C(E_D(V,R_1))$。

(11) Dave 验证并删去 Carol 的签名。他用他的私钥对所有的选票解密,查看他的选票是否在选票集中,对所有的选票签名,然后把结果送给 Alice、Bob 和 Carol。每张选票现在看起来是这个样子: $S_D(V,R_1)$。

(12) 所有人验证并删去 Dave 的签名。通过检验以确信他们的选票在选票集中(通过在选票中寻找他们的随机字符串)。

(13) 每个人都从自己的选票中删去随机字符串并记录每张选票。

在这个协议中,如果有人试图进行欺骗,Alice、Bob、Carol 和 Dave 将立即知道。下面我们来尝试进行欺骗。

如果人有想把假票塞进票箱,在第(3)步当 Alice 收到比人数多的选票时就会发现这一企图。如果 Alice 试图把假票塞进票箱,Bob 将在第(4)步中发现。

还有一种欺骗方法是用一张选票替换另一张。因为选票是用各种不同的公开密钥加密的,任何人都能按其需要创造很多有效的选票。这里解密协议有两轮:第一轮包括第(3)步至第(7)步,第二轮包括第(8)步至第(11)步。替换选票会在不同轮次被分别发现。

如果有人在第二轮中用一张选票替换另一张,他的行为会立即被发现。在每一步上选票被签名并送给所有投票者。如果一个(或更多)的投票者注意到他的选票不在选票集中,他就立即中止协议。因为选票在每一步都签了名,而且每个人都能反向进行协议的第二轮,所以很容易发现谁替换了选票。

在协议的第一轮用一张选票替换另一张显得更为高明。Alice 不能在第(3)步中这样做,因为 Bob、Carol 或 Dave 会在第(5)、(6)、(7)步中发现。Bob 可以第(5)步中这样做。如果他替换了 Carol 或 Dave 的选票(这里,他不知道哪张选票对应哪个投票者),Carol 或 Dave 将在第(6)步或第(7)步中发现,他们不知道谁篡改了他们的选票(虽然这一定是某个已经处理过选票的人),但他们知道他们的选票被篡改了。如果 Bob 幸运地挑选了 Alice 的选票来替换,她要到第二轮才会发现。接着,Alice 在第(8)步中会发现她的选票遗失了。但她仍然不知道谁篡改了她的选票。在第一轮中,选票在从一步到另一步时被搅乱并且未被签名;任何人都不可能反向跟踪协议以确定谁篡改了选票。

另一种形式的骗术是试图弄清楚谁投了谁的票。因为置乱是在第一轮,所以任何人都不可能反向跟踪协议,并把投票者与选票联系起来。在第二轮中删去随机字符串对保护匿名性来说关系重大。如果它们未被删除,通过用置乱者的公开密钥对出现的选票重新加密便能将选票的置乱还原。由于协议的固有性质,选票的机密性是有保障的。

其实,即使一样的选票在协议的每一步都被加密成不同的选票,因为有初始随机字符串

R_1，也只有到第(11)步人们才能知道选票的结果。

但是，这个协议也存在一些问题。首先，这个协议计算量特别大，它在实际的选举中无法奏效，因为有成千上万的投票者。其次，Dave 先于其他人知道选举结果。虽然他还不能影响选举结果，但这给了他一些别人没有的权力。另一方面，带有投票中心的投票方案是合乎实际情况的。最后，Alice 能拷贝其他人的选票，即使事先她并不知道它是什么。设想一个 Alice、Bob 和 Eve 的三人选举。Eve 并不关心选举结果，但是她想知道 Alice 是怎样投票的。因此她可以拷贝 Alice 的选票，从而保证选举的结果等于 Alice 的投票。

10.2　电　子　现　金

电子支付是电子商务的核心环节和关键步骤。电子现金又称为电子货币或数字货币，可以看作是现实货币的电子或数字模拟。电子现金的安全性和可靠性主要是靠密码技术来实现的。

电子现金可以分为两类，一类是有中心的密码货币，典型的如 Chaum 基于盲签名实现匿名性的密码货币，另一类是以比特币为代表的去中心的密码货币。传统的有中心的密码货币都是由可信第三方比如中央银行负责货币的发行并对货币的合法性进行验证。中央银行对货币拥有无限的发行权，用户基于对银行的信赖接受并使用密码货币，因此是典型的基于信用的模型。比特币是一种去中心的密码货币，去中心特性是指比特币的发行和交易不依赖于任何金融中心。去中心的比特币是基于计算生成的，比特币的发行不依赖于任何机构。不特别说明，本节介绍的电子现金为有中心的匿名电子现金。

10.2.1　电子现金的概念

电子现金以数字信息形式存在，通过互联网流通。电子现金可以分为匿名与非匿名、在线与离线、纯软件与智能卡三类。

(1) 匿名与非匿名：匿名电子现金类似于纸币，在花费时不留下交易踪迹。我们只考虑匿名的电子现金，不考虑非匿名的代金币、游戏币、微信支付、支付宝、手机银行等。

(2) 在线与离线：在线方式是指用户交易时需要银行参与，银行在线检查用户的电子现金是否曾经花费过。离线方式是指用户交易时不需要银行参与，为防止用户多次花费，银行在商家存款时能够检测出多次花费者。

(3) 纯软件与智能卡：纯软件实现使得用户可以通过 Internet 支付数字现金。使用智能卡实现电子现金是有争议的，有人认为智能卡并不是"纯"的数字现金。在线方式通常是纯软件实现的，离线方式一般需要使用硬件以防用户重复花费电子现金。

电子现金系统最简单的形式（如图 10.1 所示）包括三个主体（商家、用户和银行）和四个安全协议（即初始化协议、提款协议、支付协议和存款协议）。

(1) 初始化协议：用户在电子现金银行建立电子现金账号。

(2) 提款协议：用户和银行执行提款协议，从银行提取电子现金，银行同时在用户的账户上减去所提取的现金金额。

(3) 支付协议：用户与商家执行支付协议，将电子现金的所有权转移给商家。

(4) 存款协议：商家与银行执行存款协议，将交易所得的电子现金传给银行，银行验证该电子现金的有效性,并验证没有重复花费后,才在商家的账户上加上相应的现金额。

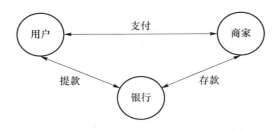

图 10.1　电子现金系统

电子现金的安全性和可靠性是依靠密码技术来实现的,主要有分割选择技术和盲签名。

(1) 分割选择技术:用户在提取电子现金时,不能让银行知道电子现金中用户的身份信息,但银行需要知道提取的电子现金是正确构造的。分割选择技术是指用户正确构造 n 个电子现金传给银行,银行随机抽取 $n-1$ 个让用户给出它们的构造,若构造是正确的,银行就认为剩下的那个的构造也是正确的,并对它进行签名。

(2) 盲签名:消息拥有者先将消息盲化,然后让签名者对盲化后的消息进行签名,最后消息拥有者对签名除去盲因子,得到签名者关于原始消息的签名。

10.2.2　电子现金的优缺点

电子现金可以是基于软件的,因此可以编程使用,而对纸币来说,那是不可能的。除此之外,电子现金还具有以下优点。

(1) 便利性:电子现金最明显的优点是使用的便利性。

电子现金不受物理操作制约。相对于对物理纸币与硬币的操作,对电子现金的操作可以节约大量的人工劳动。

电子现金不受空间制约。电子现金使得通过 Internet 实现支付成为可能,用户可以在家实现异地购物。

电子现金不受时间的制约。对于电子现金,只要在银行的开户账号上有存款,就可利用家中的个人计算机及 IC 卡,随时转换成电子现金取出。

(2) 安全性:货币的传递、现款交易带来很大的不安全性,如丢失、盗窃、抢劫等。利用电子现金技术,可实现只有本人才能确认属于自己的现金。

(3) 匿名性:相比其他支付系统,电子现金的最大优点是可以实现匿名性。使用电子现金,无人知道支付者是谁。

电子现金也存在一些问题。这里我们从安全性和匿名性两个方面对电子现金面临的问题进行讨论。

(1) 安全性:黑客可能侵入银行服务器、用户的个人计算机,从而威胁数字现金系统的安全。数字化货币必须是难以伪造或假冒的。另外,还需要考虑硬件的物理安全。

(2) 匿名性:电子现金的不可追踪性使得政府无法控制金融信息,洗钱与逃税可能蔓延,罪犯可能利用电子现金系统进行非法活动。

10.2.3　电子现金的攻击和安全需求

对电子现金系统的攻击包含三个概念:攻击者、攻击方式和被攻击者,即攻击者使用何种方式攻击被攻击者。这里根据攻击者对攻击进行分类。

（1）用户

- 超额花费（Overspending）：超额使用电子现金，包括多次花费（Multiple-spending），多次花费指重复使用相同的电子现金。多次花费通常也称作两次花费（Double-spending）、再次花费（Re-spending）、重复花费（Repeat-spending）。

（2）商家

- 超额花费：用户把电子现金支付给商家后，商家多次花费或存储该电子现金。
- 洗钱：商家从非法活动中得到电子现金，为隐藏电子现金的来源伪造一个虚假的交易账单。

（3）银行

- 追踪用户：追踪电子现金与用户间的关联。
- 在托管方协助下追踪用户：银行对托管方声称某电子现金被超额花费，于是在托管方协助下追踪出该电子现金的属主。
- 诬陷用户：诬陷用户多次花费。
- 诬陷商家：诬陷商家多次存储。
- 重复花费后伪造：为了得到更多的补偿，在某个电子现金超额花费后，银行伪造更多的花费抄本。

（4）托管方

- 诬陷用户：托管方把一个用户标识成另一个诚实用户，当带有该诚实用户标识的电子现金重复花费时，银行将控告该诚实用户。

（5）外部实体

伪造电子现金，包括三种不同的攻击。

- 一般伪造（Universal Forgery）：一个实体知道公开参数和一些老的支付抄本，伪造有效的电子现金。
- 1-多（One-more）伪造：一个实体参与 n 次取款协议获得 $n+1$ 个有效的电子现金。
- 多次花费伪造：一个实体知道某电子现金的一些老的支付抄本，生成新的电子现金。

常见的攻击方法如下。

① 监听：攻击者监听取款、付款、存款过程的通信，获取可花费的电子现金。主动攻击者（如中间人攻击）改变协议的数据，被动攻击者不改变数据。同样的策略可用于注册阶段以得到一个有效的假名。

② 偷窃或勒索用户的电子现金：一个攻击者偷窃用户的电子现金，也可能强迫用户从用户账号中支取数字现金然后传送给攻击者，攻击者随后可以花费这些电子现金。

③ 偷窃或勒索商家的电子现金：一个攻击者偷窃商家的电子现金，也可能强迫商家交出数字现金，攻击者随后可以存储这些电子现金。

④ 偷窃或勒索私钥：攻击者偷窃或勒索银行、用户、托管方的私钥。

⑤ 篡改：攻击者强迫银行或托管方执行一个被篡改的协议，以获得电子现金或认证的假名。

为了抵抗上述攻击，电子现金系统应该满足以下安全需求。

（1）不可伪造性

支付系统最显著的风险是伪造。电子现金的不可伪造性是指只有银行才能签署有效的电子现金。伪造就是没有对应的取款过程而创造出新的有效的电子现金。

电子现金的多次花费属于伪造的一种。在线方式可通过查询历史数据库防止多次花费。离线方式可以在用户钱夹中嵌入银行的可信硬件防止多次花费。

（2）隐私性

在商务活动中，用户匿名支付（即对交易的不可追踪）是用户隐私的要求，这意味着银行无法确定在一次特定的交易中是谁的钱被用于支付。

用户使用电子现金进行交易，除非经过授权撤销匿名，银行与商家即使合谋也不能追踪到特定的用户，这被称为无条件（完美）的匿名性（不可追踪性）。与纸币相比，电子现金的匿名性使得洗钱、非法交易、勒索、伪造等问题更加严重。同一个用户花费的不同电子现金还应该是不可关联的，称为不可关联性。

在某些情况下需要撤销匿名。如果用户超额花费电子现金，银行能够揭示出是谁超额花费。如果一个可疑者支取现金，该现金可被撤销匿名并在存款时识别出，这称为现金追踪。如果一个可疑者存款，该现金可被撤销匿名并揭示出属主，这称为属主追踪。

（3）不可否认性

对于一个支付系统来说，支付及接收的互相认可是一项基本的原则。相似的，数字交易一个行之有效的办法就是将所有的交易记录都附加到数字货币中。不可否认性能够有效地抵抗诬陷。

（4）可传递性

在现实生活中，纸币的可传递性方便了纸币的流通，但在电子现金中还没有应用。为了能跟踪重复花费的用户，在电子现金中加入了盲化的用户身份信息，在电子现金流动的过程中将加入使用过该电子现金的所有用户身份信息，电子现金的每次传递必须包含是谁花费了这个现金的信息，这个信息使得银行有能力追踪谁是多次花费者。现金信息的增加使得现金的传递次数必须有一定的限制。电子现金的长度不断增长，每次交易都将造成大通信量问题，不利于实际应用。

10.2.4　使用秘密分割的电子现金协议

秘密分割技术可以用来在数字汇票中隐藏用户的名字。

（1）提款协议

①用户对给定数量的美元准备 n 张匿名汇票。

每张汇票的形式如下。

总数

唯一字符串：X

鉴别字符串：$I_1 = (I_{1_L}, I_{1_R})$

$I_2 = (I_{2_L}, I_{2_R})$

$\cdots$

$I_n = (I_{n_L}, I_{n_R})$

例如，I_{37} 由两部分组成：I_{37_L} 和 I_{37_R}。每一部分是一个可以要求 Alice 打开的位承诺分组，其正确打开与否也可以立即验证。任何对，如 I_{37_L} 和 I_{37_R}，都会揭示用户的身份。

② 用户隐蔽所有 n 张汇票并全部给银行。

③ 银行要求用户恢复出随机的 $n-1$ 张汇票并确认它们都是合格的。银行检查总数、唯

一字符串并要求用户出示所有鉴别字符串。

④ 如果检查结果正确,银行在余下的一张隐蔽汇票上签名。

⑤ 用户去掉盲因子,获得汇票的签名,(汇票,签名)就是电子现金。

（2）付款协议

① 商家验证电子现金是合法的。

② 商家要求用户随机揭示汇票上每个鉴别字符串的左半或右半。实际上,商人给用户一个随机的 n 比特选择字符串 $b_1, b_2, \cdots, b_n$。用户根据 b_i 是 0 还是 1 公开 I_i 的左半或右半。

（3）存款协议

① 商家拿着这张电子现金来到银行。

② 银行验证这个签名并检查它的数据以确信有相同唯一字符串的汇票先前没有被存过。如果没有,银行把这笔钱划到商人的账上。银行在它的数据库中记下这个唯一字符串和所有识别信息。

③ 如果这个唯一字符串在数据库中,银行就拒收汇票。接着,它把汇票上的识别字符串同它数据库中存的相比较。如果相同,银行知道是商人复制了汇票。如果不同,银行知道是买汇票的人影印了它。由于接收这张汇票的第二个商家交给用户的选择字符串是不同的,银行找出一个比特位,在这个比特位上,一个商人让用户公开了左半,而另一个商人让用户公开了右半。银行异或这两半以揭露用户的身份。

10.2.5　基于 RSA 的电子现金协议

基于 RSA 签名的电子现金协议是由 Chaum 于 1982 年提出的。它是一个在线电子现金方案,由以下几个部分组成。

（1）初始化协议

① 银行选择大素数 p、q,计算:$n=pq$。

② 银行选取公钥 e,满足 $\gcd(e,(p-1)(q-1))=1$。

③ 银行用欧几里得扩展算法计算私钥 d,使之满足:$ed=1 \bmod \varphi(n)$,$\varphi(n)$ 是欧拉函数。e 和 n 是公开的,d 是保密的,p、q 及 $\varphi(n)$ 由银行秘密销毁。$H()$ 是公开的单向函数。

（2）提款协议

顾客向银行证明身份后,提出取款要求,银行允许后双方执行以下协议。

① 顾客随机选择 m,选取随机数 $r \in Z_n^*$ 作为盲因子,计算

$$m'=r^e H(m) \bmod n$$

并将 m' 发送给银行。

② 银行用自己的私钥对 m' 签名

$$s'=(m')^d \bmod n=r^e H(m)^d \bmod n=r[H(m)]^d \bmod n$$

并将 s' 发送给顾客。

③ 顾客对签名进行除盲

$$s=s'r^{-1} \bmod n=H(m)^d$$

可得到电子现金 $\{m,[H(m)]^d\}$。

（3）支付及存款协议

① 顾客将电子现金 $\{m,[H(m)]^d\}$ 传送给商家。

② 商家验证 $\{m,[H(m)]^d\}^e=H(m) \bmod n$,如果等式成立,将电子现金传送给银行。

③ 银行确定电子现金的有效性及有无重复花费,若无,则将商家的账户增加相应的金额,同时将此笔电子现金存入资料库中。

该协议是最早被提出的电子现金协议,效率也较高。但是,它也存在一些安全问题:①该协议对顾客的隐私是无条件保护的,容易被不法分子利用,进行洗黑钱等犯罪活动;②该协议中的电子现金未嵌入顾客的任何身份信息,从而拥有该电子现金的任何人都可花费该电子现金。

盲签名使得用户能够在不泄露待签名信息 m 的内容的前途下取得银行的签名,但是银行必须确信 m 是依据正确的方式生成的,为了追踪重复花费者,还必须包含用户的身份信息。Chaum 首先提出了剖分选择方法来解决这一问题,但剖分选择方法会极大地降低系统的效率。为防止电子现金重复花费,银行需要维护所有花费过的电子现金数据库,该数据库会无限增长。为了避免数据库无限增长,一种解决方法是规定电子现金的有效期,那么数据库中所有超期的电子现金记录就可以删除掉。另一种解决方法是使用部分盲签名和公平盲签名。

10.2.6　Brands 电子现金协议

该电子现金协议是由 Brands 提出的,它是目前性能最好的电子现金协议之一,由以下几个部分组成。

(1) 初始化协议

① 银行选择大素数 p、q,满足 $q\mid p-1$。

② G_q 是乘法群 Z_p^* 的阶为 q 的子群,g、g_1、g_2 是群 G_q 的生成元。

③ 银行选择私钥 $x\in Z_p^*$,计算公钥

$$h=g^x \bmod p, \quad h_1=g_1^x \bmod p, \quad h_2=g_2^x \bmod p$$

银行公开 p、q、g、g_1、g_2、h、h_1、h_2,$H()$ 和 $H_0()$ 是两个公开的单向函数。

顾客公开自己的身份 $I=g_1^{u_1} \bmod p$,$z'=h_1^{u_1} h_2 \bmod p=(Ig_2)^x \bmod p$。

(2) 提款协议

顾客向银行提出取款请求,并用零知识证明自己知道 u_1,银行在验证顾客的合法身份后,执行以下协议。

① 银行选择随机数 $w\in Z_p^*$,计算 $a'=g^w \bmod p$,$b'=(Ig_2) \bmod p$,并将 a'、b' 的值发送给顾客。

② 顾客选择随机数 s、u、v、x_1、$x_2\in Z_p^*$,计算

$$A=(Ig_2)^s \bmod p, \quad B=g_1^{x_1} g_2^{x_2} \bmod p$$

$$z=(z')^s \bmod p, \quad a=(a')^u g^v \bmod p$$

$$b=(b')^{su} A^v \bmod p, \quad c=H(A\parallel B\parallel z\parallel a\parallel b), \quad c'=c/u \bmod q$$

最后将 c' 发送给银行。

③ 银行计算 $r'=c'x+w \bmod q$,并将 r' 发送给顾客。

④ 顾客先验证

$$g^{r'}=h^c a' \bmod p, \quad (Ig_2)^{r'}=(z')^c b' \bmod p$$

是否成立,如果成立,再计算 $r=r'u+v \bmod q$。

最后顾客将 $\{A,B,z,a,b,r\}$ 作为电子现金,电子现金实际上是银行对嵌入有顾客身份信息 A、B 的一个盲签名,记为 $\text{sig}(A,B)$。

(3) 支付协议

顾客提供给商家一对值 (r_1,r_2) 来证明自己知道 u_1,这样商家就相信顾客是电子现金的合

法持有者。

① 顾客向商家提供电子现金 $\{A, B, z, a, b, r\}$。

② 商家计算 $d = H_0(A \| B \| I_s \| \mathrm{Data/Time})$，并将 d 发送给顾客（这里 I_s 是商家的身份信息，Data/Time 代表当时日期和时间）。

③ 顾客计算 $r_1 = d\, u_1 s + x_1 \bmod q$，$r_2 = d\, s + x_2 \bmod q$，再将 r_1、r_2 发送给商家。

④ 商家计算 $c = H(A \| B \| z \| a \| b)$，再验证

$$g^r = h^c a \bmod p, \quad A^r = z^c b \bmod p, \quad g_1^{r_1} g_2^{r_2} = A^d B \bmod p$$

是否成立。若成立，电子现金有效，顾客为合法持有人，接受电子现金。

（4）存款协议

商家把 $\{d, r_1, r_2, \mathrm{sig}(A, B)\}$ 传输给银行，银行检测电子现金的合法性，如果合法，则在商家账户上增加一次现金金额。如果顾客重复花费，则可以从两次支付信息中揭示顾客的身份

$$g^{(r_1 - r_1')_1 / (r_2 - r_2')} = I \bmod p$$

这个协议是目前最好的单个电子现金协议，不过它也存在一些不足之处。协议中的电子现金不能表明金额大小，只能采用银行的不同公钥对应不同金额的方式，而且由于协议对顾客的隐私无条件保护，也容易被不法分子利用。

10.3 比 特 币

比特币是典型的去中心的电子现金。2008 年 11 月 1 日，中本聪（Satoshi Nakamoto）在 P2P foundation 网站上发布了比特币白皮书《比特币：一种点对点的电子现金系统》，提出了比特币的概念。2009 年 1 月 3 日，比特币创世区块诞生。2017 年 12 月 17 日，比特币达到历史最高价 19 850 美元。比特币是一种虚拟货币，数量有限，可以兑换成大多数国家的货币，可以使用比特币购买虚拟物品，比如网络游戏当中的衣服、帽子、装备等，只要有人接受，也可以使用比特币购买现实生活中的物品。目前，比特币在实际中得到了广泛应用。

10.3.1 比特币概述

比特币使用密码技术来保证去中心化、去信任化、不可篡改等特性，主要使用的密码学原语是哈希函数和数字签名。比特币基于密码计算产生，不受任何个人或组织操控，任何人都可以下载并运行比特币客户端而参与制造比特币，比特币利用数字签名的方式来实现安全流通，通过 P2P 分布式网络来核查重复消费。比特币的产生、消费都会通过 P2P 分布式网络记录并告知全网，不存在伪造的可能。比特币交易的手续费低廉，交易便捷。

比特币有如下特点。

（1）去中心化：整个网络无中心化硬件或机构，任何节点都处于平等状态，用纯数学方法而非中心机构来建立分布式系统结构与节点间的信任关系。

（2）匿名化：账户用公钥代替用户的真实身份，具有一定的隐私保护功能。

（3）可追溯：比特币采用带有时间戳的链式区块结构存储交易数据，为交易增加了时间维度，具有可验证性和可追溯性。

（4）集体维护：分布式系统中所有节点均可参与数据区块的验证过程。

（5）总量固定：比特币数量是有限的，总量 2 100 万，产生难度逐渐增加，产生速度每四年

减半,到 2140 年将全部产生完成,不会出现通货膨胀,具有与黄金类似的稀缺性。

（6）安全可信:用非对称密码学原理对数据加密,借助各节点的工作量证明等算法形成的强大算力来抵御外部攻击,保证区块链数据不可篡改、伪造。

比特币的去中心化是基于区块链实现的,区块链是比特币衍生出来的概念,是支撑比特币的基础技术,其本质是一个去中心化的数据库。区块链的思想可以追溯到实现安全时间戳的链接协议。为了实现不能篡改的安全时间戳,Trent 每收到一个新的文档,就将前一个文档的哈希值记录在当前文档,利用哈希函数形成了文档的哈希链,任意文档的改变将导致一系列哈希值的改变,哈希链具有区块链的雏形。

区块链由区块链接而成,区块与区块之间以时间顺序链接排列,区块中存储了大量交易,是一种特殊的数据结构。区块链利用密码学实现了不可篡改、不可伪造、去中心化、去信任化的分布式共享总账。

区块链的基础架构模型一般由数据层、网络层、共识层、激励层、合约层和应用层 6 部分组成。

（1）数据层:封装了区块中的数据和基本的数据加密算法,实现区块数据的安全存储。

（2）网络层:区块链是 P2P 的分布式网络,实现点对点的通信,包含了 P2P 网络组网方式、传播和验证机制。

（3）共识层:封装了共识机制,让所有参与节点能在区块链中达成有效性的共识,网络节点存储的信息达成一致。

（4）激励层:激励层中集成了经济因素,包括发行经济激励的机制和如何分配的机制。在比特币中,当节点不断尝试并找到合适的随机值时就会获得一定的比特币。

（5）合约层:在合约层中分装了各种脚本、算法和智能合约。智能合约是一种特殊协议,旨在提供、验证及执行合约。区块链加入智能合约允许用户把更智能的协议写入区块链中,达到双方约定条件后完成交易。实现对交易成功的条件可编程。

（6）应用层:分装了各种应用的场景,如数字货币、版权保护、医疗数据管理、存证、供应链溯源等。

10.3.2　比特币的原理

比特币系统用一个公共总账来记录交易,交易上记录有收款方、付款方以及交易额等信息。从总账上可以清楚地看到每一次交易的源头和去向,因此能避免二次消费。该公共总账就是区块链,区块链是一种只能在尾部添加而不能删除或修改的数据结构。

1. 交易

交易（Transaction）描述了比特币的收款双方及交易金额等支付细节,是证明比特币所有权的凭证,区块链记录的就是比特币的交易。交易上收款双方的账户地址是由密码算法生成的:调用 ECDSA 的密钥生成算法为用户生成公私钥对（pk, sk）,计算比特币账户地址 $X = $ RIPEMD160（SHA256（pk））,私钥 sk 的拥有者可以使用 X 中的比特币。RIPEMD160（）和 SHA256（）均为哈希函数。

交易由元数据、输入字符串和输出字符串构成。

（1）元数据:记录着输入地址的个数、输出地址的个数以及交易的哈希值等,哈希值是交易的 ID 号。

（2）输入字符串:输入字符串是一个数组,数组的每个元素都是一个"输入"。输入确定了付款方的公钥地址。输入指定上个交易的哈希值和所在输出数组的下标，该地址就是本次交易输入的公钥地址。由此可见，输入通过指定上个交易的某个输出来证明付款方拥有对应的比特币，交易的哈希值相当于一个指针。为了证明对该输入地址的所有权，每个输入还包含一个私钥生成的签名。签名是对当前交易的签名，包含上个交易的哈希值、本次交易的交易额和收款方的公钥地址。

（3）输出字符串：交易的输出字符串也是一个数组，该数组的每一个元素都是一个"输出"。每个输出由两部分组成，一是比特币的数量值，即交易额，最小单位为"中本聪"（Satoshi，$1\text{ BTC} = 10^8\text{ Satoshi}$）；二是收款方的公钥地址。所有输出的数量和必须小于或者等于所有输入确定的地址中的比特币数量和，即不能透支（原始交易除外，它是生成比特币的交易，输入对应的数量为0，输出数量为新生成比特币的数量）。当输入对应的数量和大于输出的数量和时，多出的部分作为交易费奖励给矿工，矿工会优先处理交易费高的交易。

每一笔交易可以有多个输出，比如 Alice 用 10 BTC 作为输入，要转给 Bob 的金额是 6 BTC，就需要产生两个输出：一个是 Bob 的钱包里多出一个 6 BTC，另一个是自己的钱包里多出一个 4 BTC（不考虑交易费用）。之后，Alice 再去用这个 4 BTC，那么通过上个交易的哈希值就会找到这个 10 BTC＝6 BTC＋4 BTC 的交易，所在输出数组的下标对应第 2 个输出。

假设有三个交易，用户 Joe 给 Alice 支付钱款为交易 1，Alice 给 Bob 支付钱款为交易 2，Bob 给 Carol 支付钱款为交易 3。比特币交易示意如图 10.2 所示。

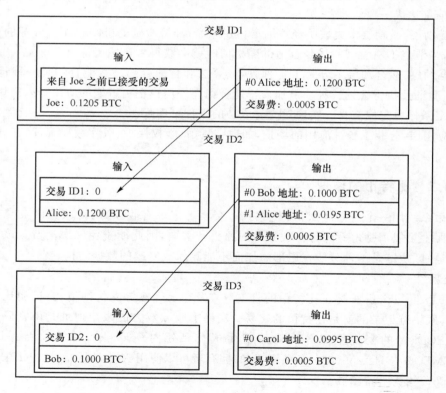

图 10.2　比特币交易示意图

交易按照标准格式由付款方创建并广播，网络中的节点为了验证该交易的合法性，由该交易的输入找到指定的上一个交易，确定了对应的付款地址，由于发布到区块链上的交易都是被验证过的合法交易,一旦在区块链中找到指定的上一个交易,并从对应的输出中确定了地址,说明该付款地址是有效的。上一个交易的输出指定了一个公钥,当前交易的输入包含对应私钥的签名。如果节点验证付款方的签名值是合法的,上一个交易被兑换成功,当前交易合法。

关于交易有如下四个公理:

(1) 发送的任何比特币金额总是发送到一个地址。

(2) 收到的任何比特币金额都被锁定在接收地址,接收地址与钱包相关联。

(3) 花费比特币时,花费的金额将来自之前收到并且目前存在于钱包中的资金。

(4) 地址接收比特币,但不发送比特币,比特币是从钱包发送的。

2. 共识协议

交易上的签名可以保证交易的合法性,但是不能保证比特币不被二次花费。二次花费是指如果用户直接用交易作为支付凭证,该凭证可能会被重复使用。比特币系统利用区块链来避免重复花费,交易只有被发布到区块链上才是有效的。区块链记录着所有交易,交易的输入地址一旦被兑换过,区块链上会有记录,从而有效地避免了重复花费。交易被发布到区块链的过程需要全网节点达成共识,这个过程就是共识协议执行的过程。下面介绍区块的构造及共识协议达成的过程。

(1) 区块和区块链

区块是区块链的基本组成结构,存储着所有的比特币交易信息,用户生成交易后需要矿工打包到区块内才可能链接到区块链上,最终获得全网节点的认可。交易以 Merkle-tree 的形式聚集在一起被存储在区块上。假设某区块上的交易有 n 个,为了证明某个交易在该区块上,使用这种存储方式只需要查找 $\log n$ 次。

区块由区块头和区块体组成。区块头包含一些元数据,主要包括 6 个字段(如表 10.1 所示),其中下面三个字段与挖矿过程有关。区块体主要包含交易内容(如表 10.2 所示)。

表 10.1　区块头结构表

字　节	字　段	说　明
4	版本(version)	区块版本号,表示该区块符合的验证规则
32	前一区块头哈希值(pre_hash)	前一区块头哈希值
32	Merkle 根(merkle_root)	该区块中交易的 Merkle 树根的哈希值,取决于本区块中所包含的交易,交易的任何变动都会影响此值的结果
4	时间戳(ntime)	区块产生的近似时间,即从 1970 年 1 月 1 日 00 时 00 分 00 秒(格林威治时间)开始所经过的秒数
4	难度值(nbits)	工作量证明算法的难度值用于调节区块生成时间,是一个可调节的变量
4	随机数(nonce)	工作量证明遍历的随机数,当全网算力增加,本字段位数不够时,可以更改 coinbase 交易和时间戳来扩展此位数

表 10.2　区块体结构表

字　节	字　段	说　明
4	魔法数	不变常量,是比特币客户端解析区块数据时的识别码
4	区块大小	用字节表示的该字段之后的区块大小
1~9	交易数量	本区块包含的交易笔数
大小不定	交易	本区块中包含的所有交易,采用 Merkle 树结构

区块的链接是通过区块头的哈希指针来完成的。区块头中存储着父区块的哈希值,它指向了区块链中的唯一一个区块,每个区块通过该指针首尾相连,形成区块的链式结构(如图 10.3 所示)。

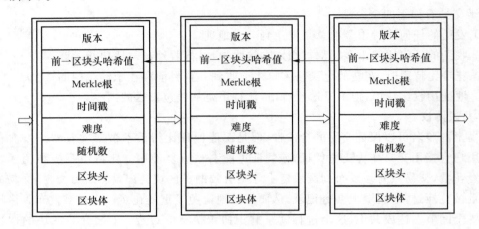

图 10.3　区块链的结构

区块之间彼此链接,能够实现可追溯性,改变任何一个区块,意味着其后面的所有区块都需要改变,这在实际来说是非常困难的,这就是区块链的不可篡改性。

（2）共识机制

共识机制是分布式系统中众多节点达成某个一致目标或者状态所参照的规则。在比特币系统中,每一个节点都保存着一个公共账簿(区块链)的副本,包含着所有完成的交易,那么如何保证每一笔交易在所有记账节点的一致性呢? 例如,Alice 把同一个比特币发送给不同的接收者 Bob 和 Charlie,Bob 和 Charlie 分别独立验证并接受交易,区块链就会产生两种不一致的状态,Alice 实现了双花(二次花费)。区块链副本哪一个能够被大多数节点所认可并达成一致,如何解决分布式下的一致性问题,此时就需要共识机制。比特币通过整个网络的所有节点验证交易的合法性来解决这一问题,双花交易将会被别的参与者识别。当且仅当大多数参与者接受这个交易时,Bob 才应当接受。但是,可能产生假身份的问题,敌手可能发动 Sybil 攻击。Alice 可能构造许多实体以确认某个交易以替代之前的交易以实现双花。Bob 将会相信他们并接受这个交易。比特币利用工作量证明(Proof of Work,PoW)来预防 Sybil 攻击。

工作量证明机制的核心就是在分布式网络环境中,全网所有节点利用自己的计算能力竞争解决一个计算困难但验证容易的密码学难题,只有付出一定的计算量的节点才能在竞争中获胜并取得记账权,并将新的区块连接到链上,其他节点验证新区块并添加到自己的区块链副本上,开始新一轮的竞争记账权。这样通过共识算法筛选出记账节点,保证了区块只能有一个节点产生并广播,其他人只能充当验证和同步副本作用,而不能对其进行任何的更改,保证了全网的区块链账本一致性。

在共识过程中,由于通信网络的延迟等因素,有可能会几乎同时生成两个合法的区块,这个时候会出现一个暂时的分叉:网络中有两个等长的链。然而,哈希难题的困难性使得下个时刻又同时生成两个合法区块的概率很低,因此暂时的分叉之后,最终会有一个最长的链被接受。由此可见,创建交易之后,用户需要等待当前区块之后又有新的区块生成才能确保当前区块所在的链是最长的链,即该区块是有效的。否则一旦发生分叉,某个分支将被淘汰掉,尽管两个链上的大多数交易都是相同的,但是总是存在一些有分歧的交易,而被抛弃的那些交易就会失效。恶意用户能够利用这种情况重新消费已经用过的比特币,这将导致重复花费。为了防止重复花费,需要等待确认区块的生成。当前区块之后的新生区块被称为确认区块,随着确认区块个数 k 的增加,出现深度分叉的概率将以 k 的指数级减少,一般 $k=6$ 时就可以认为交易是有效的。

(3) 挖矿机制

在比特币系统中,究竟哪一个区块会作为区块链的下一个区块被接受取决于工作量证明,工作量证明就是寻找某个数学难题的解。数学难题不容易被解出来但是却很容易验证,计算的过程被称为挖矿,每个挖矿的网络节点被称为矿工。矿工每生成一个新区块,就能在该区块上嵌入一个原始交易,也就是 Coinbase 交易,这种交易与普通交易格式一样,只不过由于该交易是为了生成新的比特币,它的输入指向的是一个空的哈希值,输出指向的是矿工的公钥地址,因此矿工会得到一定量的比特币作为奖励。此外每个交易的交易费也是给矿工的报酬,激励矿工生成合法的区块。每生成一个区块矿工能够获得 50 BTC 的报酬,报酬每四年减半一次,因此到 2140 年将不再有新的比特币生成。

工作量证明的过程如下。

① 构建候选区块。当新区块广播后,新一轮的挖矿竞争开始。矿工从网络中接收新区块的区块头哈希值 pre_hash;矿工生成一个 Coinbase 交易(用于获得比特币区块奖励),连同自己内存池中的交易一起组成 Merkle 树记入候选区块体,计算交易集合的 merkle_root。将 pre_hash、merkle_root 记入候选区块的区块头,同时为区块头添加版本号 version、时间戳 (ntime)、难度值(nbits)、随机数(nonce)等字段。这里 nonce 初始值为 0。

② 寻找有效区块。矿工穷举 nonce,寻找满足

$$SHA256(SHA256(version \parallel pre\_hash \parallel merkle\_root \parallel ntime \parallel nbits \parallel nonce)) \leqslant T$$

的 nonce 值(计算区块头的双 SHA256 哈希值),这里 T 是某个目标值,即矿工竞相寻找能够使目标值满足前多少位为 0 的随机数。率先找到满足条件 nonce 值的矿工立刻广播自己的区块,相邻矿工节点接收并验证这个区块中交易的合法性和工作量证明的正确性,继续传播此区块。所有接收到新区块的节点都会验证并传播新区块,将它链接到自己的区块链副本最后,并在此区块后面开始新一轮的挖矿竞争。此时经过工作量证明,候选区块成为有效区块,发现区块的矿工获得区块奖励。哈希难题的困难性会随着整个网络计算能力的改变等变化做相应的调整,以保证平均每十分钟能够生成一个区块。工作量证明达到了去中心化的目的,但是却浪费了大量的算力,达成共识的时间较长。

随着越来越多的节点参与挖矿,比特币全网算力以指数级别上涨,单个矿工短时间内挖到区块的概率越来越低,许多矿工为了追求持续稳定的收益联合起来组成矿池挖矿,并根据自己的贡献分配挖矿收益。矿池的出现导致算力的集中,这与比特币去中心化的性质相违背,威胁着比特币系统的安全。

矿池挖矿过程如下。

① 每个矿池有一个管理者,负责收集交易、分配挖矿任务和分配收益。

② 矿工根据分配到的任务利用自己的算力挖矿,当找到满足矿池目标值的 nonce 时提交给管理者,这叫作部分工作量证明(PPoW)。当部分工作量证明满足全网难度目标时(即完整工作量证明 FPoW),管理者向全网广播,矿池获得相应的挖矿收益。矿池基于奖励分配机制给矿工分配收益。

比特币系统的通信网络是一个无中心、点对点的广播式网络,它被用于广播新生成的交易

和区块。

10.3.3　比特币的安全性

比特币系统也存在许多问题，比如，为了避免比特币二次花费（双花），需要较长的时间等待确认区块生成，这导致比特币交易效率低下，挖矿的竞争导致大量的资源消耗。另外，随着比特币的发展，比特币系统的安全问题开始出现，如隐私泄露、共识机制安全、网络安全等。

1. 去匿名性攻击

比特币用户使用公钥地址来参与交易，每个用户可以生成任意数量的地址作为自己的账户，地址信息无法对应到用户的真实身份，具有一定的匿名性，但是比特币的所有交易都是公开的，任何人都可以知道每个地址的全部交易情况，可以对交易之间的关联性和交易存在的潜在知识（如交易图、交易金额等）进行分析来降低匿名性，并且能够发现交易双方的真实身份信息和交易金额。比如，有些比特币交易所需要实名制认证、用户在网上使用比特币众筹、在论坛上贴出自己的账户用于打赏等。这种情况下，用户的真实身份就可能与自己的某个公钥地址相关联。攻击者还可以通过追踪 IP 地址和分析区块链上交易的拓扑结构来关联公钥地址。因此，对比特币进行去匿名性攻击是可能的。

2. 日食攻击和路由攻击

针对比特币 P2P 网络的攻击主要是日食攻击和路由攻击。日食攻击是攻击者通过控制所有与受害节点相连接的其他节点来隔离受害节点，阻止其获得关于网络其他部分的完整视图。路由攻击是攻击者利用网络协议的漏洞来控制路由基础设施对网络进行攻击，旨在分割比特币网络（分割攻击）或者延迟新区块传播到一些特定比特币节点（延迟攻击）。

3. 51%攻击

中本聪针对比特币共识机制提出了 51%攻击，区块链的账本需要全网所有节点共同维护，攻击者想要篡改账本中的数据必须掌握全网 51%的算力。掌握全网 51%算力优势的矿工拥有巨大的权力，可以垄断区块的生成，重新计算已经确认的区块，从而篡改甚至撤销已经发生的交易，以实现双花。

4. 区块截留攻击

区块截留攻击来源于芬尼的双花攻击。在早期的比特币系统中，一些商家支持未确认交易，攻击者事先挖到一个包含向自己的另一个地址转账的交易的区块不立即公布，然后向支持未确认交易的商家购买商品或服务，生成一个向商家转账的交易，等商家发货后立即公布自己之前生成的区块，从而实现了双花。矿池出现后，恶意矿工可能只提交 PPoWs，当发现 FPoWs 时扣留并立即丢弃，不提交给管理者。区块截留攻击不影响恶意矿工收到矿池分发的奖励，但损害了矿池的利益。在区块截留攻击中，攻击者安排自己控制的挖矿算力诚实挖矿，同时渗透攻击其他矿池。

5. 自私挖矿

自私挖矿的主要思想是具有一定算力资源的攻击者发现区块后不立即公布，然后在自己发现的区块后继续秘密挖矿，选择合适的时机公布区块以期望自己的私链成为主链，浪费诚实矿工的算力，从而获得更多的区块奖励。

6. 截留分叉攻击

攻击者可以分配自己的算力分别进行诚实挖矿和攻击其他矿池。当攻击者在其他矿池攻击的部分算力发现区块后，扣留在手中不立即提交给矿池管理者，如果矿池外的其他诚实矿工发现并公布一个区块,此时立即把 FPoW 提交给管理者并向全网公布产生分叉,可能成为主链,攻击者额外获得了分叉后成为主链的那部分收益。

10.4　电子拍卖

电子拍卖是现实拍卖的电子化,它通过电子手段进行拍卖活动,即在开放的网络环境下,将买方、卖方、中介方等联合起来进行拍卖的一种商业运营模式。

10.4.1　电子拍卖系统的模型和分类

电子拍卖系统一般由注册中心、拍卖行、卖方或商家和投标者构成,如图 10.4 所示。在这个模型中,电子拍卖系统由一个商家、m 个拍卖行、n 个投标者和一个注册中心组成。商家拥有一些拍卖物,需要通过拍卖将这些物品售出。于是,商家委托拍卖行代理其完成拍卖活动。投标者在注册中心注册后,通过投标,向拍卖行出示自己愿意支付的投标价格来投标,以获取拍卖物,而宣布中标者和中标价的任务由拍卖行来完成。

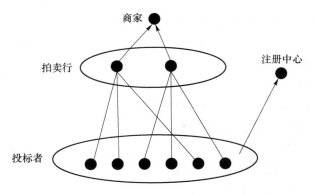

图 10.4　拍卖模型

常见的拍卖方式大致有以下四种类型。

(1) 英式拍卖也叫价格递增式拍卖,拍卖行先给出所拍卖商品的最低价,每次投标时的标价都大于上一次的标价,直到最后一个人出了最高价为止。中标者就是最后一个出了最高价的人。

(2) 荷兰式拍卖亦称"减价拍卖",是指拍卖标的竞价由高到低依次递减直到第一个竞买人应价达到或超过底价时击槌成交的一种拍卖。减价式拍卖通常从非常高的价格开始,若此时没有人竞价,价格就以事先确定的数量下降,直到有竞买人愿意接受为止。

(3) 密封式拍卖是指竞买人在竞标开始后将标书以密封形式投标,在卖家宣布投标结束后打开标书,出价最高者成交。

(4) 第二价位拍卖也是一种密封式的投标方式,不同之处在于出价最高者是以第二最高出价者所出价格成交商品。

10.4.2　电子拍卖的过程

电子拍卖系统的拍卖过程一般可分为以下几步。

（1）系统准备：拍卖开始之前，拍卖参与者要进行必要的初始化工作，拍卖服务器要发布被拍卖物品或服务的详细信息、拍卖规则和截止日期，要开设标场做好接受投标的准备工作等，投标者也要做必要的初始化工作，如必要的电子现金、私钥等。

（2）拍卖登记：在规定的时间内，每个投标者首先向注册中心提交拍卖申请，并向系统提交一定的押金数额。注册中心验证申请的合法性后，分配给每个合法的投标者一个秘密的临时身份证号。

（3）提交投标：拍卖服务器宣布拍卖活动开始后，每个合法的投标者提交他们的标价公开竞价或者秘密投标给拍卖行。一般情况下，卖方要给出一个最低价位。投标者的标价不能低于最低价位。

（4）结束投标：经过一段时间后，拍卖行宣布投标结束，即不再接收投标。

（5）宣布结果：拍卖服务器按照确定的规则宣布中标者并且公开该中标者的标价。如无异议，则买卖双方成交，中标者支付货币，卖方将拍卖物品或服务提供给中标者；如有异议，或者买卖双方有违约行为，则求助于仲裁机构解决。

10.4.3　电子拍卖的安全需求

安全的电子拍卖系统必须提供公平竞争的机制，中标者的胜出必须无异议，必须能杜绝串通和中标者违约等行为。一般一个安全的电子拍卖系统必须满足下列安全需求。

（1）投标者的匿名性：即使在拍卖结果公开后，包括可信权威机构的任何人都不能获知投标者失败人的身份及其投标出价。

（2）投标价保密性：必须保证投标者的标价保密。

（3）不可伪造性：投标者的投标不能被伪造。

（4）不可抵赖性：投标者投标后不能否认其投标，并且保证最后的买家一定能付款。

（5）可证实性：可公开证明最后中标者的合法性。

（6）公平性：投标者的地位平等，有办法解决争议和违约。

10.4.4　NFW 电子拍卖协议

这是一个第一价位密封式拍卖协议，是 Nakanishi、Fujiwara 和 Watanabe 提出的。这个协议在投标中使用了非否认签名方案，满足了单个 AM 的匿名性。过程如图 10.5 所示。

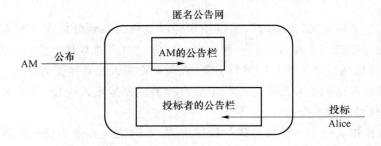

图 10.5　NFW 电子拍卖协议

（1）系统准备

AM 为拍卖创建一个匿名公告网，在这个公告网上有一些 BBS。

（2）登记

每个参与者产生一个用于验证签名的密钥,并公布出来,这样公告网上的每个人都可以知道这个验证密钥。

（3）拍卖准备

AM 产生 M_A 来区分物品和拍卖时间,ID_A 用来区分每一个拍卖,并计算他的签名 Sig_A $(M_A \parallel ID_A)$。然后 AM 公布 $M_A \parallel ID_A \parallel Sig_A(M_A \parallel ID_A)$。

（4）提交投标

Alice(B_i)秘密选择一个 r_i,计算 $H(price_i \parallel r_i)$ 和 $USig_i(ID_A \parallel H(price_i \parallel r_i))$ 作为她的非否认签名。然后 B_i 公布 $H(price_i \parallel r_i) \parallel USig_i(ID_A \parallel H(price_i \parallel r_i))$。AM 用 M_{p1} 表示时间,在这段时间内,投标者必须出示他的 Hash 值。AM 公布 $M_{p1} \parallel Sig_{AM}(M_{p1})$,在这段时间内,$B_i$ 公布 $price_i \parallel r_i \parallel H(price_i \parallel r_i) \parallel USig_i(ID_A \parallel H(price_i \parallel r_i))$,即揭示标价。最后,AM 审核每个标价的合法性。

（5）宣布结果

AM 决定合法投标者 B_i 的最高标价,他用 M_{p2} 表示投标者提交 $price_j$ 的时间,并公布 $price_j \parallel M_{p2} \parallel Sig(price_j \parallel M_{p2})$。在这段时间内,$B_j$ 提交 $price_j$ 并公布他的身份 ID_j。这里,确认协议保证了是他提交了 $price_j$,否认协议保证了在投标阶段他的标价的唯一性。

不过,这个协议也存在如下不足。

（1）保密性不好。拍卖结束要公布所有投标者的标价,这样就泄露了投标失败者的信息。在密封式拍卖中,尽可能保护投标者的信息是很重要的。

（2）效率不高。胜出者必须要计算非否认签名,但是他们不可能像 AM 那样有很强的计算机器,所以计算量就显得相当大。

10.4.5　NPS 电子拍卖协议

这是由 Naor、Pinkas 和 Sumner 提出的一个第二价位密封式拍卖协议,采用了不经意传输协议。和前面介绍的不同,这里需要两个 AM(AM1 和 AM2)。

（1）拍卖准备

AM1 生成一个程序计算获胜的标价,并公布公钥加密算法 E_1 和 $c,c=g^r \pmod p$(p 为素数,r 是随机选择的秘密数,g 是底),投标者 B_i 的两个值 $m_{i,j}^0$ 和 $m_{i,j}^1$($j=1,\cdots,\lambda$)保密。注意,$m_{i,j}^0$ 和 $m_{i,j}^1$ 分别指标价的 0 比特和 1 比特。AM2 设置 $K=2^\lambda$ 为标点。

（2）提交投标

每当 B_i 提交标价时,B_i 标价的每一个比特传送都遵守不经意传输协议。标价是用二进制数表示的。B_i 选择他的密钥 $\{x_{i,1},\cdots,x_{i,\lambda}\}$,并发送每一组 $\{x_{i,1},\cdots,x_{i,\lambda}\}$ 给 AM2,每一组 $\{E_1(g^{x_{i,1}}),\cdots,E_1(g^{x_{i,\lambda}})\}$ 给 AM1,$\alpha_{i,j}$ 为 $x_{i,j}$ 或者 $r-x_{i,j}$。如果 $\alpha_{i,j}=x_{i,j}$ 成立,那么 B_i 标价的第 j 个比特位是 0。如果 $\alpha_{i,j}=r-x_{i,j}$ 成立,那么 B_i 标价的第 j 个比特位是 1。

（3）宣布结果

AM2 将 $\{E_1(g^{\alpha_{i,j}})\}$ 发给 AM1,AM1 进行解密后得到 $\{g^{\alpha_{i,j}}\}$($i=1,\cdots,n,j=1,\cdots,\lambda$)。这里,AM1 不知道 $\alpha_{i,j}$ 的值。AM1 发送 $(g^{s_j},g^{\alpha_{i,j}s_j}\oplus m_{i,j}^0,(c/g^{\alpha_{i,j}})^{s_j}\oplus m_{i,j}^1)$($i=1,\cdots,n,j=1,\cdots,\lambda$)给 AM2($s_j$ 为随机数)。虽然 AM2 试图通过 $x_{i,j}$($j=1,\cdots,\lambda$)重构 B_i 的 $m_{i,j}^0$ 和 $m_{i,j}^1$,但是只有 $m_{i,j}^0$ 或者 $m_{i,j}^1$ 是合法的。这里,AM2 不知道哪个值被正确地解密了。然后 AM2 对 AM1 生成的程序输入解密的 $m_{i,j}^0$ 或者 $m_{i,j}^1$($i=1,\cdots,n,j=1,\cdots,\lambda$),得到胜者及他的标价。

在这个方案中，没有人知道第二高的标价、投标者以及竞标失败的标价。但是，这个方案也存在一些问题。在公布阶段，AM2 使用的是 AM1 生成的程序，所以他就不能确定程序的结果，因为他不知道 $\{m_{i,j}^0, m_{i,j}^1\}(i=1,\cdots,n,j=1,\cdots,\lambda)$ 中哪个值被使用在程序中。这样，没有人能验证 AM1 是否产生了一个正确的程序。事实上，AM1 可能会做出一些不公正的行为，比如他可能会与投标者 B_i 合谋，产生一个错误的程序使得 B_i 总是胜出者。因为即使 B_i 不是胜出者，他的标价也不会被公开，没有人知道他是不是真的胜出者。

10.5 云　计　算

云计算具有按需服务、泛在的网络访问、快速的资源部署、按需收费等优点。亚马逊云、谷歌云、百度云和阿里云等云计算服务为用户提供便利的数据接入、业务外包服务，降低了用户的存储与计算开销。用户可以远程将数据存放到云端并按需享受数据搜索、数据分享等服务，也可以将繁重的计算任务外包给具有强大计算能力的云服务提供商。随着云计算业务的广泛应用，云存储系统承载了大量的用户金融支付、企业商业秘密、私人文件等隐私敏感性数据，外包的计算任务也常常包括一些不能泄露给云服务商的敏感信息，云计算安全问题已成为阻碍其广泛应用的主要问题。

10.5.1　云存储数据的持有性证明

1. 数据持有性证明概述

在云存储环境中，当数据由线下静态存储转向外包动态存储时，用户就失去了对其数据的直接控制。数据持有性证明的目的在于保障用户存储在云上的数据的完整性与安全性。传统数据完整性的检测方法，如 MAC 码和数字签名并不适合于云计算环境，这是因为用户不再物理上拥有数据，若将数据全部取回验证则不实际，因为海量的数据取回会消耗大量的通信带宽和本地的存储容量。现阶段研究主要集中在两个方面：一是数据持有性证明（Provable Data Possession，PDP），关注数据的完整性验证；二是数据可恢复性证明（Proof of Retrievability，POR），关注数据破坏后如何恢复出原始数据。实际上，数据可恢复性证明就是在数据持有性证明的基础上增加了纠错编码技术，从而实现数据恢复。

与传统的存储系统相比，云存储具有以下特性。

（1）云服务器无法完全被信任。数据的可控性是传统存储系统和云存储系统的主要区别之一，云存储系统中存储的数据是由云服务商控制管理的，而传统的存储系统则是由用户亲自管理的，这就造成了用户与服务提供者之间的信任危机，服务器无法完全被信任。云存储用户的数据除了面临云端硬件故障、自然灾害等不可控因素的影响以外，还会面临系统漏洞、恶意软件、管理失误和恶意内部攻击等。一些云服务商可能为了获取更多的利益，随意删除或篡改用户的数据，并欺骗用户说他们的数据仍然"安全"。这种情况下，传统的纠错码、访问控制技术等就无法很好地胜任用户数据完整性保护的职责。

（2）服务方式以合约为基础。在云存储活动中，云服务提供商与用户之间是事先约定的合约关系，为了保证服务双方都能够诚实守信地履行合约，单纯地靠道德约束或规章是远远不够的，因此需要一种介于双方之间的可信机制来保障。与传统存储不同的是，在云存储系统中，从用户的角度来说，其所顾虑的是自己所存储的数据文件遭到损坏以及被破坏以后如何向服务商索要赔偿;从云服务提供商的角度来看,其关注的是事故产生以后如何进行责任判定的问题。

（3）受限的客户端资源及带宽。常见的客户端设备主要有个人计算机、笔记本式计算机、平板电脑、智能手机等。通常来说,客户端设备的存储能力及计算能力是十分有限的,其与云服务器之间的带宽资源也是受限的,因而对于在云服务器上存储的数据在保证其完整性的同时,还需要考虑客户端的计算开销、存储开销以及与服务器之间的数据传输带宽开销。

数据持有性证明技术能够解决用户数据完整性验证的问题,云服务提供商向用户提供数据持有性的证据来证明用户数据被完好地保存。

数据持有性证明主要的要求如下。

（1）稳固性:保证数据存储验证方案能够准确地发现数据丢失、篡改以及云存储提供商不能以任何方式隐瞒、欺骗验证结果。

（2）机密性:保证验证者无法通过验证协议获得所验证数据、验证标签等信息。

（3）动态审计性:支持动态增加、删除、修改云存储中数据且能对其进行验证,并对动态操作简单审计,在发生存储争议时可作为有效证据。

（4）高效性:验证过程中所需的存储、计算、通信代价最小化。

云服务提供商通过向用户提供数据的多副本存储服务,进一步提高用户数据的可用性与可靠性,其通常的做法是将用户数据存储于不同地理位置的多个副本服务器中,以此增加数据的容错性和可恢复性。因此,一方面,数据拥有者通过对存储在服务器上的数据进行完整性验证,确保自己得到所支付费用的相应的存储服务;另一方面,用户在对数据进行完整性验证的过程中需要涉及每个副本服务器的验证过程,来确保每个副本都被完整地保存在副本服务器上,以便在某个节点的数据出现损坏时,通过其他副本对其进行恢复。

2. Ateniese 等人的 PDP 方案

利用标签的同态特性进行数据持有性验证最初是由 Ateniese 等人提出的,在此之后的很多方案都是以此为基础,对其进行或多或少地改进。在标签计算的过程中利用标签的同态特性,将挑战验证过程中的多个标签合成一个模幂值,降低网络带宽,同时能够较好地支持公开验证。下面将简要介绍 Ateniese 的经典 PDP 模型,其核心工作主要分为以下两个阶段。

初始化阶段:用户也就是文件 F 的所有者首先对要存储的文件进行分块,再对每个数据块计算标签:运行算法 $\mathrm{KeyGen}(1^k)\rightarrow(\mathrm{pk},\mathrm{sk})$,产生整个数据持有性证明过程的公私钥。运行标签生成算法 $\mathrm{TagBlock}(\mathrm{pk},\mathrm{sk},m_i)\rightarrow T_{m_i},1\leqslant i\leqslant n$,为所有的数据块计算其相对应的标签值 T_{m_i}。接着,用户把文件 F、公钥 pk 和标签集 $\Sigma=(T_{m_1},\cdots,T_{m_i})$ 外包存储在云服务器上。最后,用户将文件 F 和相对应的标签集 Σ 从本地删除,自己只需保存密钥对 $(\mathrm{pk},\mathrm{sk})$ 即可。

挑战阶段:进行数据持有性验证时,挑战的数据块的个数和位置都是可以任意选择的,被挑战的数据块以及其对应的标签集合由服务器来计算,将其作为持有性证据返回给客户端,再由客户端验证其正确性,即客户端随机生成一个包含被挑战数据块的数目及位置的挑战值 chal,并将其提交给云服务器,对其发起挑战,服务器收到来自客户端的挑战后,运行证据生成算法 $\mathrm{GenProof}(\mathrm{pk},F,\mathrm{chal},\Sigma)\rightarrow V$,再将计算得到的结果也就是持有性证明值 V 发送给客户端。最后,用户执行证据验证算法 $\mathrm{CheckProof}(\mathrm{sk},\mathrm{pk},\mathrm{chal},V)$ 来验证 V 是否正确。

当然,用户在将其文件或数据外包云服务器之前可以对其进行加密,也就是说,用户的文件可以是以密文形式存储的。

PDP 中主要用到的核心技术包括同态标签的计算和抽样验证方法。其中,代数的同态特性是指两个结构（例如环、群、域或向量空间）之间保持某种关系不变的映射，也就是存在这样的函数 $\theta:X\rightarrow Y$，满足 $\theta(x \cdot y)=\theta(x)\circ\theta(y)$。其中，· 是在 X 上的运算，。是在 Y 上的运算。而对于每个数据块 m 来说，其同态标签则是指存在这样的 T_m：它由数据块 m 计算得到，且可以根据其所具备的同态特性将多个标签值计算组成一个简单值。假定所给的两个数据块分别为 m_i 和 m_j，其所相对应的标签值为 T_{m_i} 和 T_{m_j}，那么由标签的同态性得出 m_i+m_j 所对应的标签值为 $T_{m_i} \cdot T_{m_i}$。因此，用户在外包数据前只需事先对每个数据块计算其同态标签值，验证数据持有性时，用户可以一次性随机地挑战多个数据块，服务器就可以根据用户所挑战的数据块位置及序号，找出相应的数据块并将多个数据块的标签值合成一个简单值返回给客户端，从而达到节约带宽的目的。而抽样验证的目的在于客户端在无须验证所有数据块的前提下，仍然保持很高的数据持有性检测概率，同时也减少了服务器与客户端的计算量。图 10.6 与图 10.7 分别为 PDP 的两个主要的阶段，工作流程如下。

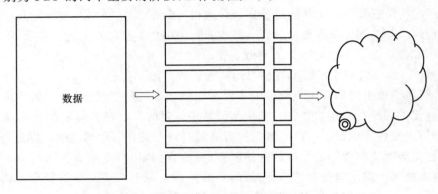

图 10.6　数据分块、标签计算和存储

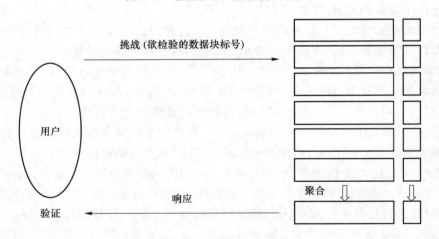

图 10.7　验证数据持有性

（1）初始化阶段客户端调用：KeyGen(1^k)→{sk,pk}

输入：1^k

计算：公钥 pk=(N,g)，私钥 sk=(e,d,v)，其中 $N=pq$，p 和 q 是两个大素数，g 是 Z_n 的一个生成元。$p=2p'+1$，$q=2q'+1$，$ed\equiv 1 \bmod p'q'$。

输出：公私钥对{pk,sk}。

（2）标签生成阶段客户端调用：TagBlock(pk,sk,i,m_i)→T_{i,m_i}

输入:公钥 $pk=(N,g)$,私钥 $sk=(d,v)$,数据块 m_i。

计算:$w_i=v \parallel i$,$T_{i,m_i}=(h(w_i) \cdot g^{m_i})^d \bmod N$,其中 $h(\cdot)$ 为哈希函数。

输出:T_{i,m_i}。

(3) 证据生成阶段服务器调用:$\text{GenProof}(pk,F,\text{chal},\Sigma) \to V$

输入:公钥 $pk=(N,g)$,文件 $F=\{m_1,m_2,\cdots,m_n\}$,标签集 $\Sigma=(T_{1,m_1},\cdots,T_{n,m_n})$,挑战值 $\text{chal}=(c,k_1,k_2,g_s)$,其中 c 是要挑战的文件块数,k_1,k_2 是随机选择的两个密钥,$g_s=g^s$,s 是一个伪随机数。

计算:对于任意的 $1 \leqslant j \leqslant c$,被挑战的文件块的下标 $i_j=\pi_{k_1}(j)$,系数 $a_j=f_{k_2}(j)$,$\pi(\cdot)$ 是伪随机置换函数:$\{0,1\}^k \times \{0,1\}^{\log_2(n)} \to \{0,1\}^l$,$f(\cdot)$ 是伪随机函数:$\{0,1\}^k \times \{0,1\}^{\log_2(n)} \to \{0,1\}^{\log_2(n)}$。$T=T_{i_1,m_{i_1}}^{a_1} \cdot \cdots \cdot T_{i_c,m_{i_c}}^{a_c}$,$\rho=H(g_s^{a_1 m_{i_1}+\cdots+a_c m_{i_c}} \bmod N)$,其中 $H(\cdot)$ 是一个带密钥的哈希函数。

输出:$\nu=(T,\rho)$。

(4) 证据验证阶段客户端调用:$\text{CheckProof}(pk,sk,\text{chal},V) \to (\text{Success},\text{Failure})$

输入:公钥 $pk=(N,g)$,私钥 $sk=(d,v)$,$\text{chal}=(c,k_1,k_2,g_s)$,$(T,\rho)=\nu$

计算:$\tau=T^e$,对于任意的 $1 \leqslant j \leqslant c$,

$$i_j=\pi_{k_1}(j),\quad w_{i_j}=v \parallel i_j,\quad a_j=f_{k_2}(j),\quad \tau=\frac{\tau}{h(w_{i_j})^{a_j}} \bmod N$$

(最后,得到 $\tau=g^{a_1 m_{i_1}+\cdots+a_c m_{i_c}} \bmod N$)

输出:若 $H(\tau^s \bmod N)=\rho$,输出 Success,否则输出 Failure。

Ateniese 方案的安全性是基于大整数因子分解难题的。只要被验证方(云服务器)能够通过计算提供正确的数据持有性证明,就可以证明被挑战的数据块均完整地保存在服务器端,也即 PDP 方案的安全性得以保证。

PDP 方案的开销方面,假设用户外包文件为 4 GB,包含 1 000 000 个 4 KB 的数据块,则其计算得到的每个标签大小为 128 B。对用户来说,只需要存储很少量的密钥信息,大约 3 KB,占用的空间非常小;对于 CSP 来说,除了存储用户的文件以外,只需要额外存储文件对应的标签集即可,总的文件膨胀率小于 3.2%,因此 PDP 方案存储开销是很小的。挑战验证阶段在客户端与服务器之间也只需要很小、常量级别的通信开销(每次挑战与应答只需要少于 1 KB)。在计算开销方面,预处理阶段客户端为每个数据块计算同态标签的复杂度为 $O(n)$,此模幂运算的计算量较大。在持有性验证的过程中,客户端随机生成一个挑战值,服务器端接收到挑战后,生成相应的证据,再由客户端验证。计算包括模乘运算、模加运算以及哈希运算,总的计算开销都不大。

Ateniese 等人 PDP 方案的实验表明,硬盘 I/O 操作的时间占了数据持有性验证时间的大部分,也就是说 PDP 的预处理部分有一定的计算开销,而数据持有性验证部分的计算量则很小。其存储开销、计算开销与通信开销都比较理想的,但此方案不支持数据的动态操作,如数据文件的增、删、改等。

为了验证用户在云端数据的完整性,用户也可以通过独立的第三方审计者进行验证。主要步骤如下。

(1) 用户对其要上传到云端的数据文件进行预处理。用户使用自己的私钥对数据块进行运算,得到这些数据块的认证标签,并将所有数据块及其对应的认证标签上传到云端。

(2) 为了验证用户在云端数据的完整性,用户向第三方审计者(Third-Party Auditor,

TPA)发出审计请求。TPA 随机生成一些质询消息,将这些质询消息发送给云端。质询消息中包括审计者选取了哪些消息块进行审计的信息。

（3）当云端收到审计者的质询消息后,根据质询消息和所存储的消息块生成用来证明数据块正确存储的证据,并将其发送给审计者。

（4）当审计者收到云端的证据后,验证云端是否正确存储了用户数据,审计者将审计结果通知用户。

3. 多副本持有性证明

多副本下的云存储模型中,用户把数据外包给 CSP 进行存储,CSP 向用户承诺可以对这些数据文件进行多副本存储,即将原始数据文件复制 s 份,交给 s 台不同的服务器同时进行存储,提高数据存储的容灾能力和可恢复能力,从而增加数据的可用性与可靠性。

Curtmola 等人在 2008 年提出了一个多副本持有性证明 MR-PDP,此方案主要由 3 个阶段构成,即初始化阶段、副本处理阶段和挑战阶段,包括 5 个算法,即 KeyGen、ReplicaGen、TagBlock、GenProof、CheckProof。KeyGen 是密钥生成算法,由客户端在初始化阶段运行,ReplicaGen 算法用于在客户端生成文件副本,TagBlock 用于在客户端为文件块生成验证标签,GenProof 由服务器端运行用于证据生成,CheckProof 由客户端运行用于证明数据持有性。

初始化阶段:客户端运行 KeyGen 来初始化此方案,使用 ReplicaGen 为文件 F 生成 t 个副本,再调用 TagBlock 为副本文件生成验证标签。客户端将副本文件和标签存储到服务器端,自身保留很少量的信息用于接下来的证据挑战。最后,客户端将原文件、副本文件以及标签都从本地删除。

副本处理阶段:这个阶段允许客户端执行副本的维护,客户端可以调用 ReplicaGen 动态地创建新的副本。

挑战阶段:客户端可以进行对单个文件副本的挑战或者全体副本的挑战。对于单一副本来说,客户端选择要挑战的服务器 S_u,然后验证 S_u 在挑战的过程中是否正确地持有其相应的副本 F_u,对全体副本的挑战包含了 t 个单一副本的挑战,是可以并行执行的:对于 $1 \leqslant u \leqslant t$ 来说,客户端挑战服务器 S_u 来证明副本 F_u 的持有性,且对于挑战次数是没有限制的。

多副本持有性证明 MR-PDP 的主要步骤如下。

（1）KeyGen

客户端计算:公钥 pk$=(N, g)$,私钥 sk$=(e, d, v, z, K)$,其中 $N=pq$,p 和 q 是两个大素数,g 是 Z_n 的一个生成元。$p=2p'+1$,$q=2q'+1$,$ed \equiv 1 \bmod p'q'$,v、z、K 为 k bit 的随机数。

（2）ReplicaGen

首先用密钥 K 对文件 $F=\{f_1, f_2, \cdots, f_n\}$ 加密得到的文件 $F'=\{b_1, b_2, \cdots, b_n\}$,其中 $b_i=E_K(f_i)$,$1 \leqslant i \leqslant n$,表示密文数据块。

生成每个服务器上的副本文件:存储在 S_u 上的副本可以表示为 $F_u=(m_{u,1}, m_{u,2}, \cdots, m_{u,n})$,$1 \leqslant u \leqslant t$,每个数据块按如下计算得到:$m_{u,i}=b_i+r_{u,i}$,$1 \leqslant i \leqslant n$,其中 $r_{u,i}$ 是一个随机大整数,$r_{u,i}=\Psi_z(u \| i)$,$\Psi(\cdot)$ 是一个伪随机函数,这样每个副本服务器上的每个子数据块都能拥有独立的随机数。

（3）TagBlock

客户端为每个加密后的数据块生成标签集 $\Sigma=\{T_1, T_2, \cdots T_n\}$,其中 $T_i=(h_i \cdot g^{b_i})^d \bmod N$,$1 \leqslant i \leqslant n$,$h_i=h(v \| i)$,$h(\cdot)$ 是一个哈希函数。

可以看到,标签 T_i 是数据块 b_i 的一个函数,这样就能够使服务器 S_u 从副本 F_u 中证明其

持有相应数据块 $m_{u,i}$,同时每个标签 T_i 都与一个序号 i 绑定,这样就能够避免服务器用其他的标签来证明客户端挑战标签的持有性(实施替换攻击)。最后,客户端将所有的副本 F_u 以及标签集合 $\Sigma=\{T_1,T_2,\cdots,T_n\}$ 发送给相应的副本服务器 S_u,并从本地删除源文件、副本和标签集,每个副本服务器所存的标签集相同。

（4）GenProof

为了验证副本 $F_u=(m_{u,1},m_{u,2},\cdots,m_{u,n})$ 的持有性,客户端要求服务器 S_u 证明 F_u 中随机个数据块子集,chal 包括 c(挑战的块数)、k(伪随机置换函数 $\pi(\cdot)$ 的密钥)和 $g_s=g^s \bmod N, s\in Z_n^*$。

（5）CheckProof

一旦接收到挑战,服务器首先计算出被挑战块的序号 $i_1,\cdots,i_c$,其中,$i_j=\pi_k(j),1\leqslant j\leqslant c$,$S_u$ 生成持有性证明的证据 $\nu=(T,\rho)$ 返回给客户端,其中 T 为验证标签的乘积 $T=T_{i_1}\cdot\cdots\cdot T_{i_c}$,$\rho=g_s^{m_{u,i_1}+\cdots+m_{u,i_c}}\bmod N$, $b_{\mathrm{chal}}=\sum_{j=1}^{c}bi_j$,$m_{\mathrm{chal}}=\sum_{j=1}^{c}m_{u,i_j}$,$r_{\mathrm{chal}}=\sum_{j=1}^{c}r_{i_j}$,分别表示被挑战的加密的数据块之和、被挑战的副本文件的数据块之和以及随机值之和,且有 $m_{\mathrm{chal}}=b_{\mathrm{chal}}+r_{\mathrm{chal}}$。则有 $T=(h_{i_1}\cdot\cdots\cdot h_{i_c}\cdot g^{b_{\mathrm{chal}}})^d$,$\rho=g_s^{m_{\mathrm{chal}}}$,客户端验证 $\left(\dfrac{T^e}{h_{i_1}\cdot\cdots\cdot h_{i_c}}\cdot g_s^{r_{\mathrm{chal}}}\right)^s\overset{?}{=}\rho$。

10.5.2　云存储数据的可搜索加密

1. 可搜索加密概述

随着云计算的逐渐推广,越来越多的敏感信息被送到云端,如邮件、个人健康记录、公司合同文件、商业秘密等。为了防止敏感数据的隐私泄露和非法访问,越来越多的企业和用户选择将数据加密后上传到云端。然而,加密又带来数据的搜索难题,如果将文件下载解密后查询,则由于下载了不需要的文件而浪费了用户的大量网络开销和存储开销,且进行解密和查询也需要大量计算开销。如果数据不能在云端被搜索和使用,那么把数据存储在云端除了可以减轻本地管理负担之外并没有其他任何实际应用意义。人们希望由具有强大计算能力的云服务器进行检索,由于云服务器通常是"诚实且半可信"的,若直接把密钥发送给云服务器,则用户的隐私将暴露在云服务器面前。关键字搜索技术允许用户只取回感兴趣的文件,但数据的加密对用户进行关键字搜索产生很大的限制。另外,关键字本身也包含了与数据文件相关的重要信息,为了保护用户数据的隐私性,有时也需要对关键字进行加密,这使得数据搜索更加困难。为了解决这类问题,出现了可搜索加密(Searchable Encryption,SE)。

可搜索加密使用户具有在密文域上进行关键字搜索的能力。主要解决当数据加密存储在云端时,服务器不完全可信的前提下如何利用服务器来完成安全的关键词搜索。在可搜索加密方案中,用户将自己的数据加密,同时把关键词提取出来并进行加密,随后生成基于密文关键词的数据索引文件,并发送到云服务器中存储;当需要搜索云端存储的密文数据时,发送一个关键词陷门信息给云服务器,这里要求陷门不能泄露关键词的任何信息。云服务器在索引上执行检索,并返回对应的数据密文给用户,要求云服务器除了能知道密文文件是否包含某个特定关键词外,无法获得更多信息。用户在本地完成解密操作并最终获得所要查询的数据文件。主要分为 4 步。

（1）文件加密:数据产生者在本地使用加密密钥对将要上传的文件进行加密,并将密文上传服务器。

（2）陷门生成：经过数据产生者授权的数据使用者使用密钥对将要查询的关键词生成陷门，发送给云服务器。

（3）查询检索：云服务器对数据使用者提交的陷门和每个上传文件的索引表进行检索，返回包含陷门关键词的密文文件。

（4）文件解密：数据使用者使用解密密钥对云服务器返回的密文文件进行解密。

2. 对称可搜索加密

可搜索加密主要包括对称可搜索加密（Symmetric Searchable Encryption, SSE）和非对称可搜索加密（Asymmetric Searchable Encryption, ASE）两种类型。二者在功能和性能方面有不同的侧重点，分别用来解决云计算不同场景下的业务需求问题。在对称环境下，数据的产生者、搜索凭证的产生者以及解密者都是同一个用户。对称可搜索加密体制使得一个用户以私有的方式将自己的数据远程存储在一个半可信的云端服务器上，并保留选择性恢复所需文件的能力。在非对称环境下，数据的产生者、搜索凭证的产生者以及解密者可以是不同的用户实体。

对称可搜索加密通常用于用户上传数据供自己搜索的场景。

定义在字典 $\Delta = \{W_1, W_2, \cdots, W_d\}$ 上的对称可搜索加密算法可描述为五元组：

$$SSE = (KeyGen, Encrypt, Trapdoor, Search, Decrypt)$$

其中：

（1）$K = KeyGen(\lambda)$：输入安全参数 λ，根据安全参数输出加密密钥 K。

（2）$(I, C) = Encrypt(K, D)$：输入密钥 K 和明文文件。D 是明文文件集合，$D = (D_1, D_2, \cdots, D_n)$，输出文件索引 I 和密文文件集 $C = (C_1, C_2, \cdots, C_n)$，部分方案不需要生成索引。

（3）$T_w = Trapdoor(K, W)$：输入需要查询的关键词 W，输出关键词 W 对应的陷门 T_w。

（4）$D(W) = Search(I, T_w)$：输入生成的陷门 T_w 以及文件的索引 I，输出包含关键词 W 的文件集合 $D(W)$。

（5）$D_i = Decrypt(K, C_i)$：输入密钥 K 和返回的密文文件 C_i，输出明文文件 D_i。

如果对称可搜索加密方案 SSE 是正确的，那么对于 $\forall \lambda \in N, n \in Z, W \in \Delta, D = (D_1, D_2, \cdots, D_n)$ 以及 $KeyGen(\lambda)$ 和 $Encrypt(K, D)$ 输出的 K 和 (I, C)，都有 $Search(I, Trapdoor(K, W)) = D(W)$ 和 $Decrypt(K, C_i) = D_i$ 成立。

在对称可搜索加密应用场景中，数据生成方和搜索方共享私钥。该方案优点是搜索效率高，缺点是对搜索索引更新的操作比较烦琐，效率不高，而且不能完全支持合取或析取的关键字搜索。

3. 非对称可搜索加密

非对称可搜索加密用于用户上传数据由第三方搜索。用户将数据加密后上传到服务器中，若其他用户得到授权，则可使用数据持有者的公钥根据所需的关键词生成陷门信息进行搜索。

由于对称密码体制自身的限制，SSE 若用在多用户场景下，用户之间需要事前构建某种安全信道来传递秘密信息，进而实现数据的加密上传与检索。相比之下，基于公钥密码体制的可搜索加密则无须事先建立安全信道就可以实现用户在公共网络中的保密通信和安全检索，适用于两方持有不同密钥的应用场景，优点是能够灵活地支持复杂搜索，缺点是效率低。

Boneh 等人首次将可搜索加密技术应用到非对称密码学中,提出 PEKS(Public Key Encryption with Keyword Search)的概念。非对称密码体制下可搜索加密算法可描述为

$$PEKS=(KeyGen,Encrypt,Trapdoor,Test)$$

(1) $(pk,sk)=KeyGen(\lambda)$:λ 是安全参数,该算法根据安全参数生成公钥 pk 和私钥 sk。

(2) $C_W=Encrypt(pk,W)$:利用生成的公钥 pk 和加密文件的关键词 W,生成关键词密文 C_W。

(3) $T_W=Trapdoor(sk,W)$:利用生成的私钥 sk 和用户输入的关键词 W,生成关键词 W 的陷门 T_W。

(4) $b=Test(pk,C_W,T_W)$:根据生成的公钥 pk、关键词 W 的陷门 T_W 和关键词密文 C_W 计算匹配相似度,输出判定值 $b \in \{0,1\}$。

PEKS 允许任何知道接收方公钥的人都可以将关键字可搜索密文提交至服务器,包含加密后的文件以及提取出来的关键字。当接收者需要检索包含某个关键字的密文时,向云服务器提交一个检索陷门;然后服务器在不知道文件和关键字原始明文的情况下,检索到包含该关键字的所有密文,并将文件的密文发送给接收者;最后接收者将该密文解密后得到自己需要的检索结果。PEKS 允许在不泄露关键字信息的条件下,公钥生成的密文可以被判定是否含有指定的关键字。

10.5.3 基于属性加密的云数据共享

云模型由密钥授权中心(AA,也称授信中心、TA)、云服务提供者(CSP)、数据所有者(数据属主)和数据用户四个实体组成。AA 是一个受信任的实体,负责为用户生成公共参数和解密密钥。CSP 是一个诚实但好奇的实体,负责将所有者的加密数据存储在其云存储服务器中。

云计算中安全云数据共享是一个基本的应用需求。在非信任的云系统中,用户更希望自己来定义访问控制的策略,确保任何不满足访问控制策略的实体包括云端都不能读取敏感数据,这需要通过加密数据的访问控制技术来保证机密性,即用户存储在云端的数据应该是加密的,只有满足访问策略的授权用户才能解密数据。非授权用户包括云端均无法访问原始数据。

传统的方法将可以解密文件的密钥分发给每一个可以访问该加密文件的授权用户,然而在多用户环境中,这会使得密钥分发与管理变得十分复杂,尤其是在大规模用户和细粒度访问控制的前提下。

目前,最适合云计算的访问控制方法是基于属性加密(Attribute-Based Encryption,ABE)的方法。在基于身份的加密中,数据属主将用户的身份(ID、属性、个人信息)等作为公钥对数据进行加密,只有拥有对应身份的人才能解密。在基于属性的加密中,数据属主加密时不需要指定接收者的身份,只需要指定访问策略,按照访问策略进行加密,只有满足访问策略的用户才可以解密。属性加密中用户的属性(性别、年龄、工作单位、职位等)可以被灵活地定义,因此可以实现细粒度的控制。基于身份加密中用户与授权方是一人加密一人解密的对应关系,基于属性加密将其改变成一人加密多人解密的对应关系,提高了实用性。

基于属性的加密方案由访问结构实现控制。访问结构支持属性之间的与、或、门限关系,使得访问策略具有很高的细粒度控制能力,属性可以被灵活地表达。访问结构主要有访问控制树、访问控制矩阵等。

1. KP-ABE

基于不同的访问策略嵌入位置,属性加密可分为两种加密方式:基于密钥策略的属性加密(Key-Policy Attribute-Based Encryption,KP-ABE)和基于密文策略的属性加密(Ciphertext-Policy Attribute-Based Encryption,CP-ABE)。

KP-ABE 最早是由 Goyal 等人提出的。在 KP-ABE 中,访问结构被嵌入用户密钥当中,密文对应于一个属性集合而密钥对应于一个访问结构,当且仅当属性集合中的属性能够满足此访问结构时用户才可以解密。KP-ABE 使用树状访问控制结构,用户可以自行制定访问策略,其中密钥采用树状访问策略,密文属性与树的叶节点相关。

KP-ABE 有如下四个算法。

(1) 设置(setup):由授权中心运行,输入一个隐藏的安全参数,输出公钥 PK 和一个主私钥 MK。

(2) 密钥生成(KeyGen):输入访问结构树 A、主密钥 MK、公钥 PK,输出用户私钥 SK。

(3) 加密(Encrypt):输入一个消息 M、一组属性 Y、公钥 PK,输出密文 E。

(4) 解密(Decrypt):基于属性组 Y 加密的密文 E,对应访问结构 A 的解密密钥 D,公开参数 PK。如果 $Y \in A$,输出消息 M。

需要注意的是,$Y \in A$ 中的符号"$\in$"并不表示属于关系,它只是表示满足关系。假设用户的访问树策略为(P and (Q or R)),这里 P、Q、R 表示属性。如果密文中的属性集合为$\{P, Q\}$,用户可以正常解密。如果属性集合为$\{P, Q, S\}$,此时用户仍然可以正常解密。但是如果属性集合为$\{P, S\}$,则用户就无法解密出明文。KP-ABE 示例如图 10.8 所示。

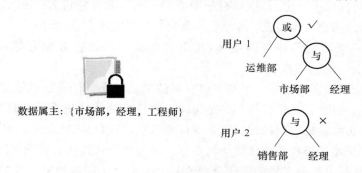

图 10.8　基于密钥策略的属性加密示例

KP-ABE 方案中每个用户的私钥都通过一个访问控制结构由密钥生成中心生成,用户密钥策略决定哪些密文可以被成功解密出明文。数据属主通过一个属性集合把明文加密成密文,如果属性集合满足用户的访问控制树,则用户可以解密该密文。

2. CP-ABE

KP-ABE 利用与门和或门实现了灵活的访问策略,但在实际运用中还有一些场景 KP-ABE 并不能满足,例如,数据属主在加密时就想指定哪些用户可以访问数据。为了更好地满足实际应用,Bethencourt 等人提出了 CP-ABE 方案。和 KP-ABE 不同,CP-ABE 将访问策略嵌入密文之中,密文对应于一个访问结构,而密钥对应于一个属性集合,当且仅当属性集合中的属性能够满足此访问结构时用户才可以解密。CP-ABE 示例如图 10.9 所示。

方案有以下四个算法。

(1) 设置:输入隐藏的安全参数,输出公开参数 PK 和一个主密钥 MK。

（2）加密：输入一个消息 M、一个访问结构 A、公开参数 PK，输出密文 E。

（3）密钥生成：输入一组属性 Y、主密钥 MK、公开参数 PK，输出一个解密密钥 D。

（4）解密：输入基于访问结构 A 加密的密文 E，对应属性组 Y 的解密密钥 D，公开参数 PK。如果 $Y \in A$，输出消息 M。

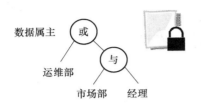

图 10.9　基于密文策略的属性加密示例

CP-ABE 方案中每个用户的私钥都通过一个属性集合由密钥生成中心生成，数据属主通过一个访问控制结构把明文加密成密文，在加密的同时就决定哪些人可以解密消息。如果用户的属性集合满足访问控制树，则用户可以解密该密文。

CP-ABE 应具有如下安全需求。

- 数据机密性：非授权用户（属性集不满足访问策略）通过私钥无法解密数据。即如果私钥对应的属性集不满足访问策略，那么在任何多项式时间算法下，用户从密文中获得有效信息的概率是可以忽略的。
- 抗共谋攻击：对于某个访问策略，有多个用户，每个用户的属性集都无法满足访问策略的要求，那么即使这些用户合作也无法解密。

10.5.4　基于代理重加密的云数据共享

在一些云存储实际应用中，加密数据需要安全地共享给用户并保护用户的隐私。如邮件转发系统中，发送者用 Alice 的公钥加密邮件，将密文发送给 Alice 并存储在邮件服务器中，然而 Alice 可能由于某些原因无法及时处理这些邮件，她希望邮件服务器能够将这些密文转发给秘书 Bob 来处理。由于这些密文是使用 Alice 的公钥加密的，Bob 无法解密这些密文。一个直接的解决办法是 Alice 将她的私钥发送给邮件服务器，邮件服务器首先对这些邮件进行解密得到相关的明文信息，然后再用 Bob 的公钥来加密这些明文信息并将相应的密文转发给 Bob，Bob 就可以用自己的私钥来解开这些密文。然而，上述这种方法存在一定的缺陷，首先，用户 Alice 仅仅是希望邮件服务器将自己的密文转化成 Bob 的密文，并不希望邮件服务器能够获取相关的明文信息，尤其是当邮件服务器被攻击者捕获时，相应的明文信息就会被泄露；其次，将自己的私钥发送给邮件服务器会给 Alice 带来安全隐患，特别是当邮件服务器被攻击者捕获时，不仅仅明文信息会被泄露，同时用户 Alice 的私钥也将被泄密。因此如何能够将用户 Alice 的密文在不解密的基础上转化成 Bob 的密文，同时不泄露用户 Alice 的密钥和相应的明文成为一个很有挑战的问题。

代理重加密在传统的公钥加密体制中加入一个代理者，代理者能够在 Alice 授权的基础上，将 Alice 的密文在不解密的情况下转化成 Bob 的密文，并且代理者并不能够获取相应的明文信息。这样既保护了 Alice 的密钥信息，同时也保证了明文信息的安全性。

云计算中使用代理重加密的主要步骤（如图 10.10 所示）如下。

图 10.10 云计算中使用代理重加密示意图

（1）用户 A 使用代理者云计算服务商的公钥加密消息 m，生成密文 c_A，并传输到云上。

（2）A 想与用户 B 共享数据，A 获取用户 B 的公钥 pk_B。

（3）A 利用自己的公/私钥对 (pk_A,sk_A) 和 B 的公钥 pk_B 生成代理重加密密钥 $rk_{A\to B}$ 并发送到云端。

（4）云计算服务商用代理重加密密钥 $rk_{A\to B}$ 将 A 的密文 c_A 转换成针对 B 的密文 c_B。

（5）B 从云端下载密文 c_B 后使用私钥 sk_B 对密文解密获得明文 m。

一个代理重加密（Proxy Re-Encryption，PRE）方案可由算法 KeyGen、ReKey、Encrypt、ReEncrypt、Deceypt 构成。

（1）$KeyGen(1^k)\to(pk_i,sk_i)$：输入安全参数 1^k，密钥生成算法 KeyGen 为用户 i 输出一对公/私钥 (pk_i,sk_i)。

（2）$ReKey(pk_A,sk_A,pk_B)\to rk_{A\to B}$：输入 Alice 的公/私钥对 (pk_A,sk_A) 和 Bob 的公钥 pk_B，代理重加密密钥生成算法 ReKey 输出一个代理重加密密钥 $rk_{A\to B}$。这里，Alice 为委托者，Bob 为被委托者。

（3）$Encrypt(pk_i,m)\to c_i$：输入用户 i 公钥的 pk_i 和消息 m，加密算法 Encrypt 输出消息 m 的密文 c_i。

（4）$ReEncrypt(rk_{A\to B},c_A)\to c_B$：输入一个代理重加密密钥 $rk_{A\to B}$ 和 Alice 的密文 c_A，代理重加密算法 ReEncrypt 输出针对 Bob 的重加密密文 c_B。

（5）$Deceypt(sk_i,c_i)\to m$：输入用户 i 的私钥 sk_i 和密文 c_i，解密算法 Deceypt 输出消息 m 或表明密文 c_i 不合法的错误符号。

10.5.5 云计算环境下的外包计算

外包计算是利用强大的云计算能力解决客户端能力受限的有效方案。在云计算环境中，计算能力和存储资源受限的用户终端可以将复杂的计算任务外包给云服务器处理，云服务器按要求完成相应的计算后，将计算结果返回给用户。然而，首先，在云计算环境下，找到一个完全可信的云服务器是不可能的。而计算任务往往包括一些不能泄露给云服务器的敏感信息。其次，由于云服务器不可完全信赖，它可能会给用户返回不正确的输出，所以如何验证计算结果的正确性具有非常重要的意义。最后，验证算法必须高效，即验证算法不能涉及更为复杂的运算，也不能需要海量的存储资源。如果验证运算与外包计算任务本身的复杂度相当，则外包计算就失去了意义。

安全外包计算需要解决两个问题，一是将计算任务外包时能够保护用户不泄露敏感数据隐私(包括计算函数本身的隐私),二是能够获得正确的计算结果,并且保证计算结果的隐私性。

安全外包计算的一般做法是:通过对数据和计算函数进行拆分,把每一部分数据和计算函数交给不同的计算服务器进行计算,最后把每一部分的结果汇总得到最终结果。外包时对数据进行加密和对计算函数转换,让计算服务器对加密过的数据进行相应的运算,然后对返回结果进行解密得到最终结果。目前主要集中在利用比较简单的同态加密技术和秘密分享以及安全多方计算的思想,对具体的外包计算任务设计具体的安全外包方案,如模指数运算的外包计算、矩阵运算的外包计算、线性规划问题的安全外包、数据挖掘的安全外包等。为了防止不可信服务器的欺骗行为,外包计算需要具有可验证性,即用户对服务器返回的计算结果可以验证其正确性。

一个安全外包计算方案需要满足的安全性质如下。

(1) 机密性:云服务器不能知道计算任务的输入和最终的计算结果(在有些情况下外包函数也必须要保密)。

(2) 可验证性:云服务器是不可完全信赖的,用户必须能够以不低于一定的概率检测出云服务器的作弊行为,即能够以不可忽略的概率验证计算结果的正确性。

(3) 高效性:验证算法不能涉及更为复杂的运算,也不能需要海量的存储资源,验证算法必须高效。

安全外包计算的发展趋势主要有两个大方向:一是对具体的外包计算设计计算开销、通信开销和验证开销小的协议,二是研究高效实用的全同态加密方案。

同态加密是一类具有特殊属性的加密方法,与一般加密算法相比,同态加密除了能实现基本的加密操作之外,还能实现密文间的多种计算功能,即先计算后解密等价于先解密后计算。利用同态加密可以先对密文进行计算之后再解密。

本质上,同态加密是指这样一种加密函数,对明文进行环上的加法和乘法运算再加密,与加密后对密文进行相应的运算,结果是等价的。由于这个良好的性质,人们可以委托第三方对数据进行处理而不泄露信息。具有同态性质的加密函数是指两个明文 a、b 满足 $\mathrm{Dec}(\mathrm{En}(a) \odot \mathrm{En}(b)) = a \oplus b$ 的加密函数,其中 En 是加密运算,Dec 是解密运算,$\oplus$、$\odot$ 分别对应明文和密文域上的运算。当 $\oplus$ 代表加法时,称该加密为加同态加密;当 $\oplus$ 代表乘法时,称该加密为乘同态加密。

全同态加密是指同时满足加同态和乘同态性质,可以进行任意多次加和乘运算的加密函数。即 $\mathrm{Dec}(f(\mathrm{En}(m_1), \mathrm{En}(m_2), \cdots, \mathrm{En}(m_k))) = f(m_1, m_2, \cdots, m_k)$,称加密方案对运算 f 同态。全同态加密方案这一概念首先由 Rivest、Adleman 和 Detouzos 提出,直到 2009 年,Gentry 设计出第一个全同态加密方案。

10.6　物　联　网

物联网(Internet of Things,IoT)是指通过信息传感器、射频识别技术、全球定位系统、红外感应器、激光扫描器等各种装置与技术,实时采集任何需要监控、连接、互动的物体或过程,采集各种需要的信息,通过各类可能的网络接入,实现物与物、物与人的泛在连接,实现对物品和过程的智能化感知、识别和管理。无线射频识别(Radio Frequency Identification,RFID)是物联网的主要组成部分，其安全性也开始受到重视。由于 RFID 系统受到生产成本、计算能力、存储容量、电源供电等方面的限制，设计安全性能好、实施效率高和花费成本低的安全认证协议成为一个具有挑战性的问题。

10.6.1 RFID 系统的基本构成

RFID 是一种非接触式自动识别技术。低成本的 RFID 系统目前广泛应用于资产管理、追踪、防伪、匹配、过程控制、访问控制、自动付费、供应链管理。RFID 系统一般由三部分组成：RFID 标签（Tag）、RFID 标签读写器及后端数据库（或称后端服务器）。标签具有存储与计算功能，可附着或植入手机、护照、身份证、人体、动物、物品、票据中，存储在标签中的数据用于唯一标识被识别对象。RFID 系统如图 10.11 所示。

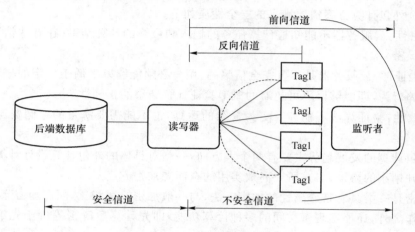

图 10.11　RFID 系统的基本构成

1. 标签（Tag）

标签也被称为电子标签或职能标签，它是带有天线的芯片，芯片中存储有能够识别目标的信息。RFID 标签具有持久性、信息传播穿透性强、存储信息容量大、种类多等特点。有些 RFID 标签支持读写功能，目标物体的信息能随时被更新。标签没有微处理器，仅由数千个逻辑门电路组成。因此，很难在 RFID 标签上使用公钥密码。

根据标签的能量来源，可以将其分为三大类：被动式标签、半被动式标签和主动式标签。其特点如表 10.3 所示。

表 10.3　被动、半被动和主动式标签

	被动式标签	半被动式标签	主动式标签
能量来源	被动式	内部电池	内部电池
发送器	被动	被动	主动
最大距离	10 m	100 m	1 000 m

被动式标签内部不带电池，要靠外界提供能量才能正常工作，也就是说需要从读写器发送的无线电波中获取动力。被动式标签具有永久的使用期，常常用在标签信息需要每天读写或频繁读写多次的地方，而且被动式标签支持长时间的数据传输和永久性的数据存储。被动标签比主动标签轻便、便宜、寿命长，但它的传送距离短且需要更高功率的读写器，灵敏度和定位

性能受限于读写器,存储数据的容量和抗噪声性能有限。

半主动式标签本身也带有电池,只起到对标签内部数字电路供电的作用,但是标签并不通过自身能量主动发送数据,只有被阅读器的能量场"激活"时,才通过反向散射调制方式传送自身的数据。

主动式标签的动力来自内部电池,是典型的可读写设备,使用电池意味着一个密封的主动标签寿命有限。主动式标签主要用于有障碍物的应用中。和被动式标签相比,主动式标签传送距离更远,速度更快,抗噪声更好,使用相同频率时,数据传输速率更高,但体积大,价格高。

根据射频标签内部使用的存储器类型的不同可分成三种:可读写标签(RW)、一次写入多次读出标签(WORM)和只读标签(RO)。RW 标签一般比 WORM 标签和 RO 标签贵得多,如信用卡等。WORM 标签是用户可以一次性写入的标签,写入后数据不能改变,WORM 标签比 RW 标签要便宜。RO 标签存有一个唯一的号码 ID,不能修改,但最便宜。

2. 读写器(Reader)

读写器实际上是一个带有天线的无线发射与接收设备,它的处理能力、存储空间都比较大。读写器分为手持和固定两种。由于 RFID 标签的非接触特点,须借助位于应用系统和标签之间的读写器来实现数据读写功能,从而通过计算机应用软件对 RFID 标签写入信息或者读取标签所携带的数据信息。

读写器到标签之间的信道叫作前向信道(Forward Channel),而标签到读写器之间的信道叫作反向信道(Backward Channel)。由于读写器与标签的无线功率差别很大,前向信道的通信范围远远大于反向信道的通信范围。

3. 后端数据库(Back-End Database)

后端数据库可以是运行于任意硬件平台的数据库系统,通常假设其计算和存储能力强大,并包含所有标签的信息。通常假设标签和读写器之间的通信信道是不安全的,而读写器和后端数据库之间的通信信道则是安全的。

在 RFID 系统中,阅读器发射电磁波,而此电磁波有其辐射范围,当电子标签进入此电磁波辐射范围时,电子标签将阅读器所发射的微小电磁波能量存储进而转换成电路所需的电能,并且将存储的识别资料以电磁波的方式传送给阅读器作确认及后续控制动作。

10.6.2 RFID 系统的安全需求

应用 RFID 系统存在一些需要解决的问题,如读写设备的可靠性、成本、数据的安全性、个人隐私的保护和与系统相关的网络的可靠性、数据的同步等。一般来说,一个安全的 RFID 系统应满足以下安全需求。

1. 数据安全

由于任何实体都可读取标签,因此敌手可将自己伪装成合法标签,或者通过进行拒绝服务攻击,从而对标签的数据安全造成威胁。RFID 系统读取速度快,可以迅速对超市中所有商品进行扫描并跟踪变化,从而窃取用户商业机密。例如,竞争者收集某企业供应链中的数据,而这些数据对该企业来说又是至关重要的。

2. 互认证

保证标签和读写器双方都能够对对方的身份有效性进行验证。

3. 隐私

将标签 ID 和用户身份相关联,从而侵犯个人隐私。未经授权访问用户对标签拥有的信息,从而得到用户在消费习惯、个人行踪等方面的隐私。和隐私相关的安全问题主要包括信息泄露和追踪。

在获取标签信息之后可对 RFID 系统进行各种非授权使用,标签可泄露相关物体和用户信息,比如护照、身份证、处方等。例如,贵重物品标签持有者可能成为强盗的目标,个人医药信息被他人所知有可能引起纠纷。

通过标签的唯一标识符进行恶意追踪,敌手可在任何地点、任何时间追踪识别某个固定标签,侵犯用户隐私。通过追踪标签,敌手可追踪并识别用户。用户追踪问题很难解决,这是因为我们必须更新标签的每一个响应以逃避追踪,而合法用户又能轻易识别标签。此外,由于标签的计算能力较低,这也导致难以抵抗追踪。

标签应具有不可关联性,即攻击者不能确认当前的标签是否是他曾经遇见过的标签。因为即使攻击者得到的消息没有具体的含义,但是如果攻击者能对这些信息进行区分,那么就可以据此对消息发送方进行追踪,或有针对性地收集信息。

4. 抗拒绝服务攻击

攻击者不能使得当前的 RFID 系统进入拒绝服务状态,如标签不被系统识别。

5. 复制

约翰斯·霍普金斯大学和 RSA 实验室的研究人员指出,RFID 标签中存在的一个严重安全缺陷是标签可被复制。利用读写器和附有 RFID 标签的设备就能轻而易举地完成标签复制工作。例如,使用特制设备伪造标签应答欺骗读写器,以制造物品存在的假象。

10.6.3　RFID 认证协议

当前,实现 RFID 安全性机制所采用的方法主要有三大类:物理方法、密码机制以及二者的结合。使用物理方法来保护 RFID Tag 安全性的方法主要有如下几类:Kill 命令机制、静电屏蔽、主动干扰以及阻止标签等方法。这些方法主要用于一些低成本的 Tag 中,因此难以采用复杂的密码机制来实现与 Tag 读写器之间的安全通信。

- Kill 标签:由标准化组织 Auto-ID Center 提出的 Kill 标签是解决信息泄露的一个最简单方法。它从物理上毁坏 Tag,一旦对 Tag 实施了 Kill 毁坏命令,Tag 便不可能再被重用。例如,结账时禁用附着于商品上的标签。缺点是 RFID 标签标识图书馆中的书籍,当书籍离开图书馆后这些标签是不能被禁用的,这是因为当书籍归还后需要使用相应的标签再次标识书籍。此外,难以验证是否真正对标签实施了 Kill 操作。

- Sleeping 标签:让标签处于睡眠状态,而不是禁用,以后可使用唤醒口令将其唤醒。困难在于一个唤醒口令需要和一个标签相关联,于是这就需要一个口令管理系统。但是,当标签处于睡眠状态时,没有可能直接使用 air interface 将特定的标签和特定的唤醒口令相关联。因此,需要另一种识别技术,如条形码,以标识用于唤醒的标签。

- Blocking 标签:隐私 bit"0"表示标签接受非限制的公共扫描;隐私 bit"1"表示标签是私有的。以 bit"1"开头的标识符空间指定为隐私地带(Privacy Zone)。当标签生产出来,并且在购买之前,即在仓库、运输汽车、储存货架的时候,标签的隐私 bit 置为"0"。换句话,任何阅读器都可扫描它们。当消费者购买了使用 RFID 标签的商品时,销售终端设备将隐私 bit 置为"1",让标签处于隐私地带。

- 法拉第网罩:防止标签被追踪的另一物理方法是使用"静电屏蔽"(法拉第网罩)。由于无线电波可被传导材料做成的容器屏蔽,法拉第网罩将贴有 RFID 标签的商品放入由金属网罩或金属箔片组成的容器中,从而阻止标签和读写器通信。由于每件商品都需要使用一个网罩,该方法难以大规模实施。

- 主动干扰:标签用户通过一个设备主动广播无线电信号用于阻止或破坏附近的 RFID 读写器操作。但该方法可能干扰附近其他合法的 RFID 系统,甚至阻断附近其他使用无线电信号的系统。

与基于物理方法的物理安全机制相比,基于密码技术的安全机制受到人们更多的青睐,其主要研究内容则是利用各种成熟的密码方案和机制来设计和实现符合 RFID 安全需求的密码协议。目前,已经提出了多种 RFID 安全协议,如 Hash-Lock 协议、随机化 Hash-Lock 协议、Hash 链协议等。但是,现有的大多数 RFID 协议都存在着各种各样的缺陷。

我们用 H 和 G 来表示两个不同的抗碰撞的安全杂凑函数,f 表示一个安全的伪随机函数。

1. Hash-Lock 协议

Hash-Lock 协议是由 Sarma 等人提出的,为了避免信息泄露和被追踪,它使用 metaID 来代替真实的标签 ID。其协议流程如图 10.12 所示。

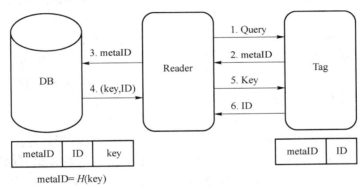

图 10.12　Hash-Lock 协议

Hash-Lock 协议的执行过程如下。

(1) Tag 读写器向 Tag 发送 Query 认证请求。

(2) Tag 将 metaID 发送给 Tag 读写器。

(3) Tag 读写器将 metaID 转发给后端数据库。

(4) 后端数据库查询自己的数据库,如果找到与 metaID 匹配的项,则将该项的(key, ID)发送给 Tag 读写器,其中 ID 为待认证 Tag 的标识,metaID＝H(key);否则,返回给 Tag 读写器认证失败的信息。

(5) Tag 读写器将从后端数据库接收的部分信息 key 发送给 Tag。

(6) Tag 验证 metaID＝H(key)是否成立,如果成立,则将其 ID 发送给 Tag 读写器。

(7) Tag 读写器比较自 Tag 接收到的 ID 是否与后端数据库发送过来的 ID 一致,若一致,则认证通过;否则,认证失败。

从上述过程可以看出,Hash-Lock 协议中没有 ID 动态刷新机制,并且 metaID 也保持不变,ID 是以明文的形式通过不安全的信道传送,因此 Hash-Lock 协议非常容易受到假冒攻击和重传攻击,攻击者也可以很容易地对 Tag 进行追踪。也就是说,Hash-Lock 协议完全没有达到其安全目标。

2. 随机化 Hash-Lock 协议

随机化 Hash-Lock 协议由 Weis 等人提出，它采用了基于随机数的询问-应答机制，其协议流程如图 10.13 所示。

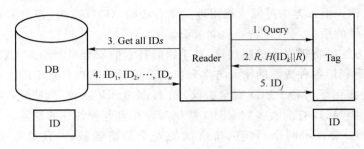

图 10.13　随机化 Hash-Lock 协议

随机化 Hash-Lock 协议的执行过程如下。

（1）Tag 读写器向 Tag 发送 Query 认证请求。

（2）Tag 生成一个随机数 R，计算 $H(\mathrm{ID}_k \parallel R)$，其中 ID_k 为 Tag 的标识。Tag 将 $(R, H(\mathrm{ID}_k \parallel R))$ 发送给 Tag 读写器。

（3）Tag 读写器向后端数据库提出获得所有 Tag 标识的请求。

（4）后端数据库将自己数据库中的所有 Tag 标识（$\mathrm{ID}_1, \mathrm{ID}_2, \cdots, \mathrm{ID}_n$）发送给 Tag 读写器。

（5）Tag 读写器检查是否有某个 $\mathrm{ID}_j (1 \leqslant j \leqslant n)$，使得 $H(\mathrm{ID}_j \parallel R) = H(\mathrm{ID}_k \parallel R)$ 成立；如果有，则认证通过，并将 ID_j 发送给 Tag。

（6）Tag 验证 ID_j 与 ID_k 是否相同，如相同，则认证通过。

由以上过程可以看出，认证通过后的 Tag 标识 ID_j 仍以明文的形式通过不安全信道传送，因此攻击者可以对 Tag 进行有效的追踪。同时，一旦获得了 Tag 的标识 ID_j，攻击者就可以对 Tag 进行假冒。当然，该协议也无法抵抗重传攻击。因此，随机化 Hash-Lock 协议也是不安全的。另外，每一次 Tag 认证时，后端数据库都需要将所有 Tag 的标识发送给读写器，二者之间的数据通信量很大，效率也就很低。故而，该协议不具有实用性。

3. Hash 链协议

本质上，Hash 链协议是基于共享秘密的询问-应答协议。但是，在 Hash 链协议中，当使用两个不同杂凑函数的 Tag 读写器发起认证时，Tag 总是发送不同的应答，其协议流程如图 10.14 所示。

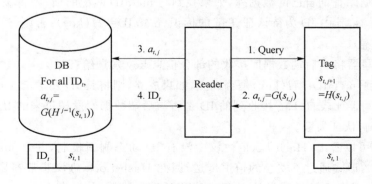

图 10.14　Hash 链协议

在系统运行之前,Tag 和后端数据库首先要共享一个初始秘密值 $s_{t,1}$,则 Tag 和 Tag 读写器之间执行第 j 次 Hash 链的过程如下。

(1) Tag 读写器向 Tag 发送 Query 认证请求。

(2) Tag 使用当前的秘密值 $s_{t,j}$,计算 $a_{t,j}=G(s_{t,j})$,并更新其秘密值为 $s_{t,j+1}=H(s_{t,j})$,Tag 将 $a_{t,j}$ 发送给 Tag 读写器。

(3) Tag 读写器将 $a_{t,j}$ 转发给后端数据库。

(4) 后端数据库系统针对所有的 Tag 数据项查找并计算是否存在某个 $\mathrm{ID}_t(1\leqslant t\leqslant n)$ 以及是否存在某个 $j(1\leqslant j\leqslant m)$,其中 m 为系统预设置的最大链长度,使得 $a_{t,j}=G(H^{j-1}(s_{t,1}))$ 成立。如果有,则认证通过,并将 ID_t 发送给 Tag;否则,认证失败。

由上述流程可以看出,Hash 链协议是一个单向认证协议,即它只能对 Tag 身份进行认证。容易受到重传和假冒攻击,只要攻击者截获某个 $a_{t,j}$,它就可以进行重传攻击,伪装 Tag 通过认证。此外,每一次 Tag 认证发生时,后端数据库都要对每一个 Tag 进行 j 次杂凑运算,计算量相当大。同时,该协议需要两个不同的杂凑函数,也增加了 Tag 的制造成本。

4. David 的数字图书馆 RFID 协议

David 等人提出的数字图书馆 RFID 协议使用基于预共享秘密的伪随机函数来实现认证,其协议流程如图 10.15 所示。

系统运行之前,后端数据库和每一个 Tag 之间需要预先共享一个秘密值 s,该协议的执行过程如下。

(1) Tag 读写器生成一秘密随机数 R_R,向 Tag 发送 Query 认证请求,将 R_R 发送给 Tag。

(2) Tag 生成一个随机数 R_T,使用自己的 ID 和秘密值 s 计算 $\sigma=\mathrm{ID}\oplus f_s(0,R_R,R_T)$,Tag 将 (R_T,σ) 发送给 Tag 读写器。

(3) Tag 读写器将 (R_T,σ) 转发给后端数据库。

(4) 后端数据库检查是否有某个 $\mathrm{ID}_i(1\leqslant i\leqslant n)$,使得 $\mathrm{ID}_i=\sigma\oplus f_s(0,R_R,R_T)$ 成立;如果有,则认证通过,并计算 $\beta=\mathrm{ID}_i\oplus f_s(1,R_R,R_T)$,然后将 β 发送给 Tag 读写器。

(5) Tag 读写器将 β 转发给 Tag。

(6) Tag 验证 $\mathrm{ID}=\beta\oplus f_s(1,R_R,R_T)$ 是否成立,若成立,则认证通过。

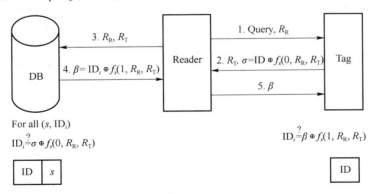

图 10.15　David 的数字图书馆 RFID 协议

到目前为止,还没有发现该协议具有明显的安全漏洞。但是,为了支持该协议,必须在 Tag 电路中包含实现随机数生成以及安全伪随机函数的两大功能模块,故而该协议不适用于低成本的 RFID 系统。

5. 分布式 RFID 询问-应答认证协议

Rhee 等人提了一种适用于分布式数据库环境的 RFID 认证协议，它是典型的询问-应答型双向认证协议，其协议流程如图 10.16 所示。

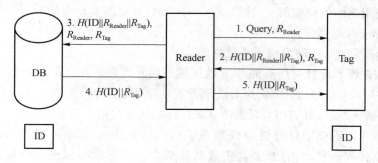

图 10.16　分布式 RFID 询问-应答认证协议

该分布式 RIFD 询问-应答协议的执行过程如下。

（1）Tag 读写器生成一秘密随机数 R_{Reader}，向 Tag 发送 Query 认证请求，将 R_{Reader} 发送给 Tag。

（2）Tag 生成一随机数 R_{Tag}，计算 $H(\text{ID} \parallel R_{Reader} \parallel R_{Tag})$，其中 ID 为 Tag 的标识。Tag 将 $(H(\text{ID} \parallel R_{Reader} \parallel R_{Tag}), R_{Tag})$ 发送给 Tag 读写器。

（3）Tag 读写器将 $(H(\text{ID} \parallel R_{Reader} \parallel R_{Tag}), R_{Reader}, R_{Tag})$ 发送给后端数据库。

（4）后端数据库检查是否有某个 $\text{ID}_j (1 \leqslant j \leqslant n)$，使得 $H(\text{ID}_j \parallel R_{Reader} \parallel R_{Tag}) = H(\text{ID} \parallel R_{Reader} \parallel R_{Tag})$ 成立；如果有，则认证通过，并将 $H(\text{ID}_j \parallel R_{Tag})$ 发送给 Tag 读写器。

（5）Tag 验证 $H(\text{ID}_j \parallel R_{Tag})$ 与 $H(\text{ID} \parallel R_{Tag})$ 是否相同，如相同，则认证通过。

到目前为止，也没有发现该协议有明显的安全漏洞或缺陷。但是，每执行一次认证协议需要 Tag 进行两次杂凑运算。Tag 电路中自然也需要集成随机数发生器和杂凑函数模块，因此它也不适合于低成本 RFID 系统。

6. 基于时间戳和消息验证码的 YA-TRAP 协议

YA-TRAP 协议（如图 10.17 所示）后端数据库存储预计算的 Hash 查找表（如表 10.4 所示），认证时不再进行 Hash 计算，增强了实时性，其缺点是存在拒绝服务攻击。

Database	Reader	Tag
Database field ［Hash 查找表］		Tag field $[K_i][T_0][\text{PRNG}_i^j]$
	choose T_r ——T_r→	If $(T_r - T_t \leqslant 0)$ or $(T_r > T_{\max})$ $H_r = \text{PRNG}_i^j$ Else
Let $s = \text{Lookup}(\text{Hash\_Table}_{T_r}, H_r)$		$\{\ T_t = T_r,$
If$(s == -1)$	←T_r, H_r—— ←H_r——	$H_r = \text{HMAC}_{K_i}(T_t)\ \}$
MSG $=$ TAG_ERROR		
Else		
MSG $= G(K_s)$		
(or MSG $=$ "VALID")		
	——MSG—→	

图 10.17　YA-TRAP 协议

表 10.4 Hash 查找表

	K_1	K_2	...	K_n
$T_s=1$	$h_{1,1}$	$h_{1,2}$	...	$h_{1,n}$
$T_s=2$	$h_{2,1}$	$h_{2,2}$	...	$h_{2,n}$
...	...	...	...	...
$T_s=i$	$h_{i,1}$	$h_{i,2}$	...	$h_{i,n}$

10.7 量子密钥分发

量子密码学是密码学与量子力学相结合发展而成的保密通信理论。与经典密码不同的是,量子密码的安全性不是基于数学假设,而是由量子力学基本原理保证。在经典通信中,人们是通过数学方法对信息进行加密的。但随着计算机计算能力的提升,特别是量子计算机的研制不断成熟,基于数学问题复杂性的经典密码遭受到严重威胁。

量子密码系统是以量子态为信息载体实现通信,其安全性取决于信息载体的物理属性。根据量子力学性质,在量子密码系统中,若窃听者对量子信息载体进行窃听,则必然会产生干扰,从而这种窃听行为被合法通信者发现。量子密码学的研究内容涉及量子密钥分发(Quantum Key Distribution,QKD)、量子安全直接通信、量子密码安全多方协议等方面。本节介绍量子密钥分发。

10.7.1 量子密码基础

量子力学系统所处的状态称为量子态。在经典信息论中,信息量的基本单位是比特,它对应 0 或 1 这两个可能的状态;类似地,量子信息论中,称量子比特(Qubit)是量子信息的基本单位。

量子密码的两个基本特征是无条件安全性和对窃听的可检测性。这些特征依赖于量子系统的测不准性、不可克隆性和测量塌缩原理。

- 量子测不准原理:测不准原理描述两个不可同时精确测量的变量之间的相互影响。在进行观测时,对其中一组量的精确测量必然导致另一组量的完全不确定。例如,我们不可能同时测量粒子的位置和速率,测量其中一个值就会破坏对另外一个值的测量。量子比特的不可精确测量性是由测不准原理所决定的。对于经典比特,任何条件下的经典比特都能够被精确测定,而对于量子比特,若测量基不合适,不可能对该量子比特获取精确的信息。
- 量子不可克隆定理:量子不可克隆定理指出不可能在不损坏原量子比特的基础上,精确翻版出一个完全相同的新的量子比特。在量子力学中,不存在这样一个物理过程:实现对一个未知量子态的精确复制,使得每个复制态与初始量子态完全相同。虽然量子比特不可克隆,但却可以复制。这里,复制是指对原量子比特的无限逼真过程,复制结果的保真度小于 1,但可逼近 1。
- 测量塌缩原理:对一个由测量量的多个本征态叠加起来的态进行测量时,这个态会塌缩成其中的一个本征态。除非该量子态本身即为测量算符的本证态,否则对量子态进行测量会导致"塌缩",即测量会改变量子本身的状态。

我们知道,光子在行进当中不断地振动。光子振动的方向是任意的,既可能沿垂直方向振动,也可能沿水平方向振动,更可能沿某一倾斜方向振动,通常的灯光、太阳光等都是非偏振光。当一大群光子沿同一方向振动时,就形成偏振光,偏振滤光器的作用是:只允许沿特定方向偏振的光子通过,并吸收其余的光子。

非偏振光通过垂直偏振滤光器后,只有沿垂直方向偏振的光子才能通过,其余的光子被吸收。若偏振滤光器倾斜 α 角,倾斜角为 α 的偏振光子通过,其余的光子被吸收。每个光子都有突然改变偏振方向并使这个偏振方向与偏振滤光器的倾斜方向一致的可能性。

设光子的偏振方向与偏振滤光器的倾斜方向之偏差为角 α。当 α 很小时,光子通过偏振滤光器的概率很大;当 $\alpha=90°$ 时,这一概率为 0;当 $\alpha=45°$ 时,这一概率为 1/2。这个重要性质是量子密码学应用的基础。

以＋表示偏振滤光器为水平或垂直方向,以×表示偏振滤光器为对角线方向。以↔表示水平方向光子,以↕表示垂直方向光子,以↗表示 45°角方向光子,以↘表示 135°角方向光子。若用于测量偏振态的滤光器的方向为＋,当所测光子是水平或垂直方向时,光子能完全通过;当所测光子是 45°角方向光子或者 135°角方向光子时,偏振滤光器不能精确测量光子态,光子被测成水平或垂直态的概率各为一半。

量子力学的规律只允许我们同时测量沿 45°对角线方向或沿 135°对角线方向的偏振光,或同时测量沿水平方向或垂直方向的偏振光。但是,不允许我们同时测量沿上述 4 个方向的偏振光,测量其中一组就会破坏对另一组的测量。

10.7.2　BB84 协议

1984 年,Bennett 和 Brassard 提出了首个量子密钥分发协议——BB84 协议。BB84 协议以单粒子为载体,易于实现,它已被证明拥有无条件安全性。2016 年 8 月,我国发射了量子科学实验卫星"墨子号",进行经由卫星中继的"星地高速量子密钥分发实验",并在此基础上进行"广域量子通信网络实验",在空间量子通信实用化方面取得了重大突破;进行了"星地双向纠缠分发实验"与"空间尺度量子隐形传态实验",开展空间尺度量子力学完备性检验的实验研究。

量子密钥分发是指两个或多个合法通信者在公开的量子信道利用量子效应或原理获得秘密信息(量子密钥)的过程,不像经典密码系统中分发密钥需要通过安全信道。量子密钥分发使通信双方能够产生并分享一个随机、安全的密钥。任何对量子系统的测量都会对系统产生干扰,一旦第三方试图窃听密码,通信双方会以一定的概率察觉到。

BB84 协议的实现需要两个信道:经典信道和量子信道。经典信道要能有效地供发送方 A 和接收方 B 进行一些必要的信息交换,量子信道用于传输具有随机性的量子态。

在初始状态,两个准备通信的用户 A 和 B 之间没有任何共享的秘密信息。A 和 B 利用量子信道传送随机比特流,然后在通常的信道上判断这个比特流是否适宜作共享密钥。

A 和 B 事先约定好编码规则,例如令 45°对角线方向↗偏振的光子和水平方向↔偏振的光子编码为 0,135°对角线方向↘和垂直方向↕偏振的光子编码为 1。用×表示偏振滤光器的方向为对角线方向,用+表示水平或垂直方向。量子密钥分发步骤(如表 10.5 所示)如下。

表 10.5　一个具体的量子密钥分配协议

1. 量子传输																
(1) A 随机选择比特流	0	1	1	0	1	1	0	0	1	0	1	1	0	0	1	0
(2) A 随机设置偏振滤光器	×	+	×	+	+	+	+	+	×	×	+	×	×	×	+	+
(3) A 发送相应的光子流	↗	↕	↘	↔	↕	↕	↔	↔	↘	↗	↕	↘	↗	↗	↕	↔
(4) B 随机设置偏振滤光器	+	×	×	+	+	×	×	+	×	×	×	×	×	×	+	×
(5) B 收到的比特流	1		1		1	0	0	0			1	1	0		1	1
2. 公开讨论																
(6) B 说明相关偏振滤光器的设置	+		×		+	×	×	+			×	×	×		+	×
(7) A 说明正确的偏振滤光器设置			OK		OK			OK				OK	OK		OK	
(8) 未窃听时可共享的比特流			1		1			0				1	0		1	
(9) B 随机泄露若干位					1								0			
(10) A 进行验证					OK								OK			
3. 协议结果																
(11) 最后生成的秘密共享比特流			1					0				1			1	

(1) A 随机地选择比特流

$$0,1,1,0,1,1,0,0,\cdots$$

(2) A 随机地设置偏振滤光器的方向

$$\times,+,\times,+,+,+,+,+,\cdots$$

(3) 按约定好的编码规则,A 向 B 发送光子流

$$\nearrow,\updownarrow,\searrow,\leftrightarrow,\updownarrow,\updownarrow,\leftrightarrow,\leftrightarrow,\cdots$$

(4) B 随机设置偏振滤光器的方向

$$+,\times,\times,+,+,\times,\times,+,\cdots$$

(5) B 实际收到比特流

$$1,1,1,0,0,0,\cdots$$

当 B 的设置与 A 的设置一致时,他将得到正确的结果。若 B 的设置与 A 的设置不同时,他将得到一个随机的结果,B 并不知道他所获得的结果中哪些比特是正确的。此外,光子可能会在传输中丢失,或偏振滤光器等测量设备不够灵敏没有检测到光子,致使 B 收到的光子脉冲会少于 A 发送的光子脉冲。

(6) B 通过公开信道告诉 A 他收到的比特流所对应的偏振滤光器的方向

$$+,\times,+,\times,\times,+,\cdots$$

(7) A 通知 B 哪些偏振滤光器的设置是与 A 的设置是一致的。

(8) B 根据 A 提供的信息,确定无窃听时可以共享的比特流为

$$1,1,0,1,0,1,\cdots$$

(9) 为防止量子信道被窃听,B 随机地泄露部分可用的比特流以供检验。

(10) 如果 A 验证有误,则重新执行上述密钥分配协议。如果验证无误,则继续。

(11) 如果 A 验证无误,则无窃听,A 和 B 同意使用余下的未被泄露的比特流

$$1,0,1,1,\cdots$$

作为 A 和 B 之间通信的共享密钥流。

B 随机设置的偏振滤光器与 A 的偏振滤光器相同的概率是 1/2，每次 A 向 B 发送 254 光子脉冲，如果量子信道无人窃听，则协议平均可以生成 128 位相同的比特，若使用 32 比特用来检测是否有窃听，那么当检测到无窃听时，使用余下的 96 比特作为双方通信的密钥。

在窃听者存在的情况下，由于窃听者与发送者设置的偏振滤光器相同的概率是 1/2，对于一个比特来说，窃听行为不被检测到的概率是 $1/2 + 1/4 = 3/4$，窃听者存在单个量子误码率是 1/4。当传输 n 个比特时，窃听行为不被检测到的概率为 $(3/4)^n$，被检测到的概率（即误码率）为 $1-(3/4)^n$。

任何攻击者的测量必定会带来对原来量子比特的扰动，而合法通信者可以根据测不准原理检测出该扰动，从而检测出窃听的存在与否。窃听者若要捕获并测量 A 发送的光子脉冲，再发送同样的光子脉冲给 B，但由于窃听者只能以 1/2 的概率猜对 A 的偏振滤光器的设置，因而一定会在发送给 B 的光子脉冲中引入错误，在协议的第(10)步，A 与 B 通过公开信道交换部分筛后数据，比较误码率，如果误码率大于一定的阈值，A 则认为有窃听者存在。测不准原理和量子不可克隆定理保证了 BB84 协议的无条件安全性。

将 QKD 技术融入经典通信网络的应用中，一是 QKD 结合一次一密的加密技术，能达到无条件安全；二是将 QKD 技术生成的安全密钥用于其他需要使用密钥的加密算法，如 AES、DES。该方法适合于安全级别较低但通信速率要求较高的商业应用，如银行柜员机交易。

为满足实时通信的需要，人们首先要求 QKD 技术有较高的密钥生成率，较长的通信传输距离，并且能与经典通信信号共享信道。其次是多用户间通信，即利用量子路由和可信中继实现 QKD 组网技术。

习 题 10

1. 在电子现金协议中，如何既能保证不可追踪性（即保护用户"消费"的隐私），又能解决通过电子现金"洗钱"的问题？

2. 为什么离线电子现金协议比在线电子现金协议复杂？

3. 对于电子现金协议中的"货币找零"问题，你有什么好的建议？

4. 假设有三个交易，用户 Joe 给 Alice 支付钱款为交易 1，Alice 给 Bob 支付钱款为交易 2，Bob 给 Carol 支付钱款为交易 3。比特币交易示意图如图 10.2 所示。问：交易 2 中的签名是使用谁的私钥签名的？ 签名的内容是什么？ 节点如何验证交易 2 的合法性？

5. 如果 Alice 用 1 BTC、2.5 BTC 作为输入，要转给 Bob 的金额是 3 BTC，不考虑交易费用，则输出是什么？

6. 说明区块链的应用领域。

7. 在 KP-ABE 中，假设用户的访问树策略为 $(P \text{ or } (Q \text{ and } R))$，这里 P、Q、R 表示属性。如果密文中的属性集合为 $\{P\}$，用户是否能够解密？ 如果属性集合为 $\{Q, R, S\}$，此时用户是否可以正常解密？

8. 在 CP-ABE 中，数据的访问策略可直观地通过访问结构树来表达。在该树形结构中，包含叶子节点和非叶子节点。问：每个叶子节点关联的是什么？ 每个非叶子节点关联是什么？

9. 某公司的一个文件只能允许程序员或 CTO 并且拥有修改文件权限的员工查看，则文件加密者可以使用访问结构((程序员 or CTO) and 有修改文件的权限)和公钥来加密这个文件。Jacky 是该公司的一名程序员,他的属性集表示为(程序员,有修改文件的权限),Cheung 是该公司的一名项目经理,他的属性集表示为(项目经理,有修改文件的权限)。Jacky 和 Cheung 分别向授权机构提交各自的属性集,获得相对应的私钥。Jacky 和 Cheung 中谁能够解密该文件?

10. 考虑排序问题的外包计算,给出安全需求。

11. 图 10.18 给出的是一个量子密钥分发的实例,在没有窃听存在的情况下,双方共享的密钥是什么?

Alice's 比特值	1	0	0	1	0	1	1	1	0	1
Alice's 编码值	×	×	+	×	+	+	+	×	+	+
Alice's 偏振光子	↘	↗	↔	↘	↔	↕	↕	↗	↔	↕
Bob's 测量基	+	×	+	×	×	+	×	+	+	+
Bob's 测量结果	↔	↗	↔	*	↘	↕	↘	*	↔	↕
Bob's 比特值	0	0	0		1	1	1		0	1
Sifted key(相同基)		0	0			1			0	1

图 10.18 习题 11 用图

第11章
安全多方计算

安全多方计算（Secure Multi-Party Computation，SMPC）协议的目的是保证在分布式环境中各参与方以安全的方式来共同执行分布式的计算任务。该类协议的两个基本属性是保证协议的正确性和各参与方私有输入的秘密性。例如，电子选举协议、电子拍卖协议等都是安全多方计算协议的实例。

11.1 安全多方计算的概念

在安全多方计算协议中，一群人可在一起用一种特殊的方法计算含有许多变量的任何函数。这一群人中的每个人都知道这个函数的值，但除了函数输出的东西外，没有人知道关于任何其他成员输入的任何信息。安全多方计算协议主要包括如下 5 个方面。

（1）参与者

所谓参与者，就是提供输入、得到输出并且执行实际计算的各方。执行实际计算的参与者集合表示为 P，所有参与者（包括输入、输出和计算）的集合表示为 $\overline{P}$，P 和 $\overline{P}$ 没必要一定相等，但是一定有 $P \subset \overline{P}$。本章中所指的参与者是执行实际计算的参与者。参与者的联合表示为 P_I，执行协议的所有参与者表示为 $P_{[m]}$，其余参与者表示为 $P_{\bar{I}}$，其中 $I = \{i_1, i_2, \cdots, i_t\} \subset [m] \xlongequal{\text{def}} \{1, 2, \cdots, m\}$，$\bar{I} \xlongequal{\text{def}} [m] \backslash 1$。我们用 P_i 表示第 i 个参与者。还有一类参与者称为虚参与者，这类参与者与实际参与者没有联系，只是辅助概念，本文在讨论时不考虑这类参与者。

安全多方计算协议参与者的行为决定了安全多方计算协议设计的难易程度，根据参与者在协议中的行为，我们将参与者分为三种类型。

- 诚实参与者：在协议的执行过程中，诚实参与者完全按照协议的要求完成协议的各个步骤，同时对自己的所有输入、输出及中间结果保密。注意，诚实参与者可以根据自己的输入、输出及中间结果推导另外的参与者的信息。诚实参与者与半诚实参与者的区别仅在于诚实参与者不会被攻击者腐败。

- 半诚实参与者：在协议的执行过程中，半诚实参与者完全按照协议的要求完成协议的各个步骤，同时可能将自己的所有输入、输出及中间结果泄露给攻击者。

- 恶意参与者：在协议过程中，恶意参与者完全按照攻击者的意志执行协议的各个步骤，他不但将自己的所有输入、输出及中间结果泄露给攻击者，还可以根据攻击者的意图改变输入信息、中间结果信息，甚至终止协议。

（2）变量

全部的变量空间 X 包括协议执行过程中生成的所有变量，如输入、输出和本地数据（如共享)。协议在一次特定执行中每个变量都有一个特定的值。如本地变量,事实上是只有特定的参与者和参与者集合能看到的特定的值。用 $VIEW_i$ 表示参与者 P_i 的观察,参与者集合 P_I 的观察 $VIEW_I$ 是指 P_I 中所有参与者的观察的联合。看到一个变量和知道一个变量是不同的,如果变量 x 在参与者的观察中称参与者看到这个变量,如果参与者能够从他的观察值中计算出 x 称参与者知道这个变量。

(3) 攻击者

所谓攻击者或敌手,就是在安全多方计算协议中,企图破坏协议安全性或正确性的人。攻击者可以腐败参与者的一个子集。我们可以将攻击者看成一个计算机黑客,他可以破坏或控制参与者的计算机。

根据攻击者腐败的参与者的不同类型,攻击者可以分为两类:被动攻击者和主动攻击者。

① 被动攻击者:如果腐败者集合中的被腐败者都是半诚实参与者,即攻击者只能得到被腐败者的所有输入、输出及中间结果,那么称这个攻击者是被动攻击者,或称攻击者是被动的。被动攻击者不能改变被腐败者的输入及中间结果,也不能终止协议的运行。

② 主动攻击者:如果腐败者集合中的被腐败者有恶意参与者,即攻击者不但能得到被腐败者的所有输入、输出及中间结果,还能指示被腐败者改变输入信息、中间结果信息,甚至终止协议的运行。那么称这个攻击者是主动攻击者,或称攻击者是主动的。

(4) 网络条件

安全多方计算的参与者之间将通过一个网络相连,那么网络的状态和条件也将是我们的讨论对象。我们可以将网络分为同步网络和非同步网络两种情况进行讨论。

在一个同步网络中,所有的协议参与者都共享一个公共的、全局性的时钟。所有的信息将在某一个时钟周期内传送,而且所有协议的参与者都能在下一个时钟周期内得到传送给自己的信息。早期的多方计算协议都是在同步网络条件下讨论安全性的,但是同步网络不容易实现。

在一个非同步的网络中,由于不存在这样一个全局性的时钟,信息从参与者处发送出去,可能要经过若干个时钟以后,接收者才能收到这个信息,而且接收到信息的顺序很有可能不是原发送信息的顺序。这种同步和不同步的性质可以看作是攻击者的能力,即攻击者可能拥有控制网络中传送信息的延迟时间的能力。由于非同步网络更接近于真正的网络环境,现在绝大多数安全多方计算协议都是在非同步网络条件下来讨论安全性的。

(5) 通信信道

安全多方计算协议的各个参与者之间有通信信道相连,用来完成各自与外界的数据交换,针对协议的攻击者对于协议参与者之间通信信道的控制能力,我们可以把通信信道分为如下三个不同级别的安全等级。

① 安全信道:对于这种通信信道攻击者没有任何控制能力,所有诚实参与者之间的通信信息不会被攻击者窃听,也不会被攻击者恶意篡改。

② 非安全信道:也有文献称这种通信信道是认证的信道,顾名思义,通过这种信道传输的信息是要通过参与者之间相互认证的,攻击者只可以窃听任意协议参与者之间的通信,但是却不能篡改信息的内容。

③ 未认证的信道:攻击者对于这种通信信道有着完全的控制权,他不仅可以窃听所有协议参与者之间的通信信息,还可以任意篡改通信信息的内容,甚至伪装成诚实的参与者参与协议。

安全多方计算可以抽象概括成如下的数学模型：n 个协议的参与者 $P_1, \cdots, P_n$ 需要共同执行函数 $f(x_1, \cdots, x_m)$。其中 $S_{input} = \{x_1, \cdots, x_m\}$ 是函数的输入变量集，参与者 $P_i (i \in \{1, \cdots, n\})$ 提供函数的输入变量集 S_{P_i} 为 S_{input} 的某子集，满足 $\bigcup\limits_{P_i} S_{P_i} = S_{input}$，$S_{P_i} \bigcap S_{P_j} = \varnothing (i \neq j)$。要求函数计算过程中，任意的参与者 $P_i (i \in \{1, \cdots, n\})$ 的输入 S_{P_i} 不被其他 $P_j (j \neq 1)$ 知晓。

安全多方计算一般分为两种模型：半诚实模型与恶意模型。

- 半诚实模型：如果所有参与者都是半诚实或诚实的，称此模型为半诚实模型。半诚实模型中的攻击者是被动的。
- 恶意模型在：攻击者的腐败集中，有恶意参与者的模型称为恶意模型。即攻击者能完全控制腐败方的模型。恶意模型中的攻击者是主动的。

半诚实模型的安全多方计算较恶意模型的安全多方计算要容易得多，大多数情况下，如果协议中有恶意行为，协议得不到正确结果。要保证在恶意模型的计算中得到正确结果，需要使用较多的密码学技术。

密码学家们已经给出了大量关于安全多方计算可行性的结论。这些结论主要包括以下三点（n 表示参与者总数，t 表示腐败者总数）。

（1）如果 $t < n / 3$，那么在点对点网络中，任何函数的安全多方协议都是可获得的。这个协议是完全公平和保证输出传递的，并且在协议中不需要任何设置假设。

（2）如果 $t < n / 2$，假设参与者有权使用广播信道，那么任何函数的安全多方协议都是可获得的。这个协议是完全公平和保证输出传递的。

（3）如果 $t \geq n / 2$，假设参与者有权使用广播信道，另外假设陷门置换也是存在的，那么任何函数的安全多方协议都是可获得的。这个协议是部分公平的，但是不能保证输出传递。

11.2 安全多方计算的需求

根据攻击者的不同计算能力，定义了两种不同类型的安全。

- 无条件安全：如果协议中攻击者的计算能力是无限的，称协议的安全为无条件安全。
- 计算安全：如果协议中攻击者的计算能力是有限的（限制在多项式级），称协议的安全为计算安全。

无条件安全也称完全安全，计算安全也称有条件安全。显然，无条件安全的协议设计难于计算安全的协议设计。

11.2.1 安全多方计算的安全需求

安全多方计算协议中的安全需求是多样的，不同的安全多方计算会有不同的安全需求，目的就是确保一系列的安全特性。最核心的几个安全需求如下。

（1）保密性：任何一方都只能了解自己的信息。其他方的信息只能从自己的输入、输出及中间结果中去推导。

（2）正确性：保证每一方的输出都是正确的。

（3）输入独立性：腐败方不能影响诚实方的输入。

（4）确保输出发送：腐败参与者不能阻止诚实的参与者获得他们的输出。换句话说，就是攻击者不能采取拒绝服务攻击。

（5）公平性：当且仅当诚实的参与者获得他们的输出，腐败参与者才能获得他们的输出。腐败参与者获得他们的输出，而诚实的参与者没有获得他们的输出的情况是不允许出现的。这种情况也称为完全的公平性。如果即使诚实的参与者没有获得他们的输出，腐败参与者也能获得他们的输出，那么这种情况称为不公平性。介于两者之间的情况称为部分公平性。部分公平性满足下面的性质：存在一个特殊的参与者 P_i，如果 P_i 是诚实的，那么完全的公平性可以被获得；如果 P_i 是腐败的，那么不公平性可以被获得。也就是说有时是公平的，有时是不公平的。

由于安全多方计算的广泛性，不可能列举出满足所有的安全多方计算的安全要求。也就是说，不管列举多少条，都不能完全满足各种安全多方计算的不同安全需求。

列举安全要求的方法多用于计算特殊的安全多方计算中。为了避免考虑这种看上去无穷无尽的安全需求，满足对一般安全多方计算研究的需要，产生了另一种安全定义的方法——用理想模型去模仿真实模型的方法。

- 理想模型：各方将输入发送给可信方，可信方为他们计算函数。
- 真实模型：各方在没有可信方帮助的情况下运行真实的协议。

如果对真实协议的任何攻击都能在理想模型中执行，则真实协议是安全的，由于在理想模型中无法执行任何攻击，因此隐含了真实协议是安全的。如选举协议，有存在可信第三方的选举协议，有无可信第三方的选举协议，若对无可信第三方的协议的攻击在有可信第三方的情况下仍然存在，称无可信第三方的选举协议为安全的多方计算协议。

11.2.2　用于函数的安全多方计算协议的要求

要能够对某变量空间上的函数执行安全多方计算协议，我们要求该多方计算协议满足如下要求：可计算性、安全性、可验证性、正确性。

（1）可计算性：可计算性是指对于变量空间中的任意函数 $f(x_1,\cdots,x_m)$，执行安全多方计算协议可以计算出任意函数输入所对应的函数输出。

（2）安全性：安全性是指在安全多方计算中，如果攻击者控制的恶意参与者的集合没有达到协议攻击者结构的规模，则除了函数的最终输出外，任意参与者的初始输入、中间过程的私有结果及中间过程的输出结果对其他参与者而言未知。

（3）可验证性：这条要求其实是为了抵抗主动攻击者的攻击而提出来的，其指的是，安全多方计算协议执行的每个过程的正确性都是可验证的，这包括输入的一致性、结果的正确性验证。

（4）正确性：正确性指的是协议的执行必须正确，即如果所有的协议参与者都是诚实的，则协议执行后得到的输出就是被计算函数的正确输出。

11.3　多方计算问题举例

11.3.1　点积协议

Alice 持有私有向量 $\boldsymbol{X}=(x_1,x_2,\cdots,x_n)$，Bob 持有私有向量 $\boldsymbol{Y}=(y_1,y_2,\cdots,y_n)$，Alice 想得到 $\boldsymbol{X}\cdot\boldsymbol{Y}=x_1\cdot y_1+x_2\cdot y_2+\cdots+x_n\cdot y_n$。Bob 想帮助 Alice 但他不希望泄露自己的向量，

同样 Alice 也不希望泄露自己的向量。

一个简单的解决方案是使用不经意传输协议，具体步骤如下。

（1）Alice 产生 $t-1$ 个伪向量，她将 X 与这些伪向量一起发送给 Bob。

（2）Bob 计算这 t 个向量与 Y 的点积。

（3）Alice 与 Bob 使用不经意传输协议将计算得到的 t 个结果返回给 Alice，Alice 选择她想要的 $X \cdot Y$。Bob 不知道 Alice 选择的结果。

这个协议存在一些问题：①Bob 有 $1/t$ 的概率猜到 Alice 所选择的结果；②Bob 需要警惕这些伪向量；③在现实生活中，找到 $t-1$ 个有意义且与 X 不特别相似的向量是很困难的。

11.3.2　"百万富翁"协议

我们首先以"百万富翁"问题为例来说明安全多方计算协议。百万富翁问题是姚期智先生在 1982 年提出的第一个安全双方计算问题。问题可以描述为：两个百万富翁街头邂逅，都想知道到底谁更富有，但是又都不想让别人知道自己有多少钱。在没有可信的第三方的情况下如何进行呢？为了便于说明，不妨假设问题是 Alice 知道一个值 a，Bob 知道一个值 b，他们想确定 a 是否小于 b，而且 Alice 得不到 b 的任何信息，Bob 也得不到 a 的任何信息。我们可以采用下面这个协议。

假设 i 和 j 的取值范围是从 1 到 100，Bob 有一个公开密钥和一个私人密钥。

（1）Alice 选择一个大随机数 x，并用 Bob 的公开密钥加密：$c=E_B(x)$。

（2）Alice 计算 $c-i$，并将结果发送给 Bob。

（3）Bob 计算下面的 100 个数：$y_u=D_B(c-i+u)$，$1\leqslant u\leqslant 100$，$D_B$ 是使用 Bob 的私人密钥的解密算法。

他选择一个大的随机数 p（p 的大小应比 x 稍小一点，Bob 不知道 x，但 Alice 能容易地告诉他 x 的大小），然后计算下面 100 个数：

$$z_u=(y_u \bmod p)，1\leqslant u\leqslant 100$$

然后他对所有 $u\neq v$ 验证 $|z_u-z_v| \geqslant 2$，并对所有的 u 验证 $0\leqslant z_u\leqslant p-1$，如果不成立，Bob 就选择另一个素数并重复试验。

（4）Bob 将以下数列发送给 Alice

$$z_1,z_2,\cdots,z_j,z_{j+1}+1,z_{j+2}+1,\cdots,z_{100}+1,p$$

（5）Alice 检查这个数列中的第 i 个数是否同余 x 模 p。如果同余，她得出的结论是 $i\leqslant j$；如果不同余，她得出的结论是 $i>j$。

（6）Alice 把这个结论告诉 Bob。

Bob 在第（3）步中所作的验证完全是为了保证第（4）步产生的数列中没有任何一个数出现两次，否则，如果 $z_a=z_b$，Alice 就将知道 $a_i\leqslant j<b$。

该协议有一个缺点：Alice 在 Bob 之前就熟悉了计算的结果。没有什么能阻止她完成该协议直到第（5）步，然后在第（6）步拒绝告诉 Bob 结果，甚至在第（6）步有可能对 Bob 撒谎。

当然，这个协议不能防止主动欺骗者。没有办法防止 Alice（或 Bob）谎报他们的值。如果 Bob 是一个隐蔽执行这个协议的计算机程序，那么 Alice 通过反复执行这个协议可以知道他的值。Alice 可以在执行这个协议时，指定她的值为 60。在得知她的值大时，她可以将她的值指定为 30，再次执行这个协议。在得知 Bob 要大一些之后，她可以称她的值为 45 再次执行这个协议，依此继续下去，直到 Alice 发现 Bob 的值达到她所希望的精确度。

假设参与者不主动欺骗,很容易把这个协议推广到多个参与者。任何数量的人通过一系列诚实应用这个协议可以发现他们的值的顺序,并且没有一个参与者能够得知另一个参与者的值。

11.3.3　密码学家晚餐问题

David Chaum 提出了密码学家晚餐问题:三位密码学家正坐在他们最喜欢的三星级餐馆准备吃晚餐。侍者通知他们晚餐需匿名支付账单。其中一个密码学家可能正在付账,或者可能已由美国国家安全局 NSA 付过了。这三位密码学家都尊重彼此匿名付账的权利,但他们要知道是不是 NSA 在付账。假设这三个密码学家分别叫 Alice、Bob 和 Carol,他们怎样才能确定他们之中的一个正在付账同时又要保护付账者的匿名呢?

这个问题可以这样解决:每个密码学家在他的菜单后,在他和他右边的密码学家之间抛掷一枚硬币,以致只有他们两个能看到结果。然后每个密码学家都大声说他能看到两枚硬币——他抛的一个和他左手邻居抛的那个——落下来是同一面还是不同的一面。如果有一个密码学家付账,他就说所看到的相反的结果。在桌子上说不同的人数为奇数表明有一个密码学家在付账;不同为偶数表明 NSA 在付账(假设晚餐只付一次账)。还有,如果一个密码学家在付账,另外两个人都不能从所说的话中得知关于那个密码学家付账的任何事。

为了明白这是如何起作用的,不妨想象 Alice 试图弄清其他哪个密码学家为晚餐付了账(假设既不是她也不是 NSA 付的)。如果她看见两个不同的硬币,那么另外两个密码学家 Bob 和 Carol 或者都说"相同",或者都说"不同"(记住,密码学家说"不同"的次数为奇数,表明他们中有一个付了账)。如果都说"不同",那么付账者是最靠近与未看见的硬币不同的那枚硬币的密码学家。但是,如果 Alice 看见两枚硬币是相同,那么或者 Bob 说"相同"而 Carol 说"不同",或者 Bob 说"不同"而 Carol 说"相同"。如果未看见的硬币和她看到的两枚硬币是相同的,那个说"不同"的密码学家是付账者。如果隐藏的硬币和她看到的两枚硬币是不同的,那么说"相同"的密码学家是付账者。在所有这些情况中,Alice 都需要知道 Bob 和 Carol 抛掷硬币的结果以决定是他们中的哪一位付的款。图 11.1 描述了上面的过程,$\text{Crypt}(i)(i=0,1,2)$ 与 $\text{Coin}(i)(i=0,1,2)$ 分别表示密码学家和硬币结果,$\text{Crypt}(i)$ 两边的硬币如果是相同的用 0 表示,不同则用 1 表示。若 $\text{Crypt}(i)$ 付款,则说假话输出为 $\text{Coin}(i-1)\oplus\text{Coin}(i)\oplus 1$;$\text{Crypt}(i)$ 没付款说真话输出 $\text{Coin}(i-1)\oplus\text{Coin}(i)$,所有输出进行异或,最后结果如果为 1 表示有人付款,为 0 表示无人付款。

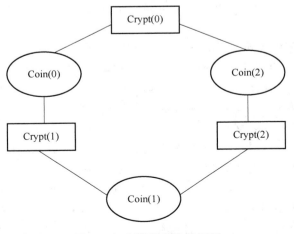

图 11.1　密码学家晚餐问题

这个协议可以推广到任意数量的密码学家：他们全都坐成一圈并在他们中抛掷硬币。甚至两个密码学家也能执行这个协议，当然他们知道谁付的账，但是观看这个协议的人只知道是一个密码学家付的账还是 NSA 付的账，他们不会知道是哪个密码学家付的账。

这个协议可以应用到匿名消息广播。这是一个无条件的发方和收方不可追踪性的例子。在网络上的一群用户可以用这个协议发送匿名报文。

（1）用户把他们自己排进一个逻辑圆圈。

（2）在一定的时间间隔内，相邻的每对用户对在他们之间抛掷硬币，使用一些公正的硬币抛掷协议防止窃听者。

（3）在每次抛掷之后每个用户说"相同"或"不同"。

（4）如果一个实体想发送"0"，他会声明真相，否则，就撒谎。"0"和"1"将形成匿名报文消息。

如果消息由一个节点的公钥加密，则发送方和接收方都将是匿名的。

这个协议的一个问题是若多个人同时想发送匿名报文，则出现冲突，协议失败。另外一个恶意的参与者虽然不能读出报文，但他总能通过在第（3）步中说谎来破坏系统。

11.4　一般安全多方计算协议

一般化的安全多方计算协议的研究目的是设计一种高效、安全、能够计算任意函数的安全多方计算协议，希望能够通过这样一种协议解决所有的涉及安全多方计算的问题。安全多方计算的一般性问题也称为保密电路计算。

基于 OT 协议的安全多方计算可以计算任意的比特运算函数，我们知道所有的比特运算都可以分解成二元 AND、XOR 运算及一元 NOT 运算的组合，所以只要利用 OT 协议安全地计算二元 AND、XOR 运算及一元 NOT 运算，就可以安全地计算所有的比特运算函数。下面介绍 O. Goldreich 的方案，该方案的思想是：所有的数运算都可以看成是位运算的组合，将一个位运算看成一个电路门运算，把运算最终归结为 GF(2) 上的普通加法与乘法运算。

1. 输入阶段

n 个参与者 $P_1, \cdots, P_n$ 拥有各自的函数保密输入 $x_i(i=1,2,\cdots,n) \in \{0,1\}$，$P_i$ 将其自变量 x_i 随机分解成 $x_{i,1}, x_{i,2}, \cdots, x_{i,n}$ 使得 $x_i = x_{i,1} + x_{i,2} + \cdots + x_{i,n}$，并将秘密 x_i 发送给 P_i。

2. 计算阶段

计算阶段分为加法运算和乘法运算两个部分。

（1）加法运算：设运算逻辑上的输入分别为 a、b（a、b 可以是初始输入，也可以是计算过程中的中间结果），且 a、b 分别被表示成 $a = a_1 + a_2 + \cdots + a_n$，$b = b_1 + b_2 + \cdots + b_n$，其中 P_i 知道 a_i、b_i。则经过加法运算后，各 P_i 将其加法运算输出设置为 $c_i = a_i + b_i$。于是有 $a + b = c_1 + c_2 + \cdots + c_n = (a_1 + b_1) + \cdots + (a_n + b_n) = (a_1 + \cdots + a_n) + (b_1 + \cdots + b_n)$。

（2）乘法运算：设运算逻辑上的输入分别为 a、b（a、b 可以是初始输入，也可以是计算过程中的中间结果），且 a、b 已经分别被表示成 $a = a_1 + a_2 + \cdots + a_n$；$b = b_1 + b_2 + \cdots + b_n$，其中 P_i 只知道 a_i、b_i。目标是得到 $c_1, c_2, \cdots, c_n$，保证 P_i 只知道 c_i，并满足下式：

$$c_1 + c_2 + \cdots + c_n = a \cdot b = (a_1 + \cdots + a_n) \cdot (b_1 + \cdots + b_n)$$

为了叙述方便，将乘法运算分为两种情况进行描述：两方计算和多方计算。

① 两方保密乘法位运算协议。

输入:对 $i=1,2$，P_i 有输入 $(a_i,b_i)\in\{0,1\}\times\{0,1\}$。

输出:P_1 得到 c_1，P_2 得到 c_2，满足 $c_1+c_2=(a_1+a_2)\cdot(b_1+b_2)$。

a. P_1 随机选择一个 c_1。

b. P_1 作为发送者，P_2 作为选择者，P_2 用 $I=1+2a_2+b_2\in\{1,2,3,4\}$ 作为输入，P_1 的四个输入为 $(c_1+a_1\cdot b_1,c_1+a_1\cdot(b_1+1),c_1+(a_1+1)\cdot b_1,c_1+(a_1+1)\cdot(b_1+1))$。

P_2 和 P_1 使用不经意传输协议，使 P_2 取回 P_1 提供的四个数中的第 I 个数，作为 c_2。

验证:容易验证 $c_1+c_2=(a_1+a_2)(b_1+b_2)$。

对于一般情况，由于

$$\left(\sum_{i=1}^{n}a_i\right)\cdot\left(\sum_{i=1}^{n}b_i\right)=\sum_{i=1}^{n}a_ib_i+\sum_{1\leqslant i\leqslant j\leqslant n}(a_ib_j+a_jb_i)$$

$$=(1-(n-1))\cdot\sum_{i=1}^{n}a_ib_i+\sum_{1\leqslant i\leqslant j\leqslant n}(a_i+a_j)(b_i+b_j)$$

$$=n\cdot\sum_{i=1}^{n}a_ib_i+\sum_{1\leqslant i\leqslant j\leqslant n}(a_i+a_j)(b_i+b_j)$$

并且，P_i 可以单独计算 $n\cdot(a_i\cdot b_i)$，任意两方 $\{P_i,P_j\}$（$1\leqslant i\leqslant j\leqslant n$）可以通过执行两方保密乘法位运算协议计算: $(a_i+a_j)(b_i+b_j)$。

② 多方保密乘法位运算协议。

输入:对 $i=1,2$，P_i 有输入 $(a_i,b_i)\in\{0,1\}\times\{0,1\}$。

输出:对 $i=1,\cdots,n$，P_i 得到 c_i，满足: $c_1+c_2+\cdots+c_n=(c_1+c_2+\cdots+c_n)\cdot(b_1+b_2+\cdots+b_n)$。

a. 一对参与者 P_i 和 P_j，$i<j$。P_i 有输入 (a_i,b_i)，P_j 输入 (a_j,b_j) 使用两方保密运算协议，使 P_i 得到 $c_i^{(i,j)}$，P_j 得到 $c_j^{(i,j)}$，满足 $c_i^{(i,j)}+c_j^{(i,j)}=(a_i+a_j)(b_i+b_j)$。

b. 每一个 P_i 计算 $c_i=na_ib_i+\sum_{j\neq i}c_i^{(i,j)}$。

将函数的所有"位运算"通过计算电路组合起来，可得到最后的输出。

在输出阶段，对于需要安全计算的函数，设经过最后一步运算后，P_i 得到 y_i，很容易看出函数的输出结果为 $y=y_1+y_2+\cdots+y_n$。P_i 将 y_i 公布，则所有 P_i 正确得到了 y。

根据这个方案，如果不经意传输协议是安全的，那么半诚实模型的安全多方计算可以安全实现。

习　题　11

1. 什么是安全多方计算协议?

2. 假设 n 个学生的分数分别为 $g_1,g_2,\cdots,g_n$。第一个学生选择一个随机数 r，并告诉第二个学生 g_1+r，第二个学生将他的分数加进这个和并告诉给下一个学生，继续这个过程直到所得的和 $s=r+g_1+g_2+\cdots+g_n$ 传到第一个学生。第一个学生计算 $(s-r)/n$ 从而得到平均分数。试分析这个协议的安全性。

3. 一个房间里有一群刚刚知道期末考试成绩的学生，现在他们想计算他们的平均成绩而不泄露自己的成绩给其他学生。假设每个学生都是诚实的，他们会遵守协议的步骤，且不会和其他学生联手来共享某些信息。试设计一个简单的多方计算协议来实现这个过程。

4. 有 n 位选举人 $P_1,P_2,\cdots,P_n$，要从 s 位候选人 $C_1,C_2,\cdots,C_s$ 中选举一个候选人作为代表。选举结束，要知道每一个候选人所得的选票数。如果用 $1,2,\cdots,s$ 对候选人 $C_1,C_2,\cdots,C_s$ 编号，这个问题可描述为：参与者为 n 方 $P_1,P_2,\cdots,P_n$，每个参与者 P_i 拥有输入 $x_i\in\{1,2,\cdots,s\}$，他们共同计算的函数 $f(x_1,x_2,\cdots,x_n)$ 的输出为 $y=(z_1,z_2,\cdots,z_s)$，z_i 表示候选人 C_i 得到的选票数。计算结束，安全性要求：z_i 是正确的，P_i 只能投一次票，任何人不能知道 P_i 选了谁等。设计一个安全多方计算协议实现该电子选举问题。

5. Alice 有不寻常的兴趣（如恋物癖），她不想对外泄露自己的这种兴趣，但想知道是否与 Bob 有相同的兴趣，以便与 Bob 做朋友。可以采用如下方法。

（1）Alice 使用单向函数将她的恋物癖散列成一个 7 位数的字符串。

（2）Alice 用这个 7 位数的字符串作为电话号码，拨打这个号码，然后给 Bob 留言。如果没有人接听或电话号码不在服务区，Alice 会对电话号码再次应用单向函数，直到她找到一个可以提供留言服务的人为止。

（3）Alice 告诉 Bob 她对她的恋物癖应用了多少次单向散列函数。

（4）Bob 对他的恋物癖的狂热程度和 Alice 一样，Bob 对他的恋物癖应用相同次数的单向散列函数，他用得到的这个 7 位数的字符串作为电话号码，并询问另一端的人是否有他要的留言信息。

回答以下问题：

（1）Alice 为什么能够通过这个协议找到与他兴趣相同的人？

（2）说明该协议存在选择明文攻击。

（3）上述协议是一个兴趣匹配协议。对于不同兴趣的匹配应该如何设计协议（如有兴趣 a 的人想与有兴趣 b 的人做朋友）？

6. 在匿名消息广播协议中，如果 Alice 的匿名信息是"1001"，她会反转她的陈述（1），说出真相（0），说出真相（0），然后反转她的陈述（1）。假设她看到的硬币翻转结果是"不同""相同""相同""相同"，她会说"相同""相同""相同""不同"。假设 Alice 的匿名信息是"1010"，硬币翻转结果是"相同""相同""不同""不同"，她应该怎么说出结果？

第12章

安全协议的形式化分析

安全的密码协议是网络通信和应用必不可少的组件之一,它是构筑信息安全体系的基础。然而,安全协议的设计开发是一项极为精密的工作,即使对其进行认真的设计和大量的测试,所得到的协议仍然可能是有缺陷的。因此,有必要以严格的方法来分析协议是否达到了既定的安全目标。安全协议的形式化分析技术的基本前提是完善密码学假设,假设密码协议中所采用的密码算法是强健和不可攻破的,这就可以将密码算法和密码协议框架分开研究,使得安全协议的分析者可以将注意力集中于研究协议框架及其消息交互使用规程。

12.1 形式化方法简介

形式化方法兴起于 20 世纪 70 年代末期,如今已广泛用于解决理论和实际问题,计算机安全是一个它比较成功的应用领域。

形式化的数学系统是一个由符号以及使用这些符号的规则共同组成的系统。规则可以是形成规则(规定构成正确形式公式符号的字符串)、证明规则(规定构成证明公式的字符串)或者语义规则(把公式映射到一个代数域)。形式化方法是将概念或方法经过高度抽象后使用一定的数学模型进行表示,通过推演计算来研究数学模型,进而揭示概念和方法的内在规律的研究方法。

形式化方法广泛应用于安全模型分析、流分析、安全协议分析、软件验证、硬件验证、体系结构分析、秘密信道分析等。

形式化方法在安全学界最大的成功是应用它分析安全协议。安全协议足够小,易于完成形式化分析,而且这些分析发现了很多以前不为人所知的漏洞。就其自身而言,形式化分析技术是有局限性的,协议系统的运行不是独立的,而是处于某种环境之下。系统的形式化说明是基于对系统环境的某种假设之上的。只有当假设成立时,证明才成立。所以,一旦某种假设不成立,一切证明就无从谈起,而入侵者只要违反了系统的假设,就可成功入侵系统。而且,即便明确给出假设的详细说明,也不可避免地会遗漏一些情况。

安全协议的形式化分析至少可以完成以下工作:

(1) 界定协议运行系统的边界;

(2) 更加准确地描述系统的行为;

(3) 更准确地定义系统的特性;

(4) 证明系统在特定的假设前提下满足一定的特性。

安全协议的形式化分析方法是采用各种形式化的语言或者模型,为安全协议建立模型,并按照规定的假设和分析、验证方法证明协议的安全性。图 12.1 给出了安全协议的形式化验证过程。

从图 12.1 中可以看出，为了对一个安全协议进行形式化分析，首先要将协议的非形式化描述（如 RFC 文档）转换为形式化的规范说明，然后结合协议的入侵者模型，将两者作为形式化分析工具的输入，经过分析工具的处理，最后得到结论。

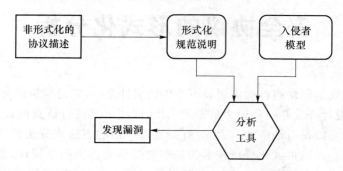

图 12.1　安全协议的形式化验证过程

12.2　安全协议形式化分析的历史

安全协议的形式化研究始于 20 世纪 70 年代末，安全协议的形式化分析就是采用形式化的语言或模型，为安全协议建立模型，使用规定的假设和验证方法作用于协议模型，从而证明协议的安全性。

安全协议形式化分析的思想由 Needham 和 Schroeder 两人在 1978 年最先提出。1981 年，Denning 和 Sacco 指出 NS 私钥协议的一个错误，人们开始关注安全协议的形式化分析。在这一领域具有里程碑意义的事情发生于 20 世纪 80 年代，Danny Dolev 和 Andrew C. Yao 发表了文章 *On the Security of Public Key Protocols*，真正开始了使用形式化方法分析安全协议的历史，自此之后使用形式化方法研究安全协议逐渐兴起。Dolev 和 Yao 在他们的文章中开创性地给出了安全协议可以多步并发执行的形式化系统模型，在这个系统模型中，包含那些可以对信息流进行恶意窃取、修改和删除的入侵者和不诚实的参与者，同时密码算法被认为是完备的，在分析时仅仅把它看作是一个满足一些代数性质的黑盒子，即使是主动攻击者也无法通过密码学算法对安全协议进行攻击。紧接着，Dolev、Even 和 Karp 开发研究出了一系列的多项式时间算法，使用这些算法来分析一个限制严格的安全协议簇。但遗憾的是，在随后的研究中发现它们可以分析的协议太有限，一旦稍许放宽对这个协议簇的限定都将使得协议的安全性变成不确定的问题，因此这方面的工作并未得到进一步的展开。随后，在 Dolev-Yao 模型及其变形的基础上发展了很多形式化分析安全协议的工具。它们大部分采用状态搜索的技术，即首先定义一个状态空间和安全协议的系统模型，然后在此模型内进行搜索检测以确定是否存在一条路径对应于攻击者的一次成功的攻击。还有一些研究者采用归纳定理推证技术（简称定理证明）开发了安全协议分析的通用工具，并取得了一定的成果。

1989 年，Burrows、Abadi 和 Needham 引入了逻辑的方法，提出了 BAN 逻辑的概念，并逐渐引起了人们的广泛关注。BAN 逻辑采用了与状态搜索技术完全不同的方法，它是关于主体拥有的知识与信仰,以及用于从已有信仰推知新的信仰的推理规则的逻辑。这种逻辑通过对认证协议的运行进行形式化分析,来研究认证双方如何通过相互发送和接收消息的方式,从最初的信仰逐渐发展到协议运行最终要达到的目的——认证双方的最终信仰。BAN 逻辑的规则十分简洁和直观,因此易于使用。BAN 逻辑成功地对 NS 协议、Kerberos 协议等几个著名的协议进行了分析,找到了其中若干已知和未知的漏洞。BAN 逻辑的成功极大地激发了密码学家对安全协议形式化分析的兴趣,并导致许多安全协议形式化分析方法的产生。但是,由于逻辑的方法是对安全协议分析问题的一种更高层次上的抽象,所以在一般情况下它的能力要弱于状态搜索和定理证明技术。1996 年,Gavin Lowe 使用通用的模型检测工具 FDR 发现了NS 公钥密码协议中存在着中间人攻击。在这之后,在 Dolev-Yao 模型及其变形的基础上结合使用状态搜索技术和定理证明方法的分析研究工作又取得了很大的进展,并不断涌现出一些新的形式化方法和工具,比如,1997 年 Paulson 提出的基于协议消息和事件的攻击结构方法注记的证明方法(也被称为 Paulson 归纳法),1999 年由 Fabrega、Herzog 和 Guttman 提出的基于协议消息节点间一种偏序关系的可证安全的串空间(Strand Space)模型。利用串空间原理,Song 发展了一种自动检测工具 Athena。

12.3　安全协议形式化分析的分类

形式化方法在计算机科学中的应用由来已久。形式化方法以其技术特点来分有两大类:一类是定理证明,另一类是模型检测。这两类方法都被应用到密码协议的分析之中了。原有的模型也就通过改造,形成了相应的密码协议分析方法。不仅如此,人们认识到密码协议的特点,设计了一些新的方法专门用于分析密码协议,还延伸出一类混合技术,即定理证明与模型检测相结合的方法。

根据攻击者的模型类型,将分析密码协议的形式化方法分为两类。

1. Dolev-Yao 模型下的形式化方法

形式化方法中最流行的攻击者模型是 Dolev-Yao 模型。在协议运行的开始或者运行过程中,攻击者可以窃听、消去以及任意安排公开通道上的消息。他也可以从观察到的消息产生新的消息,并将它们加入信道中。攻击者可以将非加密消息分成若干个新的消息或者将若干个已知的消息合并成一个新的消息,攻击者可以用自己已知的密钥对任意的消息加密,攻击者还可以解密一个收到的密文,前提是攻击者知道正确的密钥。攻击者可以根据需要,截断信道上传输的任何消息,注入自己产生的新的消息,发送该消息至依赖的目标主体或者任何其他主体。

形式化分析的通常做法是:把协议视为状态迁移系统,分析所有可能的轨迹,判定安全性性质是否在所有的轨迹上都被保持。

在 Dolev-Yao 方法下,我们又根据不同方法的技术特点,把它们划分为定理证明方法、模型检测方法以及混合方法。概率模型下又有概率互模拟方法与黑盒子互模拟方法。

2. 互模拟等价模型

(1) 完善保密下的互模拟等价

Spi 演算系统将协议的诚实主体描述为一个进程,这个进程可以重复执行任意多个,也就意味着可以有任意多个会话并发运行,攻击者可以观察和参加任意的通信。这个模型也依赖于完善密码系统假设，协议的安全属性被描述为两个系统的观察等价。一个系统是任意一个进程 A 与实际协议的交互，另一个是 A 与理想进程的交互。如果两个进程在进程演算的意义下是观察等价的，则这个协议就是安全的。相比 Dolev-Yao 模型，互模拟等价模型可以分析更多的安全性质。

（2）概率意义下的互模拟等价

概率意义下的互模拟等价就是用概率模型替代对称密码学的"黑盒子"式的抽象。这类模型的代表有：概率多项式时间的进程演算以及基于密码学传统的模拟模型。

为了理解每一类型的技术特点，我们在每个类型之中选择一种影响较大的方法进行分析。这里我们给出它们的典型代表（包括计算意义下的分析方法）。

（1）Dolev-Yao 模型：定理证明法，包括逻辑系统（BAN 逻辑等）以及 Paulson、串空间等；模型检测（CSP 方法）；混合系统（NRL 分析器）。

（2）互模拟等价模型：黑盒子互模拟等价模型（Spi 演算）。

（3）计算（密码学）方法：概率互模拟模型（BPW 方法）、LMMS 概率进程演算方法、随机问答方法、复合性可证明安全的方法等。

我们将对前两项中的典型模型进行技术特点的分析，在进行具体分析之前，首先对定理证明、模型检测以及互模拟的基本特征加以介绍。

12.3.1 定理证明方法

定理证明方法简单说就是数学方法，这种方法考虑协议的所有行为，并且验证这些行为满足一集正确条件。一般可以用这种方法证明协议的正确性，难以用于发现协议的缺陷。而且，基于定理证明的方法在自动化方面无法与模型检测方法比拟。

定理证明有以下特点。

（1）用一集代数或者逻辑公式定义系统的行为，构成系统的行为集；用一集公理和系统的行为集一起，作为推理的基础公式集。

（2）所期望的系统行为和性质描述成为一组公式，称为定理。

（3）从基础公式出发，进行定理证明过程，以达到所期望的结果。

定理证明的过程中有些部分是可以自动化的，这样的自动化证明系统称为定理证明器。定理证明器与模型检测系统不同，通常需要人的帮助。常见的定理证明器有 Isabelle、HOL、Paradox、ACL2、PVS 等。

定理证明由公理、假设以及推理规则组成。这个系统通常有两个刻画，一个是可靠性或者相容性；另一个是完备性。可靠性是指系统证明出的每个定理都是语义正确的，而完备性指所有语义正确的定理都可以通过这个系统推理出来。完备性是一个非常强的性质，通常的系统无法保证是完备的，但是可靠性是每个系统都必须具备的，否则就会产生矛盾结果。

12.3.2 模拟检测方法

模型检测考虑的是协议的有限多种行为，检测它们满足一些正确条件，它更适合于去发现协议的攻击，而并非去证明协议的正确性。

模型检测有以下特点。

（1）关于协议操作行为的有限状态系统被刻画为有限状态迁移系统。这个系统的状态通过与环境的交互，满足一定条件就迁移到另一个状态。这些条件被标记到迁移的边上，这个系统称为标记迁移系统(Labelled Transitive System,LTS)。

(2) 在每一个状态上,有某些性质被满足,这些性质描述为一个(古典逻辑或者时态等逻辑)公式。

(3) 与定理证明一样,系统要满足的性质也被刻画为逻辑公式。

(4) 用自动机械的手段检测上述的性质是否在系统的每个轨迹上都被满足,这里的轨迹是指系统的一个可能迁移路径。

形式上说,假如一个系统为 S,期望的系统性质表达为逻辑公式 φ,那么模型检测就是验证 S 是否满足 φ,通常在这个模型论中表示为 $S \mid = \varphi$。

模型检测的方法完全是自动化的,这是这个方法的优点。但是,因为协议的行为是潜在无限的,而模型检测的方法只能够处理有限状态的系统,所以决定了这个方法的不完善性,即在实际应用过程中,一定要对检测的范围加以限制。同时,这个方法的另一个缺点在于,尽管人们已经探索了 20 余年,但是状态爆炸问题还是没有得到解决方法,因而对于复杂的系统,难以用模型检测的方法分析。更为实质性的一点是,常用的协议是不可判定的。这就决定了没有一个算法系统能够搜索协议所有可能的行为。

总之,这个方法注定是一个不完全的方法,其优点在于可以直观地发现协议的漏洞,然而如果没有发现协议存在漏洞,也不能保证协议就是正确的。

12.3.3　互模拟等价

理论计算机科学中互模拟是状态迁移系统间的等价关系。互模拟等价的系统间有相同的行为方式。直观上,如果两个系统的迁移动作是相互对应的,则它们是互模拟的。在这种意义下,互模拟系统是观察者不可区分的。

假如 $(S, \rightarrow)$ 是一个迁移系统,并且每个边上有一个标记 $\alpha \wedge$,构成标记迁移图 $(S, \wedge, \rightarrow)$。假设 $(S, \wedge, \rightarrow)$ 和 $(S', \wedge, \rightarrow)$ 是两个标记迁移图。R 是 $S \times S'$ 上的一个二元关系,如果它满足下面的推荐,则称 R 是 $S \times S'$ 上的一个互模拟关系。

$\forall (p, q) \in R, \forall \alpha \in \Lambda$,如果存在 $p' \in S$ 使得 $p \xrightarrow{\alpha} p'$,一定存在 $q' \in S'$ 使得 $q \xrightarrow{\alpha} q'$;反之,如果存在 $q'' \in S'$ 使得 $q \xrightarrow{\alpha} q'$,一定存在 $p'' \in S$ 使得 $p \xrightarrow{\alpha} p'$。

12.4　基于逻辑推理的方法和模型

我们以 BAN 逻辑的分析过程为例,说明基于逻辑方法的密码协议分析过程。这个方法属于定理证明范畴,它遵循定理证明的一般规律。

12.4.1　BAN 逻辑的构成

BAN 逻辑只在抽象的层次上讨论密码协议的安全性,因此它不考虑由协议的具体实现所带来的安全缺陷和由于加密体制的缺点所引发的协议缺陷。总的来说,BAN 逻辑系统所做的假设如下。

(1) 密文块不能被篡改,也不能用几个小的密文块组成一个新的大密文块。

(2) 一个消息中的两个密文块被看作是分两次分别到达的。

（3）总假设加密系统是完善的，即只有掌握密钥的主体才能理解密文消息，因为不知道密钥的主体不能解密得到明文，攻击者无法从密文推断出密钥。

（4）密文含有足够的冗余信息，使解密者可以判断他是否应用了正确的密钥。

（5）BAN 逻辑还假设参与协议的主体是诚实的。

作为一种多类型模态逻辑，BAN 逻辑主要包含下面 3 种处理对象：主体、密钥和公式，公式也称为语句或命题。协议的每个消息表达为该逻辑的一个公式。假设 P、Q、R、R' 代表一般意义上的主体，A、B、C 代表具体的认证主体，S 代表可行第三方，ID_A 代表主体 A 的身份标识，K_{AB}、K_{AS}、K_{BS} 代表具体认证主体的共享密钥，K_A、K_B、K_C 代表具体认证主体的公开密钥，K_A^{-1}、K_B^{-1}、K_C^{-1} 代表具体认证主体，K 代表一般意义上的加密密钥，N_A、N_B、N_C 代表具体的观点（如随机数），X、Y 是一般意义上的消息。逻辑的基本公式及其语义可以用表 12.1 表示。

表 12.1　BAN 逻辑的基本公式及其语义

基本公式	语　义
$P \mid \equiv X$	P 相信 X；P 相信 X 为真
$P \triangle X$	P 看见 X；P 曾经收到过包含 X 的消息并且读到了 X
$P \mid \sim X$	P 曾经说过 X；P 曾经发送过包含 X 的消息
$P \mid \Rightarrow X$	P 可以裁定 X；信任 P 对于 X 的真值的判定
$\sharp(X)$	X 是新鲜的；X 在当前协议运行前没有被发现过
$P \overset{K}{\leftrightarrow} Q$	P 和 Q 分享一个好的密钥 K。意思是，密钥 K 对于 P、Q 以及他们信任的主体来说仍然具有保密性
$\overset{K}{\longrightarrow} P$	P 具有密钥 K，相应的私钥是 K^{-1}，这个私钥只有 P 以及他信任的人知道
$P \overset{X}{\Leftrightarrow} Q$	P 和 Q 分享秘密 X，这个秘密只有 P、Q 以及他们信任的人知道
$\{X\}_K$	用 K 加密 X 后的消息
$<X>_Y$	X 与消息 Y 结合

BAN 的推导规则直观地反映了逻辑公式构造的语义，我们把"逻辑公式 $X_1, X_2, \cdots, X_n$ 成立则 Y 成立"记为

$$\frac{X_1, X_2, \cdots, X_n}{Y}$$

下面是 BAN 的 19 条推理规则。

（1）消息含义规则

① 共享密钥情况

$$M1: \frac{P \mid \equiv Q \overset{K_{PQ}}{\leftrightarrow} P, P \triangle \{X\}_{K_{PQ}}}{P \mid \equiv Q \mid \sim X}$$

② 公钥情况

$$M2: \frac{P \mid \equiv \overset{K}{\longrightarrow} Q, P \triangle \{X\}_{K_{-1}}}{P \mid \equiv Q \mid \sim X}$$

③ 共享秘密情况

$$M3: \frac{P \mid \equiv Q \overset{X}{\Leftrightarrow} P, P \triangle <X>_Y}{P \mid \equiv Q \mid \sim X}$$

（2）临时值验证规则

$$N1: \frac{P|\equiv \sharp(X), P|\equiv Q|\sim X}{P|\equiv Q|\equiv X}$$

（3）管辖规则

$$J1: \frac{P|\equiv Q|\Rightarrow X, P|\equiv Q|\equiv X}{P|\equiv X}$$

（4）接收消息规则

$$R1: \frac{P\Delta(X,Y)}{P\Delta X}$$

$$R2: \frac{P\Delta <X>_Y}{P\Delta X}$$

$$R3: \frac{P|\equiv Q\overset{K_{PQ}}{\leftrightarrow}P, P\Delta \{X\}_{K_{PQ}}}{P\Delta X}$$

$$R4: \frac{P|\equiv \overset{K}{\longrightarrow}P, P\Delta \{X\}_K}{P\Delta X}$$

$$R5: \frac{P|\equiv \overset{K}{\longrightarrow}Q, P\Delta \{X\}_{K^{-1}}}{P\Delta X}$$

（5）信仰规则

$$B1: \frac{P|\equiv X, P|\equiv Y}{P|\equiv(X,Y)}$$

$$B2: \frac{P|\equiv(X,Y)}{P|\equiv X}$$

$$B3: \frac{P|\equiv Q|\equiv(X,Y)}{P|\equiv Q|\equiv X}$$

$$B4: \frac{P|\equiv Q|\sim(X,Y)}{P|\equiv Q|\sim X}$$

（6）新鲜性规则

$$F1: \frac{P|\equiv \sharp(X)}{P|\equiv \sharp(X,Y)}$$

（7）密钥与秘密共享规则

$$K1: \frac{P|\equiv R\overset{X}{\leftrightarrow}R'}{P|\equiv R'\overset{X}{\leftrightarrow}R}$$

$$K2: \frac{P|\equiv Q|\equiv R\overset{X}{\leftrightarrow}R'}{P|\equiv Q|\equiv R'\overset{X}{\leftrightarrow}R}$$

$$K3: \frac{P|\equiv R\overset{X}{\Leftrightarrow}R'}{P|\equiv R'\overset{X}{\Leftrightarrow}R}$$

$$K4: \frac{P|\equiv Q|\equiv R\overset{X}{\Leftrightarrow}R'}{P|\equiv Q|\equiv R'\overset{X}{\Leftrightarrow}R}$$

12.4.2　理想化协议

在常见的协议中，每个协议步的一般写法是：$P \rightarrow Q$：message，表示主体 P 发给主体 Q 消息,这种使用非形式化符号的表达通常是模糊的,不适合作为形式化分析的基础。所以有必要把协议的每一步转化成一种理想的形式,例如一个协议步骤:$A \rightarrow B: \{A, K_{AB}\} K_{BS}$ 应该告诉 B (它知道密钥 K_{BS}) K_{AB} 是它和 A 进行通信的密钥,这一步应该理想化为:$A \rightarrow B: \{A \overset{K_{AB}}{\leftrightarrow} B\} K_{BS}$。

理想化后的协议比传统的描述具有更清楚和更完备的规范,因此在生成和描述协议时应该使用理想化的形式。

为了研究已经存在的大量协议,必须先生成每个协议的理想化形式。为此,需要列出一些简单的指导方针,这些简单的指导方针可以控制哪些转化是可能的,哪些转化有助于获得协议中特定的每一步的理想化形式。粗略来说,如果任何时候接收者得到一个真实消息 m 后都能推导出发送者必然相信 X,那么 m 能被解释成一个公式 X;现实中的随机数被转化为任意的新公式,假定在整个过程中发送者都相信这些公式;$<X>_Y$ 表示把 Y 作为一个秘密使用,仅当该秘密用作身份证明时有效;最重要的是,出于实用性目的,总是保证每个主体相信它作为消息产生的公式。

12.4.3 示例分析

应用 BAN 逻辑进行协议验证的过程如下:①首先要将密码协议进行理想化,一个理想化的协议是一集逻辑公式,这些逻辑公式表达传送的消息的意图;②加入协议的初始假设(公式);③注释协议:对于每条消息"$P \rightarrow Q: M$",得出 $Q \vartriangle M$;④ 利用 BAN 推理规则,从上述的公式中推导目标公式。这些所谓目标公式,实际是协议的安全目标属性。我们用一个简单的例子简要说明这个过程。

Needham-Schroeder(NS)协议:

    1. $A \rightarrow S: A, B, N_A$

    2. $S \rightarrow A: \{N_A, B, \{K_{AB}, A\}\} K_{AS}$

    3. $A \rightarrow B: \{K_{AB}, A\} K_{BS}$

    4. $B \rightarrow A: \{N_B\} K_{AB}$

    5. $A \rightarrow B: \{N_B - 1\} K_{AB}$

(1) 理想化后的协议:

    1. $A \rightarrow S: A, B, N_A$

    2. $S \rightarrow A: \{N_A, A \overset{K_{AB}}{\leftrightarrow} B, \sharp (A \overset{K_{AB}}{\leftrightarrow} B), \{A \overset{K_{AB}}{\leftrightarrow} B\} K_{AB}\} K_{AS}$

    3. $A \rightarrow B: \{A \overset{K_{AB}}{\leftrightarrow} B\} K_{BS}$

    4. $B \rightarrow A: \{N_B, A \overset{K_{AB}}{\leftrightarrow} B\} K_{AB}$ 来自 B

    5. $A \rightarrow B: \{N_B, A \overset{K_{AB}}{\leftrightarrow} B\} K_{AB}$ 来自 A

(2) 初始假设

P1. $A |\equiv A \overset{K_{AS}}{\leftrightarrow} S$

P2. $B |\equiv B \overset{K_{BS}}{\leftrightarrow} S$

P3. $A |\equiv (S \Rightarrow A \overset{K_{AS}}{\leftrightarrow} B)$

P4. $B |\equiv (S \Rightarrow A \overset{K_{AS}}{\leftrightarrow} B)$

P5. $A|\equiv(S|\Rightarrow\#(A\overset{K_{AS}}{\leftrightarrow}B))$

P6. $A|\equiv\#(N_{A})$

P7. $B|\equiv\#(N_{B})$

（3）注释 NS 协议

P8. $A\triangle\{N_{A},A\overset{K_{AB}}{\leftrightarrow}B,\#\{A\overset{K_{AB}}{\leftrightarrow}B\},\{A\overset{K_{AB}}{\leftrightarrow}B\}K_{BS}\}K_{AS}$

P9. $B\triangle\{A\overset{K_{AB}}{\leftrightarrow}B\}K_{BS}$

P10. $A\triangle\{N_{B},A\overset{K_{AB}}{\leftrightarrow}B\}K_{AB}$ 来自 B

P11. $B\triangle\{N_{B},A\overset{K_{AB}}{\leftrightarrow}B\}K_{AB}$ 来自 A

（4）使用 BAN 逻辑推导目标公式

目标公式：

$A|\equiv A\overset{K_{AB}}{\leftrightarrow}B\ \ B|\equiv A\overset{K_{AB}}{\leftrightarrow}B\ \ A|\equiv B|\equiv A\overset{K_{AB}}{\leftrightarrow}B\ \ B|\equiv A|\equiv A\overset{K_{AB}}{\leftrightarrow}B$

推导过程：

由 P1、P8 和 M1 得

① $A|\equiv S|\sim(N_{A},A\overset{K_{AB}}{\leftrightarrow}B,\#(A\overset{K_{AB}}{\leftrightarrow}B),\{A\overset{K_{AB}}{\leftrightarrow}B\}K_{BS})$

由 P6 和 F1 得

② $A|\equiv\#(N_{A},A\overset{K_{AB}}{\leftrightarrow}B,\#(A\overset{K_{AB}}{\leftrightarrow}B),\{A\overset{K_{AB}}{\leftrightarrow}B\}K_{BS})$

由①、②和 N1 得

③ $A|\equiv S|\equiv(N_{A},A\overset{K_{AB}}{\leftrightarrow}B,\#(A\overset{K_{AB}}{\leftrightarrow}B),\{A\overset{K_{AB}}{\leftrightarrow}B\}K_{BS})$

由③ 和 B2 得

④ $A|\equiv S|\equiv A\overset{K_{AB}}{\leftrightarrow}B$

由④、P3、和 J1 得

⑤ $A|\equiv A\overset{K_{AB}}{\leftrightarrow}B$

由⑤、P5、和 J1 得

⑥ $A|\equiv\#(A\overset{K_{AB}}{\leftrightarrow}B)$

由 P2、P9 和 M1 得

⑦ $B|\equiv S|\sim A\overset{K_{AB}}{\leftrightarrow}B$

这时,增加一个假设：

⑧ $B|\equiv\#(A\overset{K_{AB}}{\leftrightarrow}B)$

由 P12、⑧ 和 N1 得

⑨ $B|\equiv S|\equiv A\overset{K_{AB}}{\leftrightarrow}B$

由 P4、⑨和 J1 得

⑩ $B|\equiv A\overset{K_{AB}}{\leftrightarrow}B$

上面得到了两个目标，下面继续推导另外两个目标。

由⑥、P10 和 M1 得

⑪ $A|\equiv B|\sim(N_B, A\overset{K_{AB}}{\leftrightarrow}B)$

由⑦和 F1 得

⑫ $A|\equiv \#(N_B, A\overset{K_{AB}}{\leftrightarrow}B)$

由⑫ 、⑪ 和 N1 得

⑬ $A|\equiv B|\equiv(N_B, A\overset{K_{AB}}{\leftrightarrow}B)$

由⑬ 和 B2 得

⑭ $A|\equiv B|\equiv A\overset{K_{AB}}{\leftrightarrow}B$

进行⑪ ～⑭ 类似地推理可以得到

⑮ $B|\equiv A|\equiv A\overset{K_{AB}}{\leftrightarrow}B$

BAN 逻辑中初始假设的正确性与科学性非常重要，对三方密码协议的假设不合理，将导致分析者将一个不安全的协议分析成一个安全的。例如上面对 NS 协议的分析，假设部分的公式 $B|\equiv \#(A\overset{K_{AB}}{\leftrightarrow}B)$ 是不合理的，因为这样的假设就导致在对协议的分析中，经过分析推理得到：B 收到消息 3 后，$B|\equiv A\overset{K_{AB}}{\leftrightarrow}B$ 和 $B|\equiv A|\equiv A\overset{K_{AB}}{\leftrightarrow}B$。然而，事实上这样的目标是无法达到的，因为一旦某一次通信所用的会话密钥 K_{AB} 被破译，攻击者就可以冒充 A 在第 3 步中给 B 重放包含这个 K_{AB} 的消息 $\{K_{AB}, A\}K_{BS}$，然后截获消息 4，并在第 5 步中给 B 发送 $\{N_B-1\}K_{AB}$，这样，就可以在 A 不知情的情况下使 B 相信建立了本次会话密钥 K_{AB}，从而进一步地冒充 A 窃取 B 的信息。所以，在一个不合理的假设下，可以达到本来达不到的认证目标，以致找不出潜在的攻击。

习 题 12

1. 安全协议的形式化分析方法主要有哪些？

2. 模型检测方法的优点与缺点是什么？

3. BAN 逻辑在分析认证协议时做了哪些基本假设？为什么要做这些假设？这些基本假设带来了哪些局限性？

4. 在 BAN 逻辑的分析中，为什么要建立理想化模型？在 BAN 逻辑的理想化协议模型中，为什么不包含明文消息？

5. 通过 BAN 逻辑的构成和它的分析结果，总结 BAN 逻辑的主要特点与不足之处。你认为改进 BAN 逻辑的方向是什么？

6. 下面给出的是 1988 年提出的 Yahalom 协议，试用 BAN 逻辑对其进行分析：

(1) A→B：A, N_A

(2) B→S：$B, \{A, N_A, N_B\}K_{BS}$

(3) S→A：$\{B, K_{AB}, N_A, N_B\}K_{AS}, \{A, K_{AB}\}K_{BS}$

(4) A→B：$\{A, K_{AB}\}K_{BS}, \{N_B\}K_{AB}$

参 考 文 献

[1] Bruce S. 应用密码学(协议算法与 C 源程序)[M]. 吴世忠,等,译. 北京:机械工业出版社,2013.

[2] Colin B,Anish M,Douglas S. Protocols for Authentication and Key Establishment [M]. 2nd ed. Berlin Heidelberg:Springer-Verlag,2020.

[3] 范红,冯登国. 安全协议理论与方法[M]. 北京:科学出版社,2003.

[4] 卿斯汉. 密码学与计算机网络安全[M]. 北京:清华大学出版社,2001.

[5] Giampaolo B. Formal Correctness of Security Protocols[M]. Berlin Heidelberg:Springer-Verlag,2007.

[6] 曹天杰,张立江,张爱娟. 计算机系统安全[M].3 版. 北京:高等教育出版社,2014.

[7] Kim-Kwang Raymond Choo. Secure Key Establishment[M]. New York:Springer-Verlag,2008.

[8] 曹天杰,崔辉. 数字签名技术[M]//中国密码学发展报告 2008. 北京:电子工业出版社,2009.

[9] 冯登国. 安全协议——理论与实践[M].北京:清华大学出版社,2011.

[10] 林东岱,曹天杰. 应用密码学[M].北京:科学出版社,2009.

[11] Stefan B. A Technical Overview of Digital Credentials[R/OL]. Credentica,February 2002. http://www.credentica.com/overview.pdf.

[12] Andreas M. Antonopoulos. 精通比特币 第 2 版(影印版)[M].南京:东南大学出版社,2018.

参考文献